LE GRAND BORDEL DE
L'ÉVOLUTION

Léo Grasset

LE GRAND BORDEL DE L'ÉVOLUTION

Illustrations d'Alice Mazel

Flammarion

En couverture : création graphique Alice Mazel – adaptation Studio Flammarion.

D'après des images © British Library Board. All Rights Reserved / Bridgeman Images ; © Bridgeman Images ; © Florilegius / Bridgeman Images ; © mikroman6 / Getty Images ; © Channarong Pherngjanda / 123RF ; © BIU Santé / Licence ouverte / Open licence Etalab ; planches issues du livre d'Ernst Haeckel *Kunstformen der Natur*, 1904.

Illustrations : Alice Mazel © Flammarion

ISBN : 978-2-0814-2227-8

À mes grands-mères,
qui auraient peut-être moyennement apprécié
toutes les mentions au sexe, cependant.
Ou, pire, qui auraient adoré.
Mon Dieu.

À celles et ceux qui se reconnaîtront,
parce qu'ils m'ont subi pendant l'écriture, les pauvres.

ᕕ(ᐛ)ᕗ désolé ᕕ(ᐛ)ᕗ
(je vous aime, merci d'être là)

Préambule

POUR QUOI FAIRE, LIRE CE LIVRE ?

Votre question n'est pas très française, mais elle est légitime. Après tout, il existe de nombreuses façons plus marrantes de dépenser les quelques secondes qui vous restent avant de mourir[1], alors *quid* ?

Premièrement, il y a des anecdotes à la pelle. Je sais pas, si vous connaissez des gens qui sont branchés organes sexuels de lépidoptères, ça peut toujours servir.

Deuxièmement, il y a de jolis dessins grâce au talent d'Alice Mazel. Si jamais vous trouvez que c'est mal écrit, vous pouvez toujours découper les illustrations.

Mais, surtout, ce livre va vous retourner la tête. En tout cas, il va essayer très fort.

LES JOIES DU *MINDFUCK*

Chaque chapitre a été écrit en vue de provoquer un *mindfuck*, un moment analogue à celui qu'on éprouve quand on apprend que *oh my god Bruce Willis est un*

1 C'est pas une menace, c'est un constat.

fantôme ou quand on découvre que les deux personnages dans *Fight Club*, en fait, C'ÉTAIT LA MÊME PERSONNE, WOW [1]. Bref, le mindfuck - terme qui n'a, hélas, pas de bonne traduction en français - représente un changement de perspective brutal qui provoque une relecture complète de ce qu'on croyait savoir. Ben là, c'est pareil, mais avec de la biologie.

Cette discipline scientifique était - à mon avis - jusqu'à il y a peu une sorte de voie de garage de la vulgarisation scientifique. Les grandes questions, les fondamentales, celles qui nous remettent à notre place insignifiante dans l'Univers, sont après tout davantage du ressort de la physique ou de l'astronomie. Nous sommes un tas d'atomes, dont une bonne partie conçus dans le ventre d'étoiles, qui file à 220 km par seconde autour du centre de la galaxie. Mieux : aucun de ces atomes n'est le même depuis votre naissance, et ils sont composés à 99,9999999999999 % d'espace vide, tant le volume du noyau est ridiculement petit par rapport au volume de l'atome. Wow, ça fait réfléchir.

Pourquoi le Big Bang ? Comment fonctionne le monde quantique ? Que représentons-nous à l'échelle des objets cosmiques de l'Univers ? Voilà autant de questions riches en mindfucks potentiels que les physiciens sont susceptibles d'aborder, ce qu'ils n'ont pas manqué de faire [2].

ANECDOTES PÉNIENNES

Les biologistes, eux, semblent étrangers à ces mystères d'initiés. Pas le temps ! Il faut mesurer la taille des

1 Désolé pour les spoils, mais, si vous n'avez pas vu ces films avant de lire ce livre, c'est que vous avez un sens des priorités complètement éclaté au sous-sol.

2 Je pense aux excellents *Cosmos* de Carl Sagan et *Une brève histoire du temps* de Stephen Hawking.

ailes de mésange ou gratter le sol à la recherche de trucs qui grouillent, les questions renversantes sur notre place dans la galaxie peuvent attendre ! « Vous saviez qu'un canard a un pénis en forme de tire-bouchon ? » est ce qui se rapproche le plus d'une épiphanie pour eux.

Bon, j'exagère un peu, d'autant que quelques best-sellers de la vulgarisation traitent de biologie, mais il faut admettre que c'est souvent vu sous l'angle de la paléontologie, soit les formes du vivant qui vivaient il y a très, très longtemps et qui étaient très, très différentes, ou bien sous une approche plus ludique d'exemples étonnants. Saviez-vous que certaines grenouilles hébergeaient leur progéniture dans leur estomac, en attendant qu'elle grandisse[1] ? Ou que certaines araignées du genre *Xysticus* parviennent à s'envoler, en sécrétant une voile faite de fils de soie qui prend le vent et les emporte ? Des anecdotes à la pelle, mais les révélations qui remettent en question notre place dans le cosmos se font un peu désirer.

Et pourtant, la biologie ne manque pas d'arguments pour provoquer de véritables mindfucks, et tout particulièrement… la biologie évolutive.

LES 1001 VERTUS DE L'ÉVOLUTION

Il a fallu quelques milliers d'années pour comprendre que les êtres vivants changent au cours du temps, et que ces transformations se font selon des règles répétables. Des observations naturalistes d'Aristote dans le golfe de Kalloní jusqu'aux doctorants qui épluchent des jeux de datas génomiques gigantesques pour y retrouver les traces de la sélection naturelle, une longue liste

1 Ce genre de grenouilles *Rheobatracus* a d'ailleurs disparu dans les années 1980. Le projet Lazarus tente de dé-éteindre cette espèce par clonage.

de personnes très intelligentes ont contribué à lever le voile sur le fonctionnement de ces sacs humides remplis de gènes que nous sommes toutes et tous. Grâce à leur travail, l'évolution est aujourd'hui une théorie bien établie. Cet ensemble d'explications permet de comprendre les données dont on dispose sur le monde vivant, et même parfois de prédire ses modifications futures. Bref, c'est du solide.

Mais, surtout, cette science a une capacité étonnante : elle questionne notre rapport à l'identité, au caractère réel ou non de nos perceptions, à la vie, à la mort, au sexe, aux grands-mères, encore au sexe, à la conscience et aux orgasmes. Cet outil intellectuel formidable nous dit certes pourquoi les ours polaires sont blancs alors que leurs cousins grizzlys ne le sont pas, mais elle provoque aussi deux types de mindfucks, qui correspondent aux deux parties de ce livre.

Premièrement, il y a ceux qui révèlent une question scientifique dont on ne soupçonnait même pas l'existence. Vous découvrirez ainsi qu'il existe d'excellentes raisons au fait qu'on ait besoin de se mettre à deux pour faire un enfant (Pourquoi pas seuls ? Pourquoi pas à 17 ?), qu'on meure tous un jour ou qu'on voie en couleurs. Et, deuxièmement, certains mindfucks bouleversent un point de vue que l'on tenait pour acquis, et ils concernent plutôt notre biologie à nous, *Homo sapiens*. Sommes-nous vraiment humains, après tout ? Qu'est-ce qui nous distingue du reste des animaux ? Avons-nous des pouvoirs biologiques méconnus ? Dans cette seconde partie, je vais essayer de changer la vision que vous avez de vous-même, en me reposant sur les dernières avancées scientifiques passionnantes.

MAIS COMMENT FAIRE, LIRE CE LIVRE ?

Décidément, la syntaxe, ce n'est pas votre truc, mais pour répondre à la question, le mieux est d'y aller un peu au pif. Ouvrez le bouquin et, si les dessins vous chauffent, passez aux lettres. Ou entrez par les titres de chapitre. Bref, ce n'est pas vraiment fait pour être lu linéairement.

D'ailleurs, je déconseille la lecture d'un coup : le livre est assez fouillis[1], et il y a beaucoup[2], beaucoup[3] de notes de bas de page. C'est fatigant[4], qui a écrit un truc pareil ? En tout cas, ça peut être assez indigeste, donc allez-y tranquille.

Une petite précision : même si vous connaissez bien la chaîne YouTube DirtyBiology et que certains chapitres correspondent à des épisodes, vous verrez que les angles abordés sont souvent un peu différents, et dans tous les cas beaucoup plus étoffés. C'est l'avantage du livre, il y a de la place.

L'inconvénient c'est que je ne pourrai pas lire vos commentaires, donc n'hésitez pas à envoyer un petit message, à l'occasion. Bonne lecture !

---

1 À l'image de la discipline, donc #biologieception.

2 L'invention des notes de bas de page remonterait à Richard Jugge, l'imprimeur de la reine Elizabeth.

3 La reine Elizabeth Ire, qui vivait au XVIe siècle.

4 En plus, c'est pas toujours constructif. Mais vous pouvez toujours les ignorer !

PARTIE 1

Les grandes questions

1

Le fait le plus incroyable

Et si je vous disais que certaines bactéries forment des câbles électriques, et que leur fonctionnement mime celui de notre cerveau, vous me croiriez ? Pour vérifier tout ça, il va nous falloir remonter le temps de plusieurs milliards d'années...

Blip. Blip.

Tout au fond d'un océan, dans le noir intense que la lumière du Soleil n'éclaire jamais, un *blip* électrique crève la tranquillité de l'abysse. À l'intérieur du sol sous-marin écrasé par la colonne d'eau à 4 °C, un fil minuscule, invisible à l'œil nu, est parcouru d'un courant électrique.

Blip.

Ces pulsations ne sont pas d'origine humaine. En vous approchant, vous pourriez voir la nature du fil, les protéines qui en tapissent la surface, les enzymes qui s'activent à l'intérieur. Ce fil est une bactérie, et cette bactérie survit en faisant transiter des électrons à travers tout son corps. *Blip. Blip.*

RESPIRER PAR UN CÂBLE

Lors de la respiration cellulaire, nos cellules volent un électron à une molécule - ce qu'on appelle l'oxydation - pour offrir ce même électron à un atome d'oxygène - la réduction. Ce processus libère de l'énergie, qui assure la survie de l'organisme. Chez nous, tout se passe à l'intérieur d'un compartiment de la cellule, la mitochondrie, sur des distances de quelques micromètres.

Mais les bactéries électriques du fond de l'océan vivent dans des sols très pauvres en oxygène... Elles ont acquis une façon de contourner le problème : elles forment des fils de plusieurs centimètres qui traversent le sédiment et débouchent sur le plancher océanique, où pour le coup il y a de l'oxygène. Les électrons volés au sulfure d'hydrogène présent dans la vase des abysses traversent tout ce câble organique et sont offerts à l'oxygène de l'océan, en libérant l'énergie qui permet aux bactéries du câble de vivre.

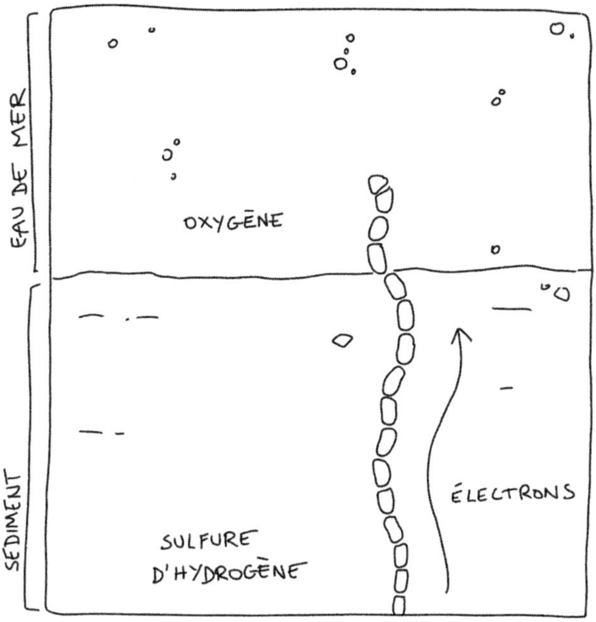

Blip. Blip. Jusqu'à 10 000 bactéries collaborent ensemble pour former ces câbles, qui se connectent à leur tour entre eux pour former des réseaux extrêmement denses. Des réseaux électriques de bactéries qui se nourrissent littéralement d'électrons. La découverte de ces fils de bactéries a été un véritable choc : à notre échelle, c'est comme si deux parties de notre métabolisme évoluaient à 20 km de distance ! En fait, ces bactéries électriques sont une découverte relativement récente, et on peut parier que de nombreuses surprises sont à venir. D'ailleurs, d'autres usages de l'électricité ont été récemment identifiés, comme chez les bactéries *Geobacter*, qui ne forment pas de câbles collaboratifs mais projettent des nanocâbles autour d'elles. On les retrouve d'ailleurs dans de très nombreux écosystèmes... y compris dans notre propre bouche. *Blip. Blip. Blip.*

LE *MINDFUCK* QU'EST LA LECTURE

Vous êtes assis ou couché et vous venez de lire ce paragraphe. Tout ce temps, vos yeux ont transmis à votre cerveau une quantité phénoménale d'informations visuelles. L'image du livre devant vous, la couleur du papier ou de l'écran, les fines arabesques qui y figurent : toutes ces informations migrent vers le lobe occipital, à l'arrière de votre crâne. Elles circulent ensuite vers le gyrus fusiforme gauche et dans le gyrus lingual, où les gribouillis sont interprétés comme des lettres. Indispensables à la lecture, ces zones de l'hémisphère gauche ne sont pas les seules impliquées : deux autres parties, les lobes frontal et temporal, servent à décrypter le sens des mots et à se remémorer leur prononciation. Observez le hiéroglyphe pour « cerveau » ci-dessous. Sans les informations nécessaires pour interpréter ces symboles comme des concepts, vous n'y voyez que des dessins, et c'est la même chose pour les lettres et les mots de notre langue.

Tous ces processus électriques ont eu lieu en quelques millisecondes et sans que vous en ayez conscience. Les tracés que vous déchiffrez prennent automatiquement sens grâce à un système nerveux complexe, dont les origines remontent à plus d'un milliard d'années. L'histoire du cerveau au cours du temps contient précisément un fait essentiel. Le fait le plus incroyable au monde.

RETOUR VERS LE PASSÉ

Imaginez un neurobiologiste fou, armé d'une machine à voyager dans le temps. Que verrait-il en remontant dans le passé ? Il appuie sur un bouton et paf, le flot du temps se déroule en sens inverse de plus en plus vite. Tout d'abord, notre biologiste constaterait que le cerveau de nos ancêtres se rétrécit. Notre boîte crânienne de 1 350 cm^3 est deux fois plus grande que celle d'*Homo habilis*, qui vivait il y a environ 2 millions d'années. Celle-ci était elle-même presque deux fois plus volumineuse que la boîte crânienne de notre ancêtre commun avec les chimpanzés, un primate qui vivait il y a environ 8 millions d'années. Le chercheur curieux appuie sur l'accélérateur et sa machine remonte plus loin, beaucoup plus loin dans le passé, il y a 550 millions d'années. Et il tombe nez à nez avec notre ancêtre... sous la forme d'une sorte d'anguille sans squelette.

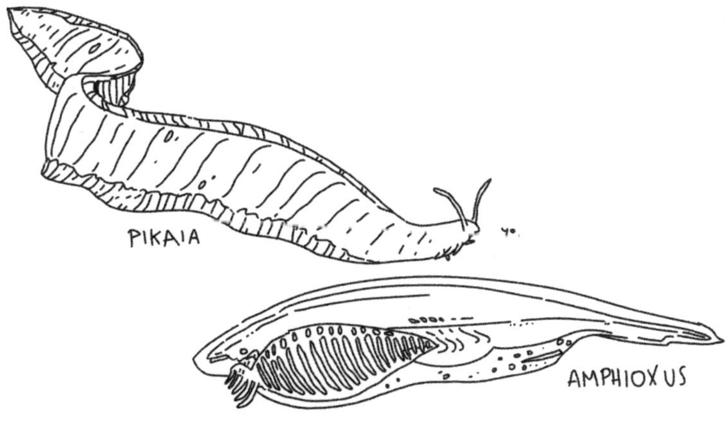

On exhume aujourd'hui des fossiles comme *Pikaia* qui partagent ces caractéristiques. Pour imaginer à quoi ce lointain ancêtre ressemblait, il suffit de regarder certains animaux actuels comme l'Amphioxus (*Branchiostoma lanceolatum*). Ce petit animal marin tout mou possède une anatomie rudimentaire : un seul œil et une bouche à l'avant, un anus et une nageoire à l'arrière.

Tout comme l'Amphioxus et pour la première fois dans l'évolution, *Pikaia* avait un système nerveux un peu plus concentré vers l'avant du corps que vers l'arrière. Un bulbe était apparu : il sera le précurseur du cerveau. Cette « céphalisation » (du grec *kephalê*, « tête ») est tout simplement une révolution biologique.

En remontant plus loin encore dans le temps, il y a environ 700 millions d'années, notre voyageur temporel tombe sur des systèmes nerveux plus diffus dans le corps : une chaîne ou un réseau de petites masses de neurones, des ganglions, uniformément répartis sous la surface de la peau. Tous assurent plus ou moins les mêmes fonctions : sentir l'environnement, pousser l'organisme à réagir en fonction de ces sensations. Ces réseaux nerveux sont ceux que l'on retrouve encore aujourd'hui chez les étoiles de mer ou chez les méduses. Le biologiste observe ces premières ébauches de système nerveux et médite sur leur trajectoire future. Il se dit que c'est quand même un peu long de devoir attendre quelques centaines de millions d'années d'évolution pour obtenir un cerveau capable de lire des bouquins de vulgarisation à partir de ce réseau de neurones primitif, mais il est curieux et veut aller plus loin.

Il rembarque : jusqu'à l'invention du tout premier neurone, la cellule de base du système nerveux. En ce moment même, une partie des quelque 80-90 milliards de neurones qui composent votre cerveau communiquent entre eux *via* environ 100 000 milliards de connexions[1] et se coordonnent pour assurer la lecture de ce chapitre. Ils assurent également la respiration[2] et la multitude de processus physiologiques nécessaires à votre survie.

Le neurobiologiste n'est pas au bout de ses peines, car l'histoire du cerveau ne s'arrête pas là. En effet, les gènes qui permettent aux neurones de produire l'équipement nécessaire pour être capables de s'exciter et de transmettre l'influx électrique sont apparus bien avant que Pikaïa n'utilise ses ganglions pour onduler. Bien avant même que les premières méduses ne développent leurs réseaux de neurones noyés dans leur masse gélatineuse. Et également avant que les organismes ne soient composés de plusieurs cellules, en fait.

Les gènes voyagent à travers le temps, en passant d'individu en individu au fur et à mesure des générations, et certains viennent de très loin. Une poignée des gènes nécessaires à l'excitation électrique des neurones pourrait ainsi avoir... 4 milliards d'années.

INTERLUDE SÉMANTIQUE

Alors, attention, pause. En lisant ces lignes, on pourrait avoir l'impression d'une marche inéluctable vers la complexité dirigée par une main invisible, mais ce n'est évidemment pas comme ça que la nature fonctionne. D'une part, l'évolution ne se rend pas toujours vers la complexité. Les parasites, qui représentent près de 40 % des espèces, subissent généralement une simplification

---

1 Soit 10^{14}. Ce chiffre est à prendre comme un ordre de grandeur, mais... oui, ça fait beaucoup. L'ensemble de ce « tableau électrique » est nommé le connectome, et de très gros efforts de recherche comme le Human Connectome Project ont été entrepris pour essayer de dresser la carte des réseaux qui composent notre cerveau.

2 Ils le font en ce moment même, sauf si vous êtes en apnée. Vous venez de remarquer que vous étiez en train de respirer, d'ailleurs. Les neurones font ça très bien sans votre intervention.

extrême de leur anatomie au fil des générations... et leur système nerveux aussi. D'autre part – et on le verra ailleurs dans ce livre –, l'évolution est un essai-erreur permanent, une suite de processus aveugles qui finissent par produire des systèmes organisés uniquement parce que tout cela se déroule sur un temps très long.

Le problème, c'est que notre langage est façonné par notre quotidien, qui est plutôt orienté vers des buts : on agit *pour* obtenir quelque chose en retour, nos actions sont généralement motivées. Notre façon de nous exprimer est donc mal adaptée pour décrire des processus aveugles qui ne « savent » pas où ils vont, et, dans ce livre, vous trouverez souvent des formulations qui semblent finalistes : « au cours de l'évolution, un trait a été inventé... » ou « cet organisme va évoluer vers ceci... ».

Même si j'essaie autant que possible d'éviter ces formules, essayez de vous souvenir que cela correspond à une contrainte imposée par notre façon de parler, plutôt qu'à une véritable description de ce qui se passe dans la nature ! Les gènes n'évoluent pas *pour* quelque chose, les bactéries ne *veulent* rien, mais c'est beaucoup plus simple d'écrire cela que de faire des périphrases contorsionnées. Bref, fin de la parenthèse.

BACTÉRIES ÉLECTRIQUES

Gürol Süel est chercheur à l'université de Californie à San Diego, et il travaille sur les biofilms bactériens. Depuis quelques années, la vision des bactéries comme des organismes solitaires a laissé la place à une nouvelle interprétation : on sait désormais qu'elles sont capables de s'organiser en communautés, ces fameux biofilms. Ces minces couches, constituées de milliards d'individus, sont partout : dans l'océan, dans nos canalisations, sur les feuilles des arbres ou sur nos dents, sous forme de plaque dentaire[1]. En communauté, les bactéries résistent plus facilement aux environnements hostiles, grâce à une division du labeur : les bactéries de la surface protègent, pendant que les bactéries sous la surface nourrissent. Mais toute communauté exige de la communication, et, en 2015, Gürol et son équipe ont découvert qu'au sein du biofilm, les bactéries sont capables de communiquer entre elles *via* des impulsions électriques.

Les bactéries du biofilm libèrent des ions de potassium, grâce à des protéines en forme de canaux nichées dans leurs parois. Ces ions potassium migrent jusqu'aux bactéries voisines, qui à leur tour libèrent d'autres ions potassium, et le signal se propage de proche en proche jusqu'aux cellules de la périphérie.

Grâce à ce signal électrique, elles peuvent transmettre de l'information, et c'est notamment utilisé pour geler les mécanismes de duplication de leurs sœurs lorsque la nourriture vient à manquer. Ce système de communication exploité par les bactéries est une ébauche des mécanismes à l'œuvre dans les neurones[2] : dans votre cerveau, ces derniers transmettent toujours l'information électrique en relarguant (notamment) des ions potassium en dehors de la cellule ! Cela crée une différence de charge électrique entre l'extérieur et l'intérieur de la cellule, et cette différence de polarité circule de proche en proche sur la membrane, d'un bout à l'autre du neurone.

Ce mécanisme complexe, le potentiel d'action, fonctionne grâce à des canaux similaires à ceux qui laissent sortir le potassium chez les bactéries. Ces canaux sont d'ailleurs présents dans l'ensemble des organismes

---

1 C'est toujours une bonne idée de se laver les dents entre deux chapitres.

2 Une ébauche très lente, car le potassium diffuse de quelques millimètres par heure. À titre de comparaison, certains neurones de votre corps transmettent une information électrique à plus de 100 mètres par seconde !

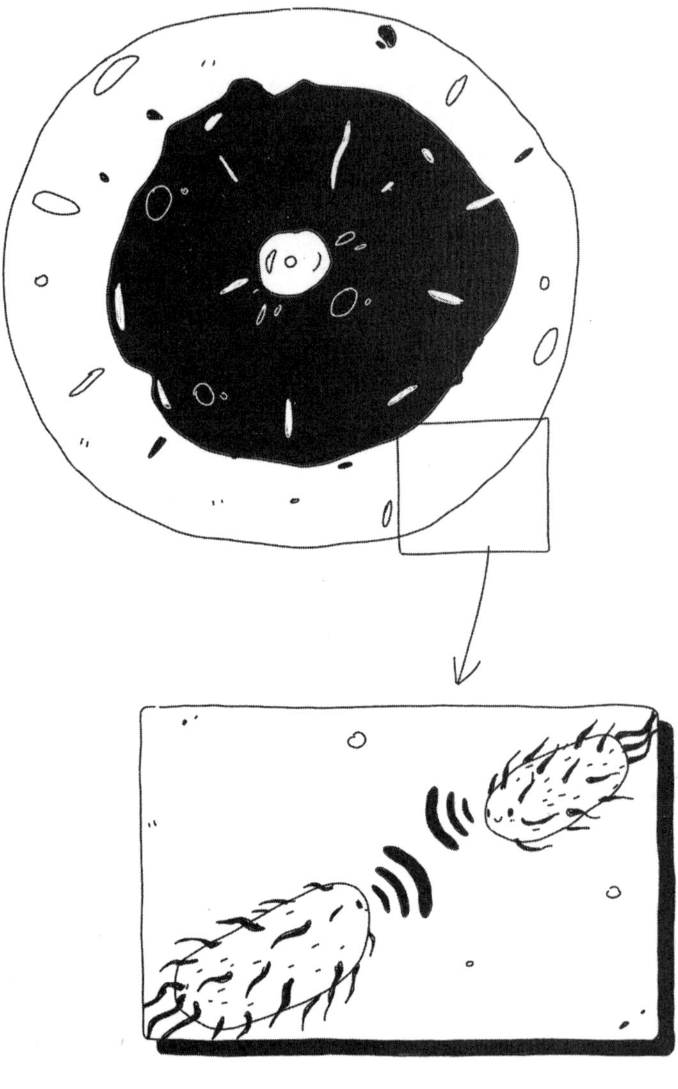

Biofilm : vue d'artiste.

vivants sur la planète : plantes, champignons, animaux, bactéries, etc.

En d'autres termes, l'origine évolutive du mécanisme à la base de la lecture que vous êtes en train de faire remonte à notre ancêtre commun avec les bactéries, il y a plusieurs milliards d'années.

Cette information, mise en perspective, mérite une épiphanie, un effet eurêka, une révélation : vous voilà en train de lire les lettres qui composent cette phrase. Vos neurones, rassemblés dans des aires complexes et spécialisées, libèrent à chaque instant des ions potassium comme le faisaient déjà des milliards d'années plus tôt nos ancêtres... et avec les mêmes protéines.

De mutation en mutation, de nouveaux traits sont apparus, certains ont été sélectionnés, les organismes unicellulaires sont devenus multicellulaires, des neurones se sont développés, etc. Tout cela alors que des glaciations avaient lieu, que des bombardements météoritiques ravageaient les continents ou que des superéruptions volcaniques bouleversaient la composition de l'atmosphère terrestre. Puis des réseaux de neurones se sont organisés, d'abord simples et enfin complexes, une tête, un cerveau, des aires spécialisées, et vous voilà en train de visualiser tout ça, sous l'injonction de quelques dessins alambiqués sur une feuille de papier...

DES TRAITS PLUS VIEUX QUE NOUS

Ce qui précède ici n'est qu'un aperçu de la profondeur temporelle d'un trait comme le cerveau et ses neurones, mais n'importe quel autre caractère de notre corps pourrait raconter une histoire comparable. Notre tube digestif, nos yeux, notre peau et nos dents ont également suivi des trajectoires évolutives incroyables, avant que nous en soyons dotés. En fait, il en est de même de n'importe quel caractère de n'importe quel être vivant de la planète. Les feuilles d'une fougère arborescente, l'organe voméronasal qui détecte les phéromones chez les reptiles et les mammifères, ou les stylets présents dans la bouche des tardigrades, tous ces traits sont apparus graduellement, et leur origine est à chaque fois plus ou moins reliée à la nôtre.

En retraçant la source des traits dont les organismes ont hérité, on met en fait au jour la parenté commune de ceux-ci. Notre système nerveux partage une origine commune avec celui de l'ensemble des vertébrés, et plus généralement des animaux, mais remonte aussi aux bactéries du Précambrien.

La leçon que nous enseigne la biologie évolutive, et plus particulièrement la branche dédiée à la construction d'arbres de parentés entre les êtres vivants – la phylogénie –, vaut la peine d'être méditée. Elle nous dit par exemple que le papier sur lequel a été imprimé ce livre est la partie transformée d'un lointain cousin, dont nous avons divergé il y a 1,5 milliard d'années.

C'est également le cas des acariens qui batifolent dans vos cils en ce moment même – des cousins –, ou de n'importe quel autre être vivant de la planète. Vous partagez un ancêtre commun avec le café moulu de ce matin, la bactérie de votre dernière intoxication alimentaire, et ainsi de suite : ultimement, nous partageons tous au moins un ancêtre commun. Tous les êtres vivants font partie d'un même arbre généalogique gigantesque, dont les racines se trouvent au plus profond de la vie elle-même, jusqu'à l'ancêtre commun universel de toutes les formes de vie actuelles.

En comparant les gènes partagés par tous les organismes, on peut non seulement imaginer à quoi ressemblait ce LUCA (Last Universal Common Ancestor) et estimer à quelle époque il vivait. Les derniers calculs le feraient remonter à 4,5 milliards d'années, soit à l'Hadéen.

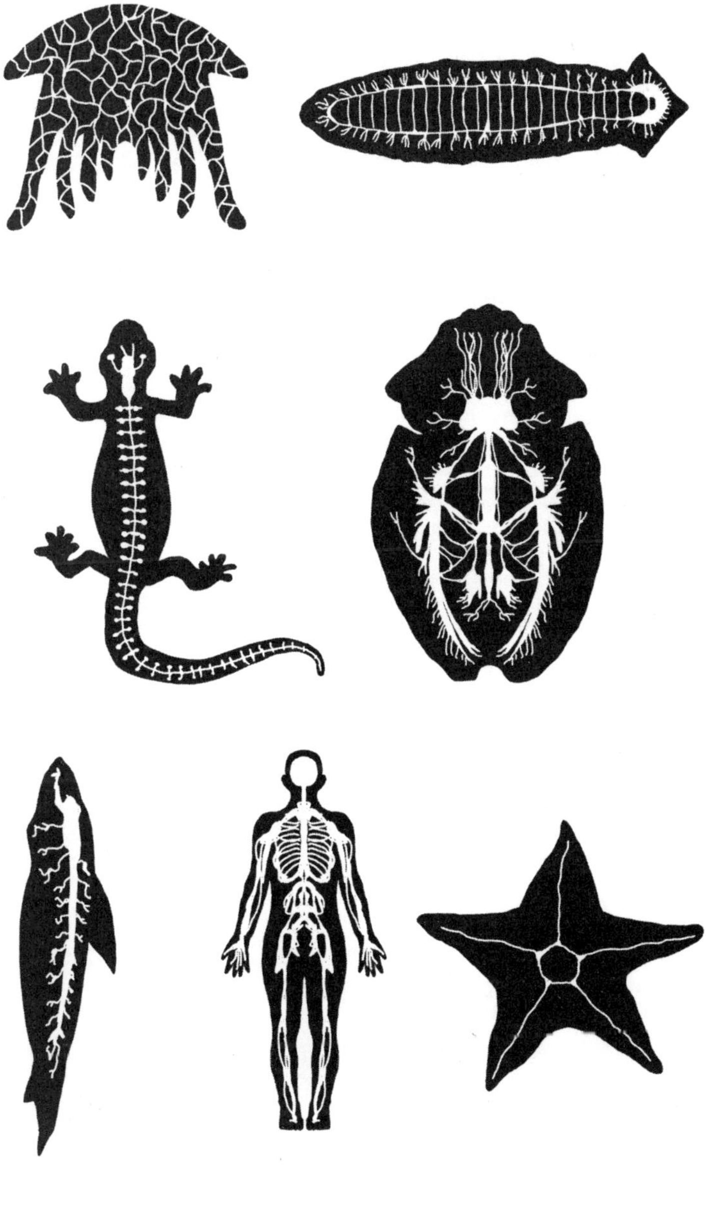

Cette période cauchemardesque marquée par les bombardements météoritiques, la chaleur extrême qui régnait à la surface et la radioactivité omniprésente aurait donc été l'habitat dans lequel notre ancêtre extrêmement badass florissait et se reproduisait. Depuis, ses descendants ont acquis de nombreuses capacités biologiques - certaines permettant de lire -, et je trouve qu'appartenir à cette chaîne ininterrompue d'êtres vivants, cette course de relais de gènes qui se poursuit depuis plusieurs milliards d'années, est décidément le fait le plus incroyable.

2

Nous ne savons pas ce qu'est la vie

Qu'est-ce que la vie ? C'est simple : c'est ce qui est vivant, comme nous. Et pourtant, aujourd'hui encore cette question laisse la plupart des scientifiques perplexes.

Certaines personnes ont un métier au nom particulièrement classe : ils sont officiers de protection planétaire. Leur travail consiste à s'assurer que les différents objets que nous envoyons sur d'autres corps du Système solaire, les sondes, rovers et autres drapeaux amidonnés[1], ne portent pas d'organismes terriens et ne contaminent pas les astres avec la forme de vie propre à notre planète. Une bonne part de leur temps est donc consacrée à stériliser chaque pièce qui sera propulsée « là-haut », en particulier celles dont la destination est un corps qui pourrait héberger une forme de vie différente de la nôtre : Mars, Encelade[2] ou Europe[3].

Se prémunir de la contamination potentielle par nos organismes répond en effet à un véritable argument moral. Certains considèrent même qu'il faudrait éviter de prendre le moindre risque - en appliquant une forme de quarantaine cosmique[4] semblable à la Directive Première de *Star Trek*. Cela consisterait notamment à ne pas envoyer de sonde tant que l'on n'est pas sûr à 100 % de ne pas interférer dans le développement d'autres formes de vie. Dans *Star Trek*, les personnages passent à peu près autant de temps à énoncer cette règle absolue qu'à la transgresser, et nous n'hésitons pas non plus à envoyer nos divers robots. Mais une question plus terre à terre devrait nous inquiéter malgré tout : serions-nous

---

1 Toutes sortes d'objets absurdes ont été laissés sur la Lune par les astronautes : des sacs remplis d'excréments, des balles de golf, des photos de famille, des objets commémoratifs, et évidemment beaucoup de matériel technique qu'ils ne voulaient pas rapporter sur Terre.

2 Une lune de Saturne. Elle possède un océan liquide sous une épaisse surface de neige.

3 Une lune de Jupiter. Elle possède également un océan liquide et de la chaleur.

4 Selon l'hypothèse dite du « Zoo », notre propre planète est ainsi mise en quarantaine par des extra-terrestres plus avancés que nous. Cet argument a été proposé pour expliquer l'absence de contact avec ces êtres venus d'ailleurs, alors même qu'ils devraient être nombreux à peupler cet univers si vaste. Selon le Zoo cosmique, nous serions ainsi observés à distance sans interférence, jusqu'à ce que nous soyons capables de gérer un contact avec une civilisation plus avancée sans que cela ne nous détruise.

capables de reconnaître une forme de vie différente si elle était juste devant nous ?

ASTEROID BLUES

En 1976, les patins des sondes *Viking 1* et *Viking 2* se posèrent sur les graviers rouges de la planète Mars. Après environ un an de voyage depuis la Terre, chaque robot commença quatre expériences différentes, destinées à offrir aux chercheurs suffisamment d'informations pour répondre à une question essentielle : y a-t-il de la vie sur la planète rouge ?

À bord des *Viking*, un chromatographe et un spectromètre de masse, deux instruments capables d'analyser la composition chimique des sols, étaient prévus pour détecter la présence de molécules organiques dans le sol martien. Un autre instrument mesurait les transferts de gaz entre le sol et l'atmosphère - les Martiens respirent-ils ? -, un troisième mesurait la capacité de ces hypothétiques organismes à faire de la photosynthèse, et le dernier avait pour but de mener une expérience censée détecter le métabolisme de ces éventuels Martiens.

Les résultats des sondes *Viking* furent négatifs.

Depuis, d'autres robots ont cherché ou cherchent encore des traces d'une activité biologique dans la chimie martienne, mais, pour l'instant, les extraterrestres se font discrets.

LA VIE ? BAH, C'EST CE QUI EST VIVANT, QUOI...

Ces instruments de mesure étaient-ils les bons ? Après tout, si d'autres formes de vie se sont développées indépendamment de la vie terrestre, elles pourraient être très différentes.

Tellement différentes, en fait, que nos instruments de mesure ne sauraient pas les détecter.

À bien y réfléchir, lorsque nous nous mettons en quête d'un organisme vivant, nous faisons des hypothèses sur son fonctionnement, le métabolisme qu'il est censé avoir, les molécules qu'il est censé relarguer dans l'environnement. Et nous faisons ces hypothèses en partant du principe que ces organismes sont comparables à ce que l'on connaît... ce qui est peut-être faux.

En effet, l'évolution parallèle des Martiens pourrait les avoir dotés d'un métabolisme complètement différent, indétectable par les instruments de la NASA. Qui sait, les sondes pourraient avoir écrasé des organismes vivants sans que personne ne s'en rende compte, tout simplement parce que notre définition de « vivant » s'est construite sur les exemples terrestres et qu'elle est trop spécifique à la vie sur notre planète à nous.

Bref, même si nous nous retrouvions demain face à un alien, il se pourrait que nous ne nous en rendions même pas compte, ce qui soulève une question évidente : a-t-on une bonne définition, générale, de la vie ?

Et la réponse est non.

Voilà, comme ça, c'est fait.

Cette affirmation semble étrange. Après tout, on sait intuitivement quand une chose est vivante, et on peut en décrire les propriétés : c'est constitué de cellules, ça grandit, ça bouge, ça se reproduit, ça fait du métabolisme, c'est un système thermodynamique qui prend de l'énergie pour créer de l'ordre local, ça évolue de façon darwinienne au cours du temps, etc., etc.

SAÏGA, C'EST PLUS FORT QUE TOI

Prenons un exemple.

Pas très loin du site de lancement de fusées de Baïkonour, au Kazakhstan, vivent des saïgas (*Saiga tatarica*). Cette antilope d'Asie est une sorte de collision improbable entre une gazelle et une double trompe d'aspirateur high-tech. Son museau est en effet très long et descend sur la bouche, lui donnant un air mi-comique, mi-sympathique. Il lui permettrait de réchauffer l'air inspiré lors des hivers rigoureux de la steppe.

En 2015, la moitié de la population mondiale de saïgas est brutalement morte dans l'été.

Après une étude approfondie, les chercheurs ont pu déterminer que l'épidémie qui avait décimé cet herbivore était d'origine bactérienne. *Pasteurella multocida*, une bactérie présente en temps normal dans le tube digestif des antilopes de façon inoffensive, était soudain devenu un pathogène mortel sans que personne ne comprenne réellement pourquoi. Le statut de « vivant » de l'antilope est difficilement discutable, et celui de la bactérie paraît également plutôt certain. Les deux organismes s'alimentent, se reproduisent, ils possèdent des moyens de ressentir leur

environnement : des photorécepteurs pour décider où marcher/où nager, des gravitorécepteurs pour savoir où est le bas, des nocicepteurs pour détecter les toxines, etc. Ils possèdent une molécule d'ADN, utilisent des sucres comme source d'énergie, bref : saïgas et bactéries sont vivantes, et prétendre l'inverse ressemble à un acte de tétracapilosectomie[1] digne de mauvais philosophes, loin des réalités des biologistes de terrain.

Bien au contraire.

(PRESQUE) AUTANT DE DÉFINITIONS QUE D'ESPÈCES

Le terme « biologie » existe depuis le tout début du XIXe siècle, et en deux cents ans, les chercheurs n'ont pas pu aboutir à une seule définition de la vie qui mette tout le monde d'accord. En toute logique, ils ont donc forgé plus d'une centaine de définitions différentes ! Entre Aristote, le physicien Erwin Schrödinger, le biologiste Jacques Monod ou l'astrophysicien et vulgarisateur Carl Sagan, des pelletées de gens y sont allés de leur proposition, en espérant à chaque fois que celle-ci soit un peu universelle et définitive... ce qui n'a jamais été le cas. Pire : il se pourrait qu'essayer de définir le vivant constitue une tentative, comme l'a un jour écrit le philosophe Édouard Machery, « soit impossible, soit inutile ».

Reprenons la définition précédente : la vie est composée de cellules, présente un cycle de vie, se maintient en homéostasie, fait du métabolisme, grandit, s'adapte à son environnement, répond à des stimuli, se reproduit et évolue. Mais une telle suite de critères laisse de côté des cas parfois étranges. Que penser du mulet, hybride stérile entre un âne et un cheval, qui ne se reproduit pas ? Il semble tout ce qu'il y a de plus vivant, bien qu'il ne remplisse pas l'un des critères fondamentaux de la définition de la vie.

Inversement, un feu de forêt qui consomme et convertit de l'énergie pour se déplacer, croître et se reproduire coche toutes les cases de la définition métabolique de la vie, mais ne paraît pas si vivant que ça.

1 L'art de couper les cheveux en quatre.

Et que dire du jeu de la vie simulé sur ordinateur, des algorithmes qui évoluent *in silico* génération après génération, ou plutôt « cycle de processeur après cycle de processeur » ?

Le second problème soulevé par ces tentatives de définition, c'est qu'on identifie ces propriétés grâce à des exemples qu'on SAIT vivants. On prend un humain, un chien ou un blobfish[1] (*Psychrolutes marcidus* pour les intimes), et on regarde ce qu'il fait.

Il a des cellules, bouge, grandit, se reproduit, etc., etc., donc les organismes vivants au sens large aussi. Le souci, c'est qu'avec cette méthode, on n'est pas forcément capable de reconnaître les organismes qui fonctionnent sur d'autres règles, même s'ils sont (peut-être) eux aussi parfaitement vivants.

Les plantes, qui bougent sur des échelles de temps assez difficiles à percevoir, peuvent naïvement paraître « non vivantes », tout comme les coraux, qui seront perçus comme de simples cailloux colorés. Les algues, les biofilms bactériens ou les champignons, qui à l'œil nu ressemblent pour certains juste à de la crasse, posent le même problème. Les parasites responsables de nos maladies, protozoaires ou bactéries, ont aussi attendu très longtemps avant d'être reconnus comme vivants.

Bref, définir des règles générales à partir d'observations isolées, c'est bof, et notre intuition est très mauvaise à ce petit jeu.

LE MONDE DES PRESQUE-VIVANTS

C'est particulièrement flagrant pour les organismes qui ont été découverts récemment et qui ne collent plus

1 Qui n'est absolument pas aussi moche qu'on le prétend. C'est un poisson des abysses que l'on photographie après une remontée à la surface. Quel type de visage aurait-on si on se faisait tirer le portrait à 4 000 m de profondeur ? *Stop blobfish hate* !

du tout aux définitions « classiques » de la vie. Les virus, évidemment, sont au cœur du débat, puisqu'ils n'ont pas de cellules et sont fondamentalement des brins d'ADN protégés dans une capside, mais il existe d'autres organismes subcellulaires de quelques nanomètres qui sont aux frontières actuelles de ce qu'on nomme « vivant ».

Dans les années 1950, des officiers australiens patrouillaient les Hautes-Terres orientales de Papouasie (c'était une colonie à l'époque), lorsqu'ils découvrirent que les tribus Fore étaient atteintes d'une maladie étrange. Les gens souffraient d'un manque de coordination musculaire, titubaient, éclataient de rire sans pouvoir se contrôler, et finissaient par ne plus bouger et mourir.

Cette terrible maladie neurodégénérative a fini par avoir un nom, le kuru. Elle est comparable à la maladie de Creutzfeldt-Jakob : le cerveau est infecté par une particule que l'on appelle le prion. En Papouasie, les Fore récupéraient ce prion en consommant les cerveaux

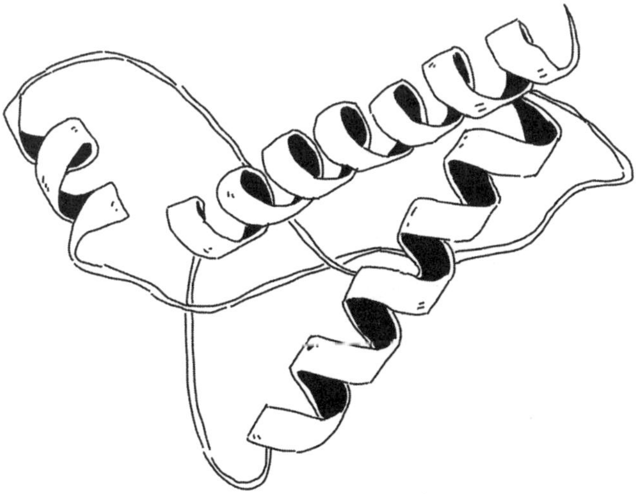

de leurs proches après leur mort, dans un cannibalisme funéraire traditionnel. Cette habitude a favorisé une propagation efficace de la particule dans la population. Une action sanitaire de la part des autorités a peu à peu fait disparaître la maladie.

Néanmoins, la partie la plus fascinante de l'histoire tient à la nature de la particule : le prion.

À l'instar des virus, le caractère « vivant » de cette entité fait débat, et son mécanisme est encore très mal connu. On sait qu'il s'agit d'une protéine qui se replie de nombreuses façons différentes, et il semble que certaines conformations nocives « contaminent » d'autres protéines, en les poussant à se replier de la même façon qu'elles. Elles deviennent à leur tour nocives et peuvent forcer d'autres protéines à adopter cette structure, et ainsi de suite. Ce processus de reproduction très original n'a pas besoin de toute une machinerie cellulaire complexe. Les prions peuvent donc se propager rapidement sans faire intervenir d'ADN à aucun moment !

D'autres objets biologiques font débat. Les satellites, les plasmides et les transposons sont des brins d'ADN ou d'ARN dont les intérêts peuvent diverger de ceux de l'organisme qui les porte : vivants ou pas ? Mais l'exemple le plus frappant est celui des viroïdes, des brins d'ARN circulaires libres qui exploitent des cellules d'autres organismes. Ces molécules sont des séquences de quelques centaines de nucléotides à peine, qui se reproduisent comme des parasites. Ici, aucune machinerie cellulaire, juste une ligne de code moléculaire qui se reproduit depuis des milliers, des millions, des milliards d'années. On ne connaît pas grand-chose sur eux ni sur leur histoire. Existent-ils sous cette forme depuis les débuts de la vie, ou sont-ils au contraire le résultat d'une simplification extrême d'un organisme ancestral ? Nul ne le sait pour le moment.

Dans tous les cas, construire des définitions en se prenant comme exemple est donc une méthode assez peu utile pour qualifier ce qui est vraiment très différent. Ce qui nous ressemble est évidemment dans le groupe, mais catégoriser ce qui est aux marges… ben ça devient compliqué.

LE GRAND ŒUVRE DE LA BIOSPHÈRE

Cette problématique ressemble en fait à un obstacle que rencontrèrent les alchimistes du XVIe siècle pour définir l'« eau ». À l'époque, il n'existait pas de théorie moléculaire pour catégoriser les molécules en fonction de leur composition atomique. L'eau n'était donc pas « un atome d'oxygène et deux atomes d'hydrogène », mais un concept plus flou, enveloppé d'adjectifs qualifiant la solvabilité, la couleur, la densité. Et les savants tentaient donc d'aboutir à une définition pure, idéale, un ensemble d'adjectifs qui pourraient encapsuler complètement le concept d'« eau »… un peu comme on le fait pour la « vie » aujourd'hui.

Il existait donc l'eau-forte (*aqua fortis*), l'eau royale (*aqua regia*), l'eau-de-vie (*aqua vitae*). Ironiquement, aucune de ces eaux n'était véritablement composée de la molécule H_2O : l'eau-forte est l'acide nitrique, l'eau royale est un mélange d'acide nitrique et d'acide chlorhydrique, et l'eau-de-vie est évidemment… un alcool fort.

Le biologiste qui tenterait de définir la vie comme les alchimistes s'acharnaient à définir l'eau, à grands coups de propriétés nécessaires, réfléchirait donc de la mauvaise façon. Impossible de formuler une définition exacte de la vie sans l'équivalent de la théorie moléculaire qui a fini par caractériser l'eau.

Au lieu de catégoriser les êtres vivants avec une liste de propriétés minimales, on peut tenter une autre approche et essayer de trouver le cadre théorique qui soit plus efficace. En somme, il nous faut une théorie générale des systèmes biologiques. Ça paraît flou ? C'est normal. Le véritable obstacle se trouve dans le fait que nous n'avons pour le moment qu'une seule version de la « vie ». En remontant l'arbre généalogique de toutes les espèces vivantes actuelles, jusqu'à l'ancêtre qu'elles partagent[1], on ne retrouvera que des objets dotés de caractéristiques communes : le même support de l'hérédité (l'ADN), des processus chimiques similaires, etc. On ne pourra jamais repérer ce qui fait qu'un objet peut être « vivant » en comparant ces espèces, sans associer automatiquement la « vie » aux propriétés de ces espèces.

En d'autres termes, pour créer une théorie générale des systèmes biologiques, il faut s'appuyer sur des formes de vie qui ont évolué de façon réellement indépendante.

À LA RECHERCHE DE VIES PARALLÈLES

De nombreuses pistes existent : par exemple, des travaux de recherche explorent des hypothèses comme celle du « monde à ARN ». Ce scénario propose qu'avant que notre biosphère ne soit composée de cellules, les premières formes de vie étaient constituées d'ARN. Cette molécule est en effet à la fois capable de contenir de l'information susceptible de se transmettre d'une génération à l'autre, mais également d'accomplir des processus métaboliques (comme le font les protéines aujourd'hui). Selon cette hypothèse, le monde était alors rempli de molécules autoréplicatives qui évoluaient

1 Voir chapitre 1.

selon des règles darwiniennes. Bref, une autre forme de vie que la nôtre !

Mais l'une des pistes est plus exotique : chercher d'autres formes de vie... ailleurs que sur Terre. Quarante-cinq ans après la tentative des sondes *Viking*, la méthode consiste toujours à chercher des molécules qui seraient autant de signatures de la présence de vie. La découverte de phosphine dans l'atmosphère de Vénus avait défrayé la chronique, car elle semblait être une preuve d'activité biologique[1], tandis que, sur Mars, c'est le méthane qui fait l'objet de toutes les attentions. Cette molécule se retrouve très localement et varie de façon saisonnière – ce qui pourrait être le signe d'une activité biologique. Pour confirmation, le projet ExoMars de l'Agence spatiale européenne (ESA) est censé décoller en 2022 à destination de la planète rouge. À cette occasion, le rover *Rosalind Franklin* sera déposé sur la surface, à charge pour lui de chercher des indices d'une forme de vie biologique présente ou passée dans le sol de Mars... avec une grosse foreuse de 2 m. Ce rover s'ajoutera aux nombreux autres déjà présents sur cette planète uniquement occupée par des robots, et qui est paradoxalement le meilleur endroit pour chercher des formes de vie alternatives.

Les philosophes ont beaucoup de travail devant eux : bien que de futurs rovers puissent offrir de nouveaux éléments sur la présence de biosignatures en dehors de notre planète, la question de savoir si elles sont liées à une forme de vie parallèle à la nôtre ne trouvera pas de réponse sans une approche philosophique du problème. Et, une fois que cette énigme sera résolue, il faudra qu'ils réfléchissent aux questions éthiques associées :

1 Et puis non, finalement. Cette molécule est parfois produite par les bactéries dans les milieux sans oxygène, mais elle aurait plus probablement été émise par les nombreux volcans de la planète infernale.

devrions-nous terraformer leur planète, miner leurs habitats, coloniser leur biosphère ? Ou protéger ces milieux comme des zoos sous quarantaine ?

Espérons que nous ayons des formes de réponse avant d'entreprendre une exploration spatiale aux conséquences potentiellement irrémédiables !

3

Pourquoi on meurt ?

**Les humains n'aiment pas mourir.
Et, bizarrement, l'évolution n'a rien fait pour y remédier... et il se trouve qu'il y a une très bonne raison à ça.**

Sur son ami Enkidu,
Gilgamesh
Pleurait amèrement
En courant la steppe.
« Devrai-je donc mourir, moi (aussi) ?
Ne (me faudra-t-il) pas ressembler à Enkidu ?
L'angoisse
M'est entrée au ventre !
C'est par peur de la mort
Que je cours la steppe ! »

L'Épopée de Gilgamesh, *tablette IX, trad. Jean Bottéro.*

Vu son sujet, ce chapitre va être nécessairement plus philosophique que les autres : préparez-vous à subir des révélations importantes.

Première grande vérité : les humains n'aiment que modérément mourir. Mourir, c'est nul[1].

Vous étiez prévenus.

La plus ancienne œuvre de littérature dont nous ayons encore aujourd'hui la trace, *L'Épopée de Gilgamesh*, écrite il y a près de 4 000 ans, consacre la moitié du récit à raconter comment le héros, Gilgamesh, recherche l'immortalité afin de ne pas finir comme son ami Enkidu.

Décédé, donc.

D'un point de vue extérieur, la vieillesse semble étrange : les processus qui maintenaient le corps en état s'arrêtent peu à peu de fonctionner, sans raison apparente, jusqu'à ce que l'organisme ne parvienne plus à assurer sa propre existence. Il est facile de se retrancher dans une position fataliste en disant « on meurt parce qu'il le faut bien », mais ce serait passer à côté d'une

1 [Référence nécessaire]

question scientifique fascinante : pourquoi finit-on toujours[1] par mourir ?

QU'EST-CE QUE LA MORT ?

Un petit point de vocabulaire, d'abord : on parle ici de la vieillesse ou, dans le jargon de la biologie, de la sénescence. L'arrêt des fonctions vitales qui suit un accident violent et qui se traduit par la mort ne fait pas partie de notre question. Ici, on veut savoir pourquoi tous les organismes de la planète finissent par mourir un jour, même s'ils se protègent parfaitement.

Pourquoi la vieillesse ? Et pourquoi nos organes ne se réparent-ils pas infiniment ? Pourquoi l'épuisement, pourquoi la mort ? Il existe plusieurs réponses, en fonction du niveau auquel on s'attache et de la personne consultée.

Au niveau cellulaire, le nombre de fois qu'une cellule peut se dupliquer avant que les mécanismes de division ne fonctionnent plus est limité. Dans les années 1960, Leonard Hayflick donna son nom à cette limite, en démontrant que chaque cellule d'un embryon humain pouvait se dupliquer entre 40 et 60 fois avant que le processus ne s'arrête pour de bon. L'une des explications de ce processus fait intervenir les télomères, des extrémités protectrices des chromosomes qui sont constituées de répétitions de nucléotides.

Chez les humains, ces télomères sont une répétition plus de 2 500 fois de la séquence « TTAGGG ». Ils ne codent pour aucune protéine, mais leur présence empêche les chromosomes de fusionner les uns avec les autres par accident et limite leur détérioration. À chaque

1 À l'exception de certains membres du clan MacLeod – enfin, ceux qui ont encore leur tête sur les épaules.

fois qu'une cellule se duplique par la mitose, l'ADN est d'abord répliqué. À chacune de ces réplications, les enzymes responsables n'arrivent pas jusqu'au bout des télomères, et une partie de ceux-ci se raccourcit légèrement. Cette réduction est corrélée à la fameuse limite de Hayflick, mais il existe également d'autres processus rendant les cellules petit à petit vieillissantes.

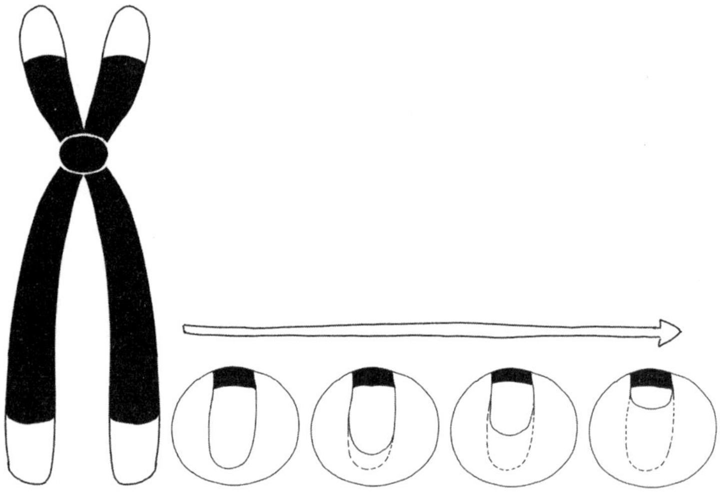

Les extrémités des chromosomes, les télomères, se rétrécissent à chaque cycle de duplication cellulaire

Dans un article de 2013 passant en revue la littérature scientifique sur le sujet, intitulé « Les marques du vieillissement » (« The hallmarks of aging »), une équipe européenne décrit 9 mécanismes par lesquels les cellules finissent par devenir sénescentes. Parmi ceux-ci, on retrouve l'accumulation de mutations néfastes dans l'ADN, des erreurs qui apparaissent au moment de la réplication de l'ADN. Une autre cause est le dysfonctionnement des mitochondries, ces organites logés au cœur de nos cellules et qui lui fournissent de l'énergie directement exploitable par transformation du glucose. Impitoyable, la logique est la suivante : cette usure des cellules finit par se percevoir au niveau des organes, qui finissent par être défaillants, menant au vieillissement général de l'organisme et, ultimement, à la mort.

Mais toutes ces causes d'usure de la mécanique corporelle ne sont que des raisons fonctionnelles, des causes proximales qui n'expliquent pas vraiment le *pourquoi*, mais plutôt le *comment* de la vieillesse. À ce niveau de zoom, cela équivaut à tenter d'interpréter l'accident mortel d'un automobiliste ivre en mesurant la densité du bois du platane. OK, c'est bien le choc contre l'arbre qui a fini par le tuer, mais les causes profondes se trouvent à une autre échelle. Eh bien, c'est exactement la même chose avec la vieillesse.

TROUVER UNE RAISON À LA MORT

Une chose saute aux yeux pour un biologiste : l'ADN accumule des mutations, des erreurs qui finissent par tuer l'organisme, alors qu'il existe des enzymes à même de le réparer. Nos corps sont en effet capables de prouesses régénératives impressionnantes, en particulier en bas âge, et cela vaut également pour les télomères : il existe ainsi une enzyme, la télomérase reverse transcriptase, qui les rallonge.

La question est donc : pourquoi ces processus réparateurs n'agissent-ils plus ?

Ce qui nous intéresse, c'est la raison ultime du vieillissement, le pourquoi profond de la mort. Comme les mécanismes physiologiques nous renseignent sur le « comment », ils ne pourront pas nous éclairer… mais la biologie évolutive nous vient en revanche en aide.

La quête de la réponse à « Pourquoi meurt-on ? » a intrigué de nombreux biologistes de l'évolution, et ce dès la fin du XIXe siècle. Quelques années seulement après la mort de Darwin, August Weismann – qui rétrospectivement sera considéré comme l'un des biologistes les plus influents de son siècle – tentera de formuler une théorie. Selon lui, si les individus finissent par vieillir puis mourir, c'est tout simplement… pour laisser la place aux jeunes. Mouais. Pour être honnête, précisons qu'il abandonna à terme cette explication, et pour cause : elle implique l'idée d'un but, d'un programme que s'efforceraient de suivre les organismes. Or l'évolution est un processus aveugle et sans objectif prédéfini : les individus qui possèdent les caractéristiques les plus efficaces pour se multiplier finissent par produire davantage de descendants. Ces derniers présenteront eux-mêmes ces caractéristiques et pourront se multiplier plus efficacement.

La sélection naturelle offre une grille de lecture pour comprendre les caractéristiques des organismes vivants. Le problème de la théorie de Weismann, c'était qu'elle n'aidait en rien à comprendre comment la vieillesse avait pu être sélectionnée au cours de l'évolution. Par quel mécanisme les individus qui meurent les premiers peuvent-ils se multiplier plus efficacement que les autres ? En quoi la vieillesse est-elle un trait biologique qui fournit un quelconque avantage à ses porteurs par rapport à ceux qui n'en font pas l'expérience ? Voilà des questions qui sont restées longtemps en suspens.

LA MORT A ÉTÉ SÉLECTIONNÉE AU COURS DE L'ÉVOLUTION

C'est bien la sélection naturelle qui a finalement dégagé une forme de réponse – ou plutôt l'absence de sélection naturelle. En effet, avec suffisamment de temps (et de générations), la sélection peut faire disparaître les mutations désavantageuses qui causent des problèmes en fin de vie, ou bien favoriser les individus dont les processus de réparation fonctionnent même après de nombreuses années d'existence. La sélection agirait un peu comme un « contrôle qualité » qui s'exécute sur les organismes depuis des milliards d'années. Or, durant la première moitié du XXe siècle, deux généticiens ont pu mettre en évidence un phénomène intrigant : ce contrôle qualité semble perdre en force au fur et à mesure que l'organisme prend de l'âge...

En 1941, J.B.S. Haldane, généticien britannique, étudie la terrible maladie de Huntington. Elle se manifeste par une dégénérescence neuronale, due à une mutation d'un gène unique, et Haldane cherche à comprendre pourquoi la sélection n'a pas fait disparaître cette mutation. En relevant le fait que l'âge moyen de l'apparition des symptômes se situe autour de 35 ans, il a l'intuition que la maladie est liée à un relâchement de la sélection en fin de vie. Nos ancêtres ne vivaient que rarement jusqu'à l'âge de 40 ans, et à aucun moment dans notre histoire évolutive il n'a été avantageux d'éliminer la mutation qui cause la maladie de Huntington.

Une dizaine d'années plus tard, le prix Nobel Peter Medawar généralise cette idée dans un essai intitulé *Un problème irrésolu de la biologie* (« An unsolved problem of biology »). Dans cet article, il avance que le génome de chaque personne accumule toutes sortes de mutations néfastes tout le long de sa vie – outre celles qui déclenchent la maladie de Huntington – et que ces mutations ne sont pas filtrées par la sélection naturelle. En d'autres termes, le filtre varie en fonction de l'âge de l'individu, les plus jeunes étant optimisés pour survivre et se reproduire, tandis que les plus vieux ne profitent plus d'aucune optimisation.

Ce scénario est un bon départ, mais il demande des raffinements.

Un biologiste américain, George C. Williams, propose une hypothèse très contre-intuitive. Il soutient que les gènes ayant un effet positif en début de vie peuvent aussi avoir un effet négatif en fin de vie, en étant malgré tout favorisés par la sélection naturelle. Dit autrement, les gènes qui aident l'individu à se reproduire seront sélectionnés au cours de l'évolution, même s'ils finissent par tuer l'organisme après la reproduction. Le fait qu'un gène puisse avoir deux effets différents est nommé pléiotropie et, dans le cas présent, il s'agit d'une forme de « pléiotropie antagoniste », parce que le deuxième effet est néfaste. De fait, des études détaillées sur la maladie de Huntington ont par exemple pu montrer que cette maladie est associée à une fécondité plus élevée et des capacités antitumorales plus élevées.

Il est maintenant admis que les hypothèses de Medawar (l'accumulation de mutations) et de Williams (la pléiotropie antagoniste) ne s'excluent pas mutuellement et qu'elles sont sans doute toutes les deux responsables de la sénescence. Pour le dire simplement, il est clair que la vieillesse est due au fait que la sélection naturelle n'assure plus son boulot en fin de vie et laisse la place à des tas de gènes qui ne sont pas forcément bons pour nous… et qui nous conduisent finalement tous entre quatre planches.

La question est donc : comment se fait-il que le filtre se relâche avec l'âge ?

Essayez de visualiser un organisme comme un sac contenant des gènes. Certains s'expriment en début de vie, d'autres en fin de vie, d'autres encore s'expriment aux deux moments avec des effets différents (ils sont pléiotropes).

Si l'organisme meurt avant de se reproduire, le sac éclate et se vide : les gènes qui ont causé la mort disparaissent, c'est la fin de l'histoire. La sélection naturelle aura filtré le gène. Mais, si un gène cause la mort de

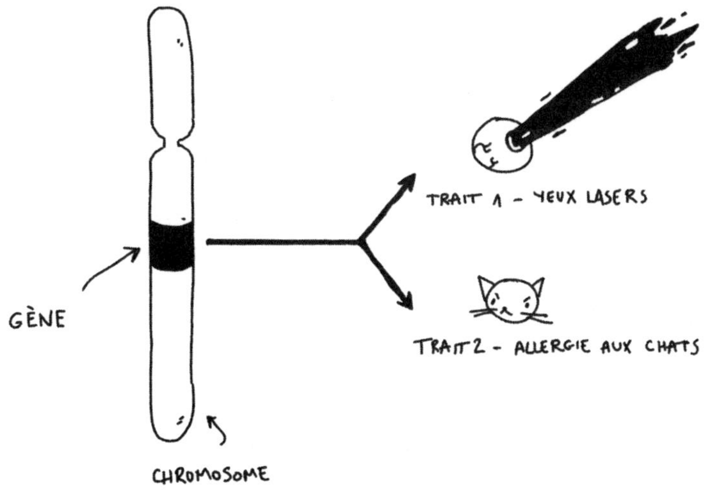

l'organisme en fin de vie, après que le sac s'est reproduit en quelque sorte, c'est trop tard : l'organisme aura déjà transmis ses gènes à ses enfants, la sélection ne peut plus agir. Les gènes causant la mort en fin de vie sont dans le patrimoine génétique des enfants, peu importe le devenir de leurs parents. Voilà pourquoi la sélection n'évacue pas les versions de gènes qui sont néfastes après la reproduction. Une fois qu'on a fait l'amour et des enfants, on commence à décrépir ! La reproduction et la mort, Éros et Thanatos, sont les deux faces d'une même pièce.

VIEILLIR CAR LES ACCIDENTS SONT INÉLUCTABLES

Une autre question se pose alors : pourquoi n'existe-t-il pas d'organisme ayant reculé l'âge de la reproduction indéfiniment, ou se reproduisant de façon infinie ?

On connaît désormais la réponse à cette question, grâce au génie du biologiste de l'évolution William

Donald Hamilton. Dans les années 1960, Hamilton précise les intuitions d'Haldane sous forme mathématique. Il parvient alors à montrer que la sénescence serait modelée par… la probabilité de mourir d'accident, de prédation ou du fait de la compétition, bref ce qu'il appelle le taux de mortalité extrinsèque.

Je m'explique : imaginez un organisme qui a 50 % de risques de mourir chaque année, mangé par un prédateur ou tué par la famine. Les probabilités nous disent qu'il a une chance sur un million d'atteindre l'âge de 20 ans. On comprend vite que, dans un tel contexte, il est très avantageux de se reproduire le plus tôt possible ! Si certains individus avaient la mauvaise idée d'attendre 20 ans pour se reproduire, leurs gènes ne seraient pas très bien propagés. Dans cette espèce, on ne trouverait donc pas d'organisme se reproduisant à 20 ans – ils disparaîtraient tous sans laisser de trace. On comprend qu'un organisme subissant un fort taux de mortalité extrinsèque doive se « dépêcher » s'il veut se reproduire, avant de se faire boulotter par un prédateur.

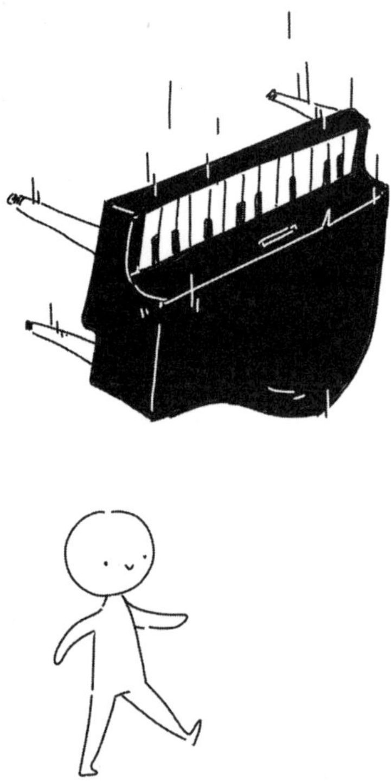

Le fait est que n'importe quel organisme sur cette planète est susceptible de mourir par accident/prédation/sèche-cheveux dans la baignoire, etc. Il faut s'y résoudre : la planète est un endroit dangereux où passer ses journées, car des événements potentiellement nocifs surgissent en permanence. La météo, les autres organismes, les tremblements de terre, l'absence de nourriture peuvent tuer rapidement. Ce qui veut dire qu'il n'y a absolument aucun avantage à ne pas vieillir, pour aucun être vivant. On sait par exemple qu'un être humain qui ne subirait pas la sénescence, et serait donc incapable de mourir de vieillesse, a statistiquement 5 % de probabilité de mourir d'un accident chaque année. En 200 ans, sa probabilité d'être mort est donc montée à 100 % ... L'immortalité est inutile, on vous dit.

Certains organismes arrivent cependant à vivre très longtemps. La praire d'Islande (*Arctica islandica*) est un mollusque bivalve capable de vivre plus de 500 ans. Le spécimen à l'origine de ce record a été nommé Ming par les chercheurs qui l'ont étudié, du nom de la dynastie qui régnait en Chine lors de sa naissance. Pire : l'animal est mort car il a été pêché, et il aurait pu vivre encore bien plus vieux...

Quant au requin du Groenland (*Somniosus microcephalus*), un beau poisson de plus de 5 m, il vivrait au maximum entre 300 et 500 ans, selon les estimations, et il existe d'autres espèces marines dont la longévité est exceptionnelle, comme les homards, les poissons sébastes ou certains oursins. Plus fort encore, les hydres, ces petits organismes d'eau douce cousins des méduses, semblent carrément immortelles. Elles ne subissent pas la sénescence, et leurs cellules souches ont une capacité de régénérescence *a priori* infinie. D'autres méduses comme *Turritopsis dohrnii* sont devenues célèbres pour leur capacité à ne jamais vieillir, et ces cas particuliers posent un défi aux biologistes : comment les intégrer dans la théorie générale de la sénescence ?

Dans tous les cas, c'est grâce au modèle de Hamilton que l'on comprend pourquoi les espèces vivant dans des environnements très tranquilles comme les fonds marins ont une longévité plus élevée et une sénescence moins marquée : les risques d'accident y sont franchement plus faibles. Les variations climatiques extrêmes dans les fonds sous-marins, par exemple, sont littéralement nulles. La température y est constante, l'apport en nourriture aussi. Le rêve, ou l'ennui total, c'est selon.

SÉLECTIONNÉS POUR MOURIR

Le taux de mortalité extrinsèque est donc ce qui pousse la sélection à favoriser les individus se reproduisant le plus tôt possible. L'organisme s'étant exécuté, n'importe quel gène s'exprimant après (en fin de vie) ne sera pas soumis à la sélection, car il aura déjà été transmis à la descendance. La conséquence de tout cela, c'est la dégradation irrémédiable du corps après la reproduction, une sénescence qui entraîne la mort.

Bref, le raisonnement évolutif de Hamilton permet de comprendre que, à terme, la sénescence n'est pas le reflet d'une inévitable accumulation de dommages, mais bien le fruit d'un relâchement des pressions de sélection en fin de vie, laissant s'exprimer des gènes à effet délétère pour l'organisme.

Le cadre mathématique tissé par Hamilton permit à Michael Rose et Brian Charlesworth de proposer le premier test expérimental de cette théorie évolutive de la sénescence. En 1980, ils ont expérimentalement sélectionné les individus qui se reproduisent le plus tardivement. Surprise ! Au fil des générations, la durée de vie moyenne de la population a augmenté de 25 %. CQFD. Avec cette confirmation expérimentale, la théorie évolutive de la sénescence était complète.

Il est intéressant de conclure cet aperçu en regardant de plus près l'augmentation croissante du nombre de cancers dans la population humaine. On estime qu'à l'heure actuelle, 1 nouveau-né sur 4 aura un cancer en vieillissant. Cette augmentation peut s'expliquer par le nombre toujours plus important de substances cancérigènes entourant notre quotidien, comme les produits chimiques, la cigarette, etc. Cependant, cela n'explique pas pourquoi le pic de cancer survient autour de 40 à 50 ans dans la population.

Grâce à l'étude de l'évolution de la vieillesse, c'est plus clair : avant que la médecine moderne n'augmente artificiellement l'espérance de vie, celle-ci atteignait plutôt 40 ans chez nos ancêtres, nous l'avons souligné. Depuis une centaine d'années à peine, grâce à la médecine moderne, les êtres humains vivent désormais jusqu'à 80 ans environ, ce qui laisse la place et le temps à des gènes qui ne s'exprimaient pas auparavant de le faire après 40 ans. Or ces gènes n'avaient jamais été soumis à la sélection, et certains d'entre eux sont des allèles délétères qui provoquent des maladies, dont des cancers. Donc, plus on augmentera l'espérance de vie, plus on laissera le temps à des gènes qui n'ont jamais été soumis à la sélection naturelle de s'exprimer. En d'autres termes, plus on augmente l'espérance de vie, plus la difficulté grandit.

LA MORT OU L'ENNUI, AU CHOIX

Aujourd'hui, un véritable courant philosophique et technique vise à augmenter l'espérance de vie et à atteindre l'immortalité biologique - ou à s'en approcher, pour commencer. La Fondation pour la recherche de stratégies pour une sénescence négligeable (*Strategies for Engineered Negligible Senescence Research Foundation*) n'est que l'une des très nombreuses entreprises qui visent à « tuer la mort ». Elle est financée pour partie par des acteurs majeurs de la Silicon Valley comme Peter Thiel, le cofondateur du système de paiement en ligne Paypal. De même, l'entreprise Calico, soutenue par Google, a pour objectif de combattre le vieillissement et les maladies qui y sont associées.

Tous les moyens sont bons : certains proposent de réduire drastiquement la consommation d'aliments (ce qui a un effet bénéfique sur la longévité des souris en laboratoire), tandis que d'autres étudient les gènes responsables des mécanismes du vieillissement. Elizabeth Parrish, la P-DG d'une entreprise de biotechnologies, a même expérimenté sur elle-même une thérapie génique pour rajeunir…

Mais ces efforts traitent les mécanismes proches du vieillissement, et non pas les causes profondes. La sénescence étant le résultat direct d'une logique évolutive, un individu qui serait immortel n'aurait pas plus de succès biologique qu'un autre s'il meurt d'un accident d'ici quelques années : la course vers l'immortalité ne serait qu'une illusion.

Les lois de la sélection naturelle semblent avoir créé une situation de compromis : OK pour vivre trèèèèèèèèèèèèèès longtemps, mais seulement dans un milieu maîtrisé, stable… Vivre dans un environnement comportant une certaine part d'imprévu, de chaos – ce qui nous apparaît probablement comme intéressant – a un prix : une existence qui n'est pas éternelle.

4

Les mâles, les femelles et 2 000 autres catégories

Lorsque l'on s'intéresse aux autres espèces qui peuplent la biosphère, il est impossible de ne pas être surpris par l'infinité de types sexuels que certaines d'entre elles présentent. Mais pourquoi les humains n'en comptent-ils que deux ?

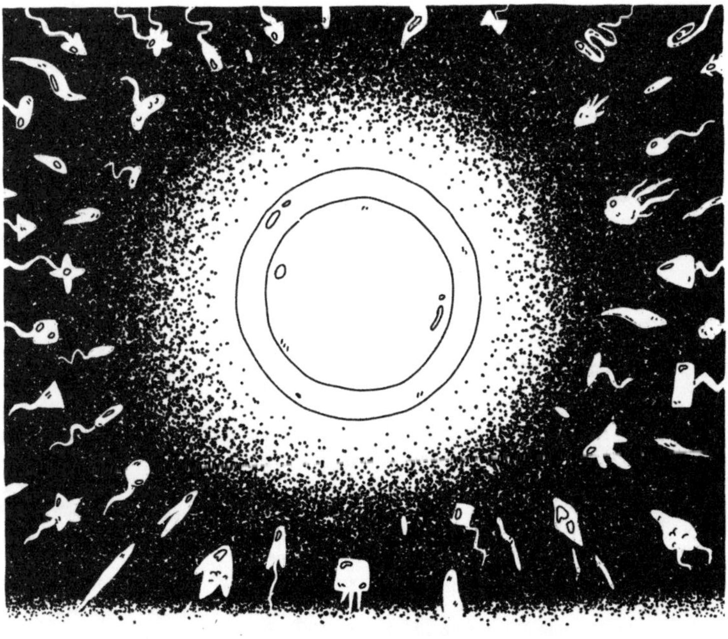

Imaginez un instant : vous êtes un champignon. Un *Fungus*. Tous les jours, vous plantez vos hyphes - ces filaments laiteux qui constituent votre corps - dans de la matière organique morte. Aujourd'hui, un tronc d'arbre tombé au sol, demain… qui sait ? Tous les jours, vous produisez de la pourriture, vous décomposez la lignine du bois, et la vie est belle. Et, lorsque les conditions sont réunies, que l'humidité est acceptable et que les nutriments foisonnent, vous dévoilez votre appareil reproducteur. Pas pudique, vous érigez votre chapeau sous lequel de délicates lamelles se déplient, et vous voilà dressé, turgescent. Ça y est, vous êtes prêt à larguer vos spores[1] à destination des 20 000 autres sexes de votre espèce.

Oui, parfaitement, 20 000. Enfin, plus précisément, 23 328 types sexuels différents.

C'est que vous êtes un *Schizophyllum commune*, un champignon qui - comme son nom l'indique - est assez commun ; mais qui a la particularité de ne pas compter « juste » des mâles et des femelles. Ce n'est pas un cas isolé dans le monde vivant : dès que l'on sort du groupe des animaux et des végétaux, on rencontre de très, très nombreuses espèces avec plus de deux types sexuels. Les amibes sociales *Dictyostelium discoideum* en ont trois. Le champignon coprin grégaire *Coprinellus disseminatus* en a 143. Et chez les Basidiomycètes, il n'est pas rare qu'ils se comptent par milliers… comme dans le cas du *Schizophyllum*. Essayer de comprendre la biologie de

---

1 On pourrait écrire des chapitres entiers uniquement sur les méthodes qu'utilisent les champignons pour envoyer leurs spores. Chez *Pilobolus crystallinus*, un organe rempli de spores est expulsé comme un boulet de canon. C'est probablement l'accélération la plus rapide du monde vivant : ils atteignent 70 km/h sur quelques millimètres, soit 20 000 g d'accélération ! D'autres *Fungi* créent même leur propre régime de vent pour propager les spores le plus loin possible ! Ils exsudent de l'eau, qui s'évapore. Cette évaporation « prend » de l'énergie à l'air autour, qui devient plus froid et plus dense. La vapeur d'eau, elle, est moins dense et monte. Ces deux forces engendrent des turbulences, qui déplacent les spores jusqu'à 10 cm de la source.

ces espèces avec notre prisme très anthropomorphique va demander un peu de gymnastique intellectuelle... Alors, faites quelques exercices d'assouplissement et on y va.

LE SEXE, UNE AFFAIRE DE GAMÈTES

Bon, déjà, entendons-nous sur « sexe ». C'est particulièrement important d'en avoir une définition précise puisque, aujourd'hui, ce débat n'appartient plus uniquement à la biologie. Ce mot polysémique désigne certes une activité sympathique à pratiquer entre adultes consentants, un processus génétique qui met en commun l'identité de deux individus, mais il caractérise également des organes génitaux et est parfois confondu avec le genre social chez une espèce de primates en vêtements. Le même mot est ainsi allègrement employé pour traiter de ce qui tient de la génétique, des corps, des comportements, de nos rôles sociaux.

Même s'il est vrai que, statistiquement, bon nombre de ces choses ont des chances d'être corrélées, ce n'est pas automatiquement le cas : on peut produire des spermatozoïdes mais ne pas être XY comme la plupart des mâles[1] et s'identifier en tant que femme. De plus, les facteurs génétiques responsables de l'identité sexuelle varient en fonction des espèces. Chez les mammifères, les mâles sont XY et les femelles sont XX, mais, chez les oiseaux par exemple, ce sont les mâles qui ont deux chromosomes identiques ZZ, tandis que les femelles sont ZW. Enfin, le changement de sexe au cours de la vie d'un individu n'est pas rare dans le monde vivant, ni les espèces où les organismes portent les deux types d'appareils génitaux à la fois sur leur corps.

1 De nombreuses anomalies touchent les chromosomes sexuels des hommes, comme le syndrome XXXY ou le syndrome de Klinefelter.

Voilà pourquoi, fondamentalement, du point de vue d'un biologiste de l'évolution[1], le sexe n'est pas tant une question de chromosomes, de seins, de vagin, de pénis, de niveau de testostérone ou du genre auquel les personnes s'identifient, mais... de taille de gamètes. Les gamètes sont les cellules que chaque partenaire donne lors de la fécondation pour créer un embryon. Pour les biologistes, un mâle est par définition l'individu qui produit de petits gamètes, nommés par convention des spermatozoïdes, et la femelle est par définition le type d'individu qui produit de gros gamètes, nommés par convention des ovules. C'est tout. Il se trouve que le reste - les chromosomes sexuels différents, les organes génitaux, la pilosité et les boules de graisse différemment localisées sur le corps - sont des conséquences qui ont découlé des tailles de gamètes. Ici, on ne discutera donc pas de ces nombreuses répercussions[2], mais

1 Et ce sont eux qui ont toujours raison, évidemment.

2 En même temps, il y a un autre chapitre dédié à ça, on va commencer à suspecter une monomanie sinon…

bien de : *pourquoi diable les spermatozoïdes sont-ils plus petits que les ovules ?*

20 000 PARTENAIRES POTENTIELS

Revenons aux *Fungi*.

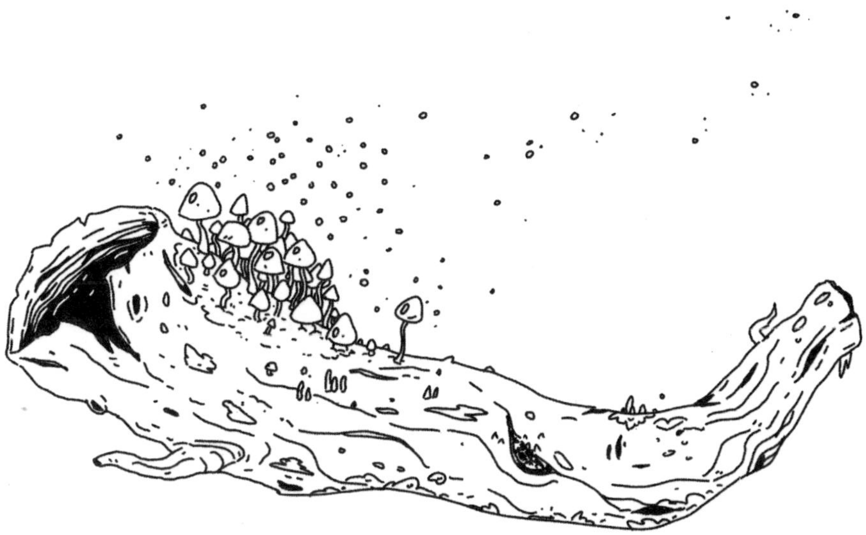

Chez *Schizophyllum commune*, il n'y a pas à proprement parler de mâle ou de femelle : tous les types sexuels produisent des gamètes de la même taille. Pas de petits nageurs et de gros féconds, on dit que l'espèce est isogame. Le mot « sexe » étant réservé aux cas où il y a une division des rôles, comme chez nous, on préfère parler de « type sexuel » chez ces champignons. La compatibilité des types sexuels est déterminée par les gènes présents sur deux endroits d'un chromosome : les loci[1] *MAT-A* et *MAT-B*. Si un champi possède la version de gène *A3* sur le premier locus, et la version de gène *B5* sur le second, on dira que son type sexuel est A3B5. On voit ici que le nombre de types sexuels dépendra du nombre d'allèles pouvant exister à chaque locus. *Schizophyllum commune* possède 288 allèles au premier locus et 81 au second, ce qui donne donc 23 328 conformations différentes, donc 23 328 types sexuels[2].

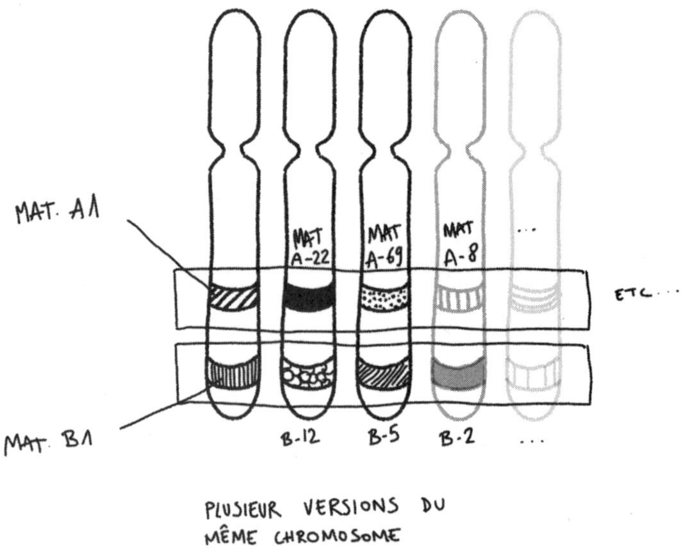

Ces types sexuels sont anatomiquement identiques. Mais quel intérêt d'avoir une telle débauche de types différents, me direz-vous ? Eh bien, tout simplement d'augmenter les chances de trouver un partenaire ! La règle est la suivante : pour pouvoir faire un bébé, il faut que le partenaire ne possède pas les mêmes gènes sur ces loci.

1 Un locus est une zone précise d'un chromosome. Un locus, des loci.
2 288 x 81 = 23 328.

Notre A3B5 peut se reproduire avec un A2B4 ; mais pas avec un autre A3B5.

Chez nous, le système n'est pas si différent, et environ 50 % de la population est compatible avec l'autre. Cela veut dire que, si on envoyait nos gamètes dans la nature au hasard[1], la moitié des personnes sur qui ils tomberaient ne pourrait rien en faire d'utile[2]. *A contrario*, chaque *Schizophyllum commune* a quand même 22 960[3] types de partenaires possibles, soit 98,4 % de la population ! Bonne nouvelle, chaque gamète expulsé a une forte probabilité de trouver quelqu'un de compatible, ce qui est avantageux pour ce champignon qui ne se reproduit que de façon sexuée.

Avoir de nombreux types sexuels semble un atout pour avoir plein de gens compatibles. Imaginons un scénario avec une espèce dotée de seulement deux types sexuels. Un individu qui naîtrait avec une mutation qui en ferait un membre d'un troisième type serait très avantagé : il pourrait tout simplement faire des enfants avec l'ensemble de son espèce. On peut imaginer qu'il pourrait donc avoir plus de descendants, qui propageraient alors les gènes correspondant à ce troisième type sexuel. En d'autres termes, de nouveaux types sexuels devraient être sélectionnés au cours de l'évolution. Alors, pourquoi la grande majorité des animaux et végétaux ne présentent-ils que deux sexes ?

MODÈLES DE SEXES

Premièrement, il semble exister une corrélation entre la multicellularité et la différence de taille des gamètes,

---

1 Ne faites pas ça, svp, il y a des enfants.

2 En faire un repas est toujours une option. Enfin, si on est une libellule, voir le chapitre sur les organes génitaux.

3 (288-1) x (81-1) = 22 960.

l'anisogamie. Chez les algues *Chlamydomonadales*, très étudiées pour comprendre l'émergence de la multicellularité[1], on retrouve ce schéma : l'algue unicellulaire *Chlamydomonas reinhardtii* est isogame, tandis que les *Volvox*, qui forment des colonies de plusieurs dizaines de milliers de cellules, sont anisogames.

Des travaux publiés en 2018 ont abordé la question sous un autre angle, en essayant de comprendre pourquoi certaines espèces de champignons avaient des milliers de types sexuels, alors que d'autres en ont seulement quelques dizaines, voire moins. Les chercheurs ont créé un modèle mathématique pour étudier ce que deviendrait un nouveau type sexuel apparaissant par mutation dans une population fictive, qui se reproduit à la fois de façon sexuée, mais également de façon asexuée, comme c'est souvent le cas chez les champignons. La conclusion est la suivante : le nombre de types sexuels d'une espèce donnée devrait diminuer lorsque celle-ci se reproduit surtout de façon asexuée.

Imaginez une espèce avec de nombreux types sexuels qui aurait tendance à se cloner souvent. Par pur hasard[2], elle peut perdre des types sexuels si ces derniers ne sont pas sous sélection, puisque les individus qui sont de ce type n'auront pas plus de chances de le transmettre. Cette modélisation a été confirmée par des données réelles : les champignons qui ne font du sexe qu'une fois toutes les 2 000 générations, comme c'est le cas chez de nombreuses levures, ne présentent que deux types sexuels. Inversement, *Schizophyllum* et ses 23 328 types sexuels ne se reproduisent que de façon sexuée.

1 On en reparle au chapitre 6.

2 Techniquement, de la dérive. On en parle dans le chapitre 11 sur les superpouvoirs de l'humanité.

DU SEXE ET DES GÂTEAUX

Bien sûr, cette explication ne permet pas de comprendre pourquoi NOUS n'avons que deux types sexuels. Si nos ancêtres se reproduisaient peut-être de façon asexuée il y a très, très longtemps de cela, nous n'avons plus cette option. Il doit donc exister une autre explication… et le scénario classique est une histoire de fabrication de gâteaux.

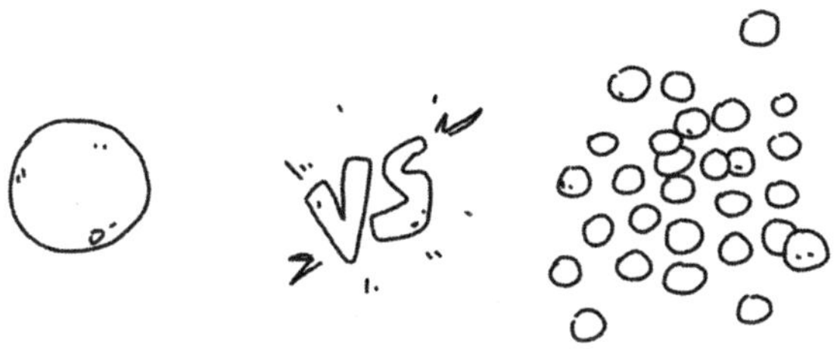

Je m'explique : imaginons que vous disposiez d'ingrédients en quantité limitée. Vous pouvez soit faire un très gros gâteau, soit de nombreux petits gâteaux. Ce compromis dans la répartition des ressources est le même pour la création de gamètes : nos ancêtres avaient des gamètes de taille identique, et ceux-ci ont graduellement changé de taille sous l'action des forces évolutives. La sélection naturelle a favorisé les individus qui, par chance, avaient des gamètes un peu plus petits que les autres. Ces tricheurs investissaient moins de ressources dans chaque cellule sexuelle et pouvaient donc en faire plus, ce qui revient à faire plus d'enfants, donc à propager les gènes à l'origine de cette petite taille de gamètes – vous commencez à connaître la chanson. Bref, n'importe quelle mutation qui réduisait les gamètes était probablement sélectionnée. On comprend assez facilement comment on en est arrivé aux spermatozoïdes.

Sauf que ces individus « parasites » qui ne fournissent que le minimum de ressources ne produisent qu'une descendance de mauvaise qualité, mal équipée pour affronter le monde réel. Il est tout à fait avantageux pour d'autres individus de fournir alors des gamètes plus gros - de faire de gros gâteaux - et de produire une descendance qui tient la route. En un mot, de miser sur la qualité plutôt que sur la quantité.

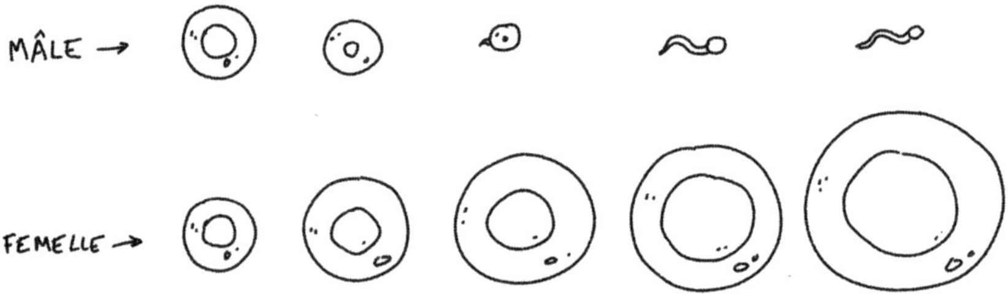

Et voilà comment nous arrivons à un équilibre stable entre deux stratégies divergentes, et comment ont été créés les mâles et les femelles. Enfin, peut-être. Il faut, bien sûr, garder en mémoire que ce scénario est très plausible, mais qu'aucune trace paléontologique ne vient le confirmer[1].

La beauté de ce modèle, c'est qu'il explique très bien pourquoi il n'y a que deux sexes, et pas trois ou quatre. Toute taille intermédiaire serait fortement désavantagée, à la fois contre la prodigieuse abondance des spermatozoïdes et contre la masse de ressources offertes par l'ovule. En d'autres termes, lorsqu'on est un gamète, il n'est pas bon d'être tiède : il faut y aller à fond.

1 Hélas, les spermatozoïdes et ovules se fossilisent mal.

LE BATTLE ROYAL SPERMATIQUE

Cependant, la débauche évolutive qui conduit à produire des formes surprenantes ne s'est bien entendu pas arrêtée là. « La compétition est d'autant plus forte que la ressource est limitée » est une maxime qui s'applique à la géopolitique, à la finance ou... au sperme. Les gros gamètes, plein de ressources et coûteux à produire, sont moins nombreux que les petits qui grouillent à chaque éjaculat, et il existe donc une compétition féroce pour atteindre l'ovule.

C'est ce simple fait qui a piloté une bonne partie de l'évolution des différences anatomiques entre mâles et femelles, dont on ne fera pas la (très) longue liste ici. Les roues des paons, les bois des cervidés, les couleurs des reptiles sont autant d'exemples où la compétition s'est déportée sur un terrain morphologique. Mais les spermatozoïdes eux-mêmes ont également beaucoup changé pour répondre aux contraintes de la compétition. Et la compétition ne se passe pas qu'entre cellules d'un même individu : les spermatozoïdes de plusieurs mâles peuvent se mélanger[1], si bien que l'évolution a inventé toutes sortes de contre-mesures pour gagner ce battle royal géant.

NOYER LES CONCURRENTS

Deux tendances lourdes émergent : plus il y aura de compétition spermatique entre mâles, plus ceux-ci auront de gros testicules. Pour gagner une loterie, on peut tout simplement acheter la plupart des tickets, et,

1 Dans les espèces où la fécondation se fait dans le milieu ambiant, comme les oursins, c'est la norme... mais c'est également très fréquent chez les espèces à fécondation interne.

pour gagner un ovule, une option est de diluer les spermatozoïdes d'un concurrent dans son propre sperme. C'est pour cela que les testicules des gorilles, chez qui les femelles se reproduisent surtout avec le même mâle, sont petits[1], alors que ceux des chimpanzés, chez qui la sexualité se fait en promiscuité, sont assez conséquents. Quant à ceux des humains, *hmmmm*... nous sommes entre les deux. Cette règle est très bien établie, et on en retrouve des exemples chez les mammifères, les poissons, etc.

Une autre option est d'accélérer les spermatozoïdes. Chez la souris grise (*Mus musculus*), les gamètes s'attachent les uns aux autres *via* des petits crochets situés sur la tête. Ces torpilles collaboratives foncent plus vite vers le jackpot ! Chez de nombreuses espèces (mais pas *H. sapiens*), des paraspermatozoïdes servent de soutien à ceux qui féconderont réellement l'ovule. Leurs fonctions sont encore assez méconnues. Certains contiennent des lysosomes, des organites cellulaires qui, en temps normal, s'occupent de la digestion... et sont donc capables de faire éclater les spermatozoïdes concurrents ! Enfin, impossible de passer sous silence le gigantesque spermatozoïde de la mouche drosophile (*Drosophila bifurca*), qui atteint plus de 5 cm, soit 1 000 fois la taille d'un spermatozoïde humain. Son gigantisme lui permettrait de remplir l'organe de stockage de la femelle, l'empêchant de fait de se reproduire de nouveau et assurant donc sa place comme le gagnant de la loterie...

RENCONTRES DU TROISIÈME MORPHE

En fait, l'évolution appliquée aux spermatozoïdes est fascinante, car elle montre que, même une fois qu'un

1 Pas de jugement.

La petite galerie cool des spermatozoïdes

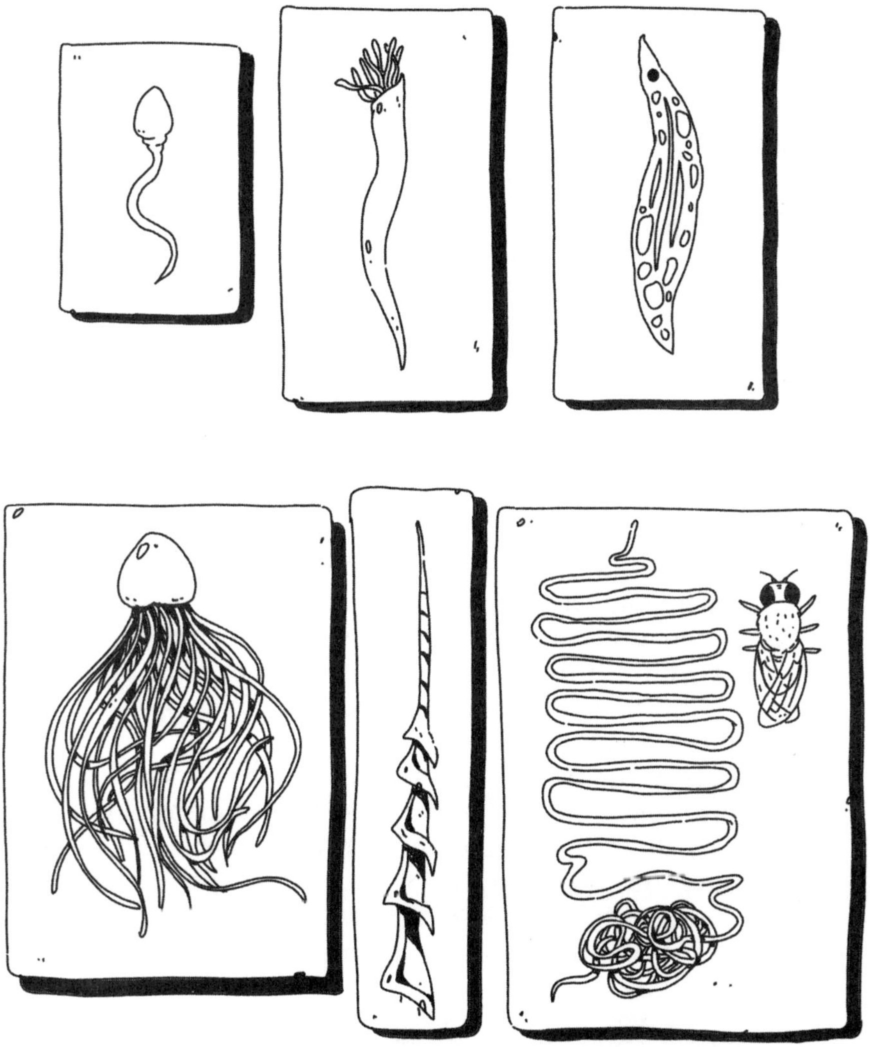

équilibre a été trouvé - ici, la taille des gamètes et le nombre de types sexuels -, elle ne s'arrête pas pour autant. Et, pour enfoncer le clou, permettez-moi de terminer avec un truc vraiment hallucinant : les espèces avec un troisième sexe.

Le ver *Auanema sp.* vit dans le lac Mono, en Californie, où il produit des spermatozoïdes ou des ovules. Certes, si on en croit notre définition du début, il n'y a que des mâles et des femelles dans l'espèce… mais on retrouve quand même trois types de corps différents : les morphes mâles, les morphes femelles, et les morphes hermaphrodites, qui sont capables de produire les deux types de gamètes. Même scénario pour l'algue *Pleodorina starrii* ou pour les fourmis du genre *Pogonomyrmex*, chez qui la reine doit s'accoupler avec deux types de mâles différents pour engendrer la colonie. Une colonie qui aura donc trois parents !

De façon générale, l'hermaphrodisme est assez répandu chez les invertébrés « mous »[1] comme les tuniciers - de lointains cousins des vertébrés aux formes improbables -, les gastéropodes, les vers de terre. Il provoque d'ailleurs des adaptations étonnantes : lors d'un accouplement, les vers plats *Pseudobiceros bedfordi* s'affrontent dans un duel où le premier qui se fait inséminer a perdu. Ce dernier doit alors payer le coût de la reproduction, en fournissant les ressources pour développer les bébés.

Chez les poissons des récifs coralliens, de nombreuses espèces présentent un hermaphrodisme séquentiel. Les poissons-clowns (*Amphiprioninae*) vivent ainsi dans une anémone où la reproduction est contrôlée par un couple. Lorsque la femelle meurt, un mâle change de sexe et prend sa place. Bref, comme on le voit, il existe

---

1 Ce n'est pas un véritable groupe, je remarque juste que les invertébrés, chez qui l'hermaphrodisme est commun, sont très souvent mous, c'est tout.

une foultitude de cas où les organismes ont trouvé une façon de contourner le carcan d'un système avec seulement deux partenaires potentiels.

En d'autres termes, le passe-temps préféré de l'évolution semble vraiment être de détruire les généralisations simplistes des biologistes !

5

Le sexe est un paradoxe total

Le sexe, comme mode de reproduction, est largement moins efficace que le clonage. Pourquoi est-il si commun ? Et quel rapport avec les bananes ?

Tout le monde aime les bananes. Ce fruit est littéralement parfait : il est déjà emballé, il est sucré mais pas trop, plein de potassium, il est nourrissant mais on ne s'en met pas partout en le mangeant, et, en plus, il a une forme ludique[1]. Nous sommes donc face à un organe si prodigieux que certains amateurs du dessein intelligent l'ont utilisé comme argument pour prouver leur théorie selon laquelle la biosphère est l'invention d'une force divine créatrice[2]. Bien sûr, il s'agit d'un dessein plus ou moins intelligent : celui de la sélection artificielle. Et ce depuis sa domestication en Papouasie-Nouvelle-Guinée, il y a 7 000 ans de cela. À l'instar des loups, dont certains descendants sont des carlins[3], les bananes sauvages sont les ancêtres de la variété Cavendish que nous mangeons. Mais ces délicieuses bananes ont un problème : elles sont vouées à disparaître. La raison est surprenante, mais elle va nous permettre de comprendre un mystère bien plus large, à savoir... pourquoi pratiquons-nous le sexe[4] ?

GROS MICHEL A UN PETIT PROBLÈME

Revenons à nos bananes. À partir de la moitié du XIXe siècle, la variété « Gros Michel » commence à être

---

1 On peut prétendre que c'est un pistolet et faire des duels de cowboys avec. Vous pensiez à autre chose ?

2 Ray Comfort, télévangéliste néo-zélandais, s'est illustré par sa passion pour les bananes lors d'une émission *The Way of the Master*, dans laquelle il tente de démontrer que ce fruit est le cauchemar des athées. Il dresse la liste de ses qualités – un jaune visible dans la nature, une forme parfaite pour être tenue en main, une ouverture facile et une peau d'une texture antidérapante – et en conclut que seul un ingénieur divin aurait pu inventer cet aliment. Hélas, Ray Comfort ne savait pas que les bananes sauvages se trouvent sous de nombreuses couleurs, dont le vert ou le violet, et sont truffées de pépins. Bref, les bananes ne sont un cauchemar que pour les athées qui jouent à Mario Kart, et Ray Comfort a eu l'honneur de devenir un mème Internet grâce à son intervention.

3 Vous savez, ces chiens dont le museau est tellement aplati qu'ils ont des insuffisances respiratoires.

4 Certes, introduire cette question fondamentale avec une anecdote sur les bananes pourrait ressembler à une façon déguisée de faire une blague graveleuse. Mais les gens qui me suivent sur Internet savent très bien que mon humour n'est pas du tout comme ça. Il est largement pire.

exploitée pour ses qualités exceptionnelles. Ce cultivar était obtenu en exploitant les capacités du bananier à se reproduire de façon asexuée : cette plante est en effet une herbacée[1] et elle se multiplie à partir d'une tige souterraine, le rhizome. Après des milliers d'années de sélection, le cultivar Gros Michel était devenu un individu en tout point parfait. Il donnait des récoltes régulières, des fruits standardisés et sucrés, et sa peau épaisse lui permettait de voyager sans dommages.

C'est ainsi que la banane Gros Michel incarnait le rêve de l'homogénéité et de la répétabilité, dans une époque

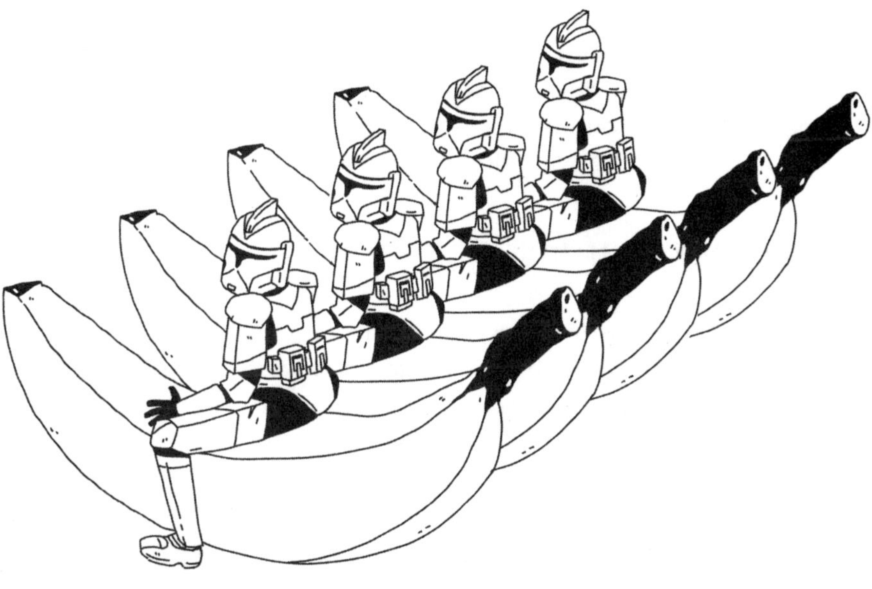

200,000 units are ready, with a million more well underway.

« 200 000 unités sont prêtes,
et un million de plus sont bientôt à venir. »

1 Oui, la banane est le fruit d'une herbe.

qui allait bientôt découvrir le fordisme et la consommation de masse. Les agriculteurs augmentaient leurs rendements, les distributeurs pouvaient optimiser le stockage et affiner parfaitement le transport de façon que les fruits identiques arrivent pile poil mûrs sur l'étalage, tandis que les consommateurs étaient rassurés par l'invariabilité du goût : la banane d'hier aura le même goût demain.

Bref, tout le monde était content jusqu'à ce qu'un champignon vienne péter l'ambiance. *Fusarium oxysporum* débaroula d'Asie et fit s'effondrer la production des républiques bananières d'Amérique centrale, à tel point que l'affection qu'il provoquait prit le nom de « maladie de Panama ». Les bananiers sont tous des clones et réagirent donc tous de la même manière : en mourant. Le champignon détruisit tellement les cultivars que cela déclencha une pénurie mondiale de bananes[1]. Heureusement, on avait une solution de rechange.

NOUS MANGEONS LE MÊME CLONE

En 1830, le jardinier Joseph Paxton cultivait des bananes pour le compte de William Cavendish, duc de Devonshire. À l'époque, il était prestigieux de pouvoir servir des mets exotiques à ses invités, et les bananes du duc étaient particulièrement savoureuses. Elles furent rapidement expédiées un peu partout dans le monde : îles Samoa, Canaries, Antilles. Lorsque la Gros Michel devint impossible à exploiter à cause du champignon, on décida de la remplacer par des Cavendish, qui semblaient résistantes à la maladie de Panama. Résultat ? Dès le milieu du XXe siècle, Gros Michel est introuvable, détrônée par la Cavendish.

1 Une chanson très connue, *Yes ! We Have No Bananas*, a même été composée par Frank Silver et Irving Cohn en 1923, en référence à cette pénurie.

Voilà pourquoi, aujourd'hui, cette variété est quasi omniprésente dans tous les supermarchés de la planète : elle représente 99 % des exportations à destination des pays non tropicaux ! Plus de 15 millions de tonnes sont produites chaque année, et, si vous n'avez jamais voyagé dans un pays tropical et que vous avez moins de 70 ans, il est fort probable que vous ayez consommé ce cultivar-là toute votre vie.

Autrement dit, toutes les bananes que vous avez dégustées depuis votre enfance sont le même individu, car, comme Gros Michel, Cavendish est un clone. Et le problème des clones, c'est qu'ils présentent tous la même sensibilité aux problèmes de la vie... les champignons, par exemple. D'ailleurs, les Cavendish se sont finalement révélées vulnérables à une souche de *Fusarium oxysporum*, si bien qu'aujourd'hui, ce parasite menace très sérieusement la production mondiale du meilleur fruit au monde[1]. Et, cette fois, on n'a pas de variété sous le coude pour les remplacer.

LE PARADOXE DU SEXE

Bon, faisons confiance au meilleur du génie génétique pour nous sortir de ce mauvais pas et intéressons-nous plutôt à ce que cette anecdote agroalimentaire raconte sur le sexe.

Le sexe est, du point de vue d'un biologiste de l'évolution, un paradoxe total, un mystère difficile à résoudre. Dans une espèce qui se reproduit de façon asexuée, le clonage prime : chaque individu se duplique et produit deux individus. Chacun de ces clones peut alors lui-même se dédoubler, et ainsi de suite. Au contraire, le

1 Pour être honnête, le meilleur fruit du monde est celui du quenettier : la quenette. Un fruit rond et juteux qui se suçote, à mi-chemin entre le litchi et le ramboutan. Une fois qu'on en a fini un, il reste les cinquante autres de la grappe ! Le bonheur.

sexe exige d'être deux pour fabriquer un nouvel individu, ce qui est nettement moins efficace.

Imaginons le scénario suivant : chez une espèce donnée où les individus se reproduisent une fois chaque année, un individu naît avec un gène qui lui confère la capacité de se cloner. Ses clones peuvent se cloner eux-mêmes, et ainsi de suite. En quelques années, l'essentiel de la population sera composé de... lui ! Dans ce petit modèle, le gène de l'asexualité est très fortement sélectionné, et il devrait rapidement devenir commun dans cette espèce. Selon cette logique, la reproduction sexuée ne devrait pas exister, or... elle est bel et bien là.

La plupart des organismes multicellulaires pratiquent la reproduction sexuée, et certaines espèces unicellulaires réussissent également à mélanger leurs gènes à leur manière. Si c'est aussi répandu, c'est donc que le bénéfice doit être énorme ! Mais lequel ? Comme d'habitude, de très nombreuses hypothèses ont été proposées pour essayer d'expliquer ce trait, et elles partent pour la plupart d'une observation flagrante : le sexe est un battage de cartes génétiques, et la progéniture est donc très diversifiée.

Par exemple, une idée suggère qu'en mélangeant allègrement les allèles de papounet et de mamounette, le sexe permet de rassembler les pires versions de chacun dans un seul individu, qui sera donc fortement contre-sélectionné[1]. Le sexe est vu ici comme une sorte de grande purge génétique. D'un autre côté, la recombinaison des génomes des deux parents suffirait à éviter les grosses, très grosses mutations qui chamboulent complètement l'ADN. Mais fi du déballage d'hypothèses qui pourrait couvrir des pages et des pages : élucidons notre mystère bananier avec la Reine Rouge.

1 Au mieux, il ne se reproduit pas beaucoup ; au pire, il meurt.

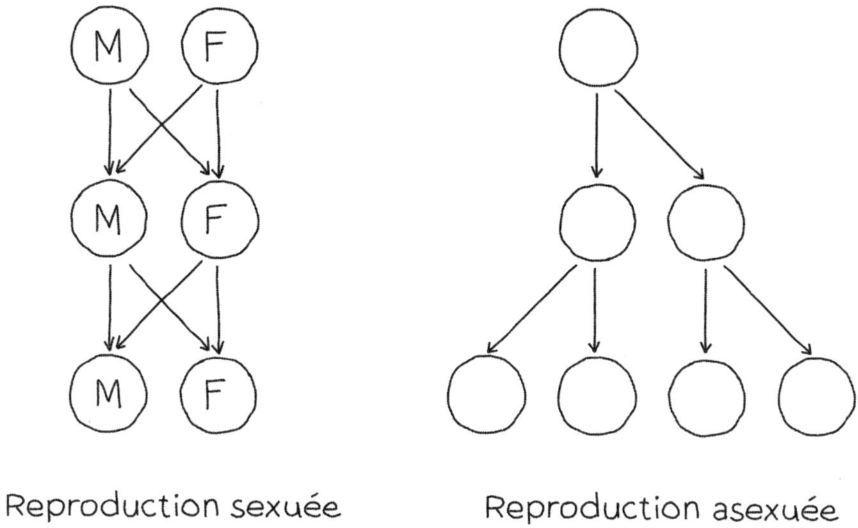

ÇA GLISSE AU PAYS DES MERVEILLES

Dans la suite d'*Alice aux pays des merveilles* intitulée *De l'autre côté du miroir*, Lewis Carroll décrit le personnage de la Reine Rouge, avec qui Alice se lance dans une course. Lorsque celle-ci constate « On arriverait généralement à un autre endroit si on courait très vite pendant longtemps, comme nous venons de le faire », la reine lui répond : « Ici, vois-tu, on est obligé de courir tant qu'on peut pour rester au même endroit. Si on veut aller ailleurs, il faut courir au moins deux fois plus vite que ça ! » Cette chouette métaphore décrit assez bien la course à l'armement qui fait rage entre les différents organismes de la biosphère, et tout particulièrement entre les parasites et leurs hôtes.

J'aime bien les petites expériences de pensée, ça aide à comprendre. Donc, imaginons un bananier et un champignon. Le bananier possède deux versions de gène :

résistance et *RÉSISTANCE*, tandis que le champignon possède deux versions, *parasite* et *PARASITE*. Un champignon ne peut infecter le bananier *résistance* que s'il est *parasite* et *RÉSISTANCE* que s'il est *PARASITE*. Que le bananier continue de vivre sa meilleure vie clonale, et il restera fixé à l'une des deux options au fur et à mesure des générations.

À l'inverse, si le champignon se reproduit sexuellement, ces allèles changeront d'un descendant à l'autre. Le sexe recombine les cartes à chaque génération, et celles-ci se succèdent plutôt rapidement chez le champignon. Bref, arrivera nécessairement un moment où le champignon aura la bonne combinaison d'allèles pour pouvoir outrepasser les défenses du bananier et se faire un petit repas fruité...

Dans la nature, il y a énormément de gènes impliqués dans la résistance (le système immunitaire du bananier) et dans la capacité à infecter un hôte, mais le principe général reste le même : en se dupliquant de façon asexuée, un individu gagne peut-être énormément en termes de démographie pure, mais il risque gros face aux menaces qui évoluent de façon à déjouer ses défenses. En résumé, il reste à la même place dans un pays où tout bouge autour de lui.

Cette théorie a reçu de multiples confirmations expérimentales. Dans l'une d'entre elles, des chercheurs ont placé deux types de vers *Caenorhabditis elegans* face à des bactéries parasites. Les premiers étaient capables de faire du sexe, tandis que les autres ne pouvaient que se reproduire par autofécondation - en créant des clones, donc. Au bout de 70 générations, les vers incapables de se reproduire sexuellement avaient disparu, décimés par la bactérie, tandis que les autres luttaient contre elle avec brio.

LES EXCEPTIONS, C'EST LA VIE

Mais, si cette règle semble être une bonne explication de l'origine du sexe, il ne faut pas négliger les exceptions. Et il y en a ! Plusieurs espèces semblent avoir complètement abandonné ce mode de reproduction sans conséquences observables, et représentent donc un véritable scandale pour les chercheurs en biologie évolutive. On pourra citer les insectes du genre *Timena*, les acariens *Oribatidae* ou les crustacés de la famille *Darwinulidae*[1]. Depuis des millions d'années, ils semblent avoir abandonné la recombinaison génétique au profit du clonage pur et simple. Mais l'organisme le plus étudié a un nom encore moins prononçable.

Les rotifères bdelloïdes (j'avais prévenu, voir page suivante) ont une biologie unique dans le monde vivant. Ces petits animaux microscopiques en forme de vase effilé ont un pied à un bout et de l'autre une bouche munie de brosses rotatives, avec laquelle ils aspirent leur nourriture. Surtout, cette espèce n'a pas de mâles. Aucun. Nulle part. En tout cas, on n'en a jamais trouvé.

Les femelles[2] se reproduisent donc uniquement par parthénogenèse : l'ovule non fécondé devient un embryon, puis un adulte. Selon toute vraisemblance, les rotifères bdelloïdes n'ont pas pratiqué le sexe depuis au moins 20 millions d'années, ce qui n'a pas empêché l'émergence de plus de 450 espèces de ces créatures uniquement femelles.

Alors, comment font-elles pour échapper aux parasites ? Eh bien... On a une vague idée, mais c'est flou. Premièrement, elles peuvent s'assécher et entrer en

1 Pour être tout à fait précis, on a retrouvé des mâles de cette espèce que l'on pensait il n'y a pas si longtemps uniquement peuplée de femelles depuis 300 millions d'années – et donc *forcément* asexuée. Mais on en a trouvé… trois. En une centaine d'années de recherche.

2 Qui constituent donc 100 % des individus de l'espèce.

dormance lorsqu'elles sont attaquées par des pathogènes. À charge alors au vent de les embarquer vers d'autres contrées où les parasites seront moins agressifs. En somme, elles se lyophilisent et utilisent un siège éjectable. On sait aussi qu'elles peuvent récupérer des gènes d'autres espèces, comme des algues, des bactéries, etc. Ces transferts dits « horizontaux » permettent de diversifier leur génome et probablement de rendre la vie plus dure aux parasites. Enfin, une étude a montré qu'une des espèces de bdelloïdes portait malgré tout dans son génome des traces de recombinaison avec d'autres individus, ce qui n'est pas de la reproduction sexuée à proprement parler, mais du *sexe*, au sens d'un échange de gènes.

Il est toujours étonnant de constater qu'une question aussi fondamentale que « Pourquoi faisons-nous du sexe, entre mâles et femelles ? » a une réponse loin d'être triviale et... loin d'être complètement comprise. C'est que la complexité du monde vivant n'est pas si évidente à capturer avec des grandes règles générales ! En tout cas, nous avons une partie de la réponse à notre paradoxe : la reproduction sexuée permet d'éviter les maladies car, à chaque génération, les enfants sont un peu différents entre eux et de leurs parents. Vous savez ce qu'il vous reste à faire pour brouiller les pistes des parasites : ne copiez pas sur les bananiers, sexez un maximum.

6

Pourquoi on est fait de plein de cellules et pas d'une seule ?

Il y a des milliards d'années, tout n'était que vie unicellulaire. Avec le Cambrien, les cellules se sont mises à coopérer, et des formes de vie exotique sont apparues. Mais ce processus était-il inéluctable ?

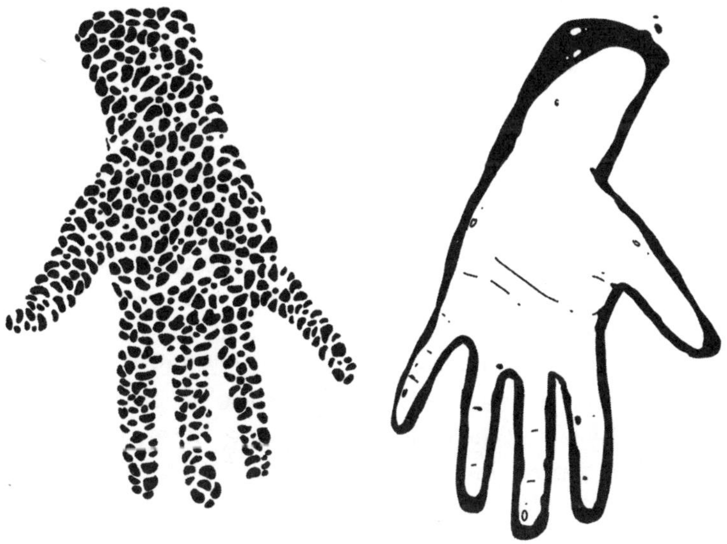

(Dans une mer peu profonde et chaude)
(à une époque immémoriale)
(une molécule est exsudée d'un sac)
(le sac palpite frénétiquement en sécrétant ses hormones)
(*squirk splurt*)
(attiré par le message chimique, un autre sac flotte laborieusement vers le premier)
(*flitch floutch*)
(leurs membranes humides se touchent, se palpent, se collent)
(ils forment le premier des méta-sacs)
(de nombreux autres suivront.)

Il y a un peu plus de 2 milliards d'années, sur Terre. Le supercontinent Columbia est en train de se former, sorte de gros morceau de terre flottant sur un océan unique. Les jours sont plus courts qu'aujourd'hui - environ 20 heures -, car la planète tourne plus vite. La vie existe depuis près de 2 milliards d'années, et elle est furieusement productive. Les cyanobactéries expirent de l'oxygène en abondance, qui s'accumule dans l'atmosphère. Le temps passe. L'oxygène accumulé est toxique pour la grande majorité des organismes de l'époque, et cette concentration provoque une crise d'extinction majeure - la première - qui fait disparaître la majorité des organismes. De nombreuses formes de vie unicellulaire ne continueront pas la partie, et leurs cadavres anonymes s'accumuleront dans les sédiments de l'océan unique.

Le temps passe. L'O_2 libéré oxyde le méthane de l'atmosphère en dioxyde de carbone et en eau, dont l'effet de serre est 30 fois moins puissant que le méthane. La planète se refroidit brutalement et plonge dans une glaciation sans précédent, la glaciation huronienne. Vue de l'espace, la Terre devient une boule de neige pendant des millions d'années.

Le temps passe. Un astéroïde de 15 km de diamètre percute les roches qui formeront un jour l'Afrique du Sud, créant un cratère d'impact deux fois plus large[1] que celui qui mènera, dans un très lointain futur, à l'extinction des dinosaures. La glaciation se termine, les niveaux d'oxygène demeurent. Le temps passe. Dans tous les océans de la planète, des cellules palpitent et métabolisent, organismes unicellulaires égoïstement impliqués dans la lutte pour leur propre survie. Puis, un jour, ces cellules s'organisent et coopèrent.

Le scénario de l'histoire de la vie a longtemps été celui-ci : des milliards d'années durant, des organismes unicellulaires ont bloubloutés sereinement, seuls maîtres à bord d'une planète brutale. Les glaciations et les astéroïdes se suivent et se ressemblent, mais la vie reste à son état primitif d'individus constitués d'une unique cellule. Puis, un jour, après des milliards d'années de gestation… une étincelle fait enfin fleurir la biodiversité telle qu'on la connaît.

L'explosion cambrienne, il y a environ 540 millions d'années, est souvent considérée comme le Big Bang de la zoologie : ce moment de création exceptionnel a vu apparaître la grande majorité des embranchements des animaux. Et la métaphore de la détonation n'est pas si exagérée : il y a clairement un avant et un après dans les couches géologiques, en termes de diversité anatomique des fossiles.

Pour le résumer rapidement, on peut considérer qu'avant cette explosion, la vie animale se présente surtout sous l'aspect d'organismes unicellulaires ou de colonies assez simples[2]. Après l'explosion, elle adopte

1 C'est le dôme de Vredefort, de 300 km de diamètre. Celui de Chicxulub, témoin d'un impact qui a mené à la disparition des trois quarts de la vie sur Terre, et notamment des dinosaures non aviens, ne fait « que » 170 km…

2 Ce genre de colonies pouvait quand même produire des formations aussi intrigantes que les stromatolithes !

une multitude de formes toutes plus exotiques les unes que les autres : des animaux marins comme *Opabinia*, *Marrella*, ou l'incroyable *Hallucigenia*, un organisme si étrange qu'un long débat a existé pour savoir dans quel sens on devait le représenter ! On ne sait pas grand-chose de leur vie, et réussir à les apparenter à des animaux actuels est déjà un défi en soi, mais on sait que ces êtres apparus soudainement dans l'histoire du vivant ont porté des traits biologiques qui sont la base du monde animal actuel.

La symétrie bilatérale[1], la triploblastie[2] et les cœlomes[3] sont des innovations évolutives apparues à ce moment-là, et qui sont aujourd'hui un standard pour une grande majorité des animaux... comme nous. Les organismes multicellulaires ne sont plus juste de petits blobs informes : ils deviennent des structures complexes, spécialisées, avec un avant et un arrière, des appendices, des symétries, etc.

LA VIE EST BELLE, MAIS AUSSI ANCIENNE

Cependant, même si l'explosion cambrienne survenue il y a un demi-milliard d'années tient toujours le rôle d'un moment de « changement de paradigme biologique » aux yeux des paléontologues, les découvertes des dernières années nuancent un peu notre vision du passage entre la vie « simple » unicellulaire et la vie « complexe » multicellulaire. On retrouve par exemple des microfossiles

1 La symétrie bilatérale est la raison pour laquelle nous avons deux narines, deux yeux, et que nos côtés gauche et droit sont en miroir.

2 La triploblastie décrit notre structure lorsque nous sommes un embryon : nos premières étapes de vie ont trois couches de cellules, qui deviendront différents organes lors du développement.

3 Le cœlome est littéralement un trou, une cavité à l'intérieur du corps. Les animaux y rangent différents organes, les intestins par exemple.

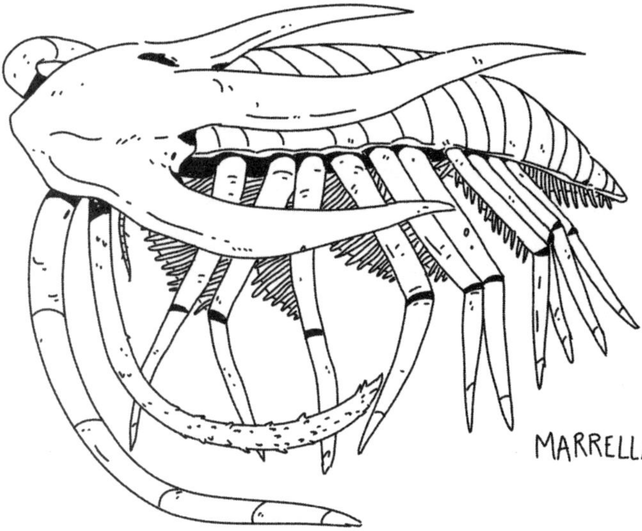

MARRELLA

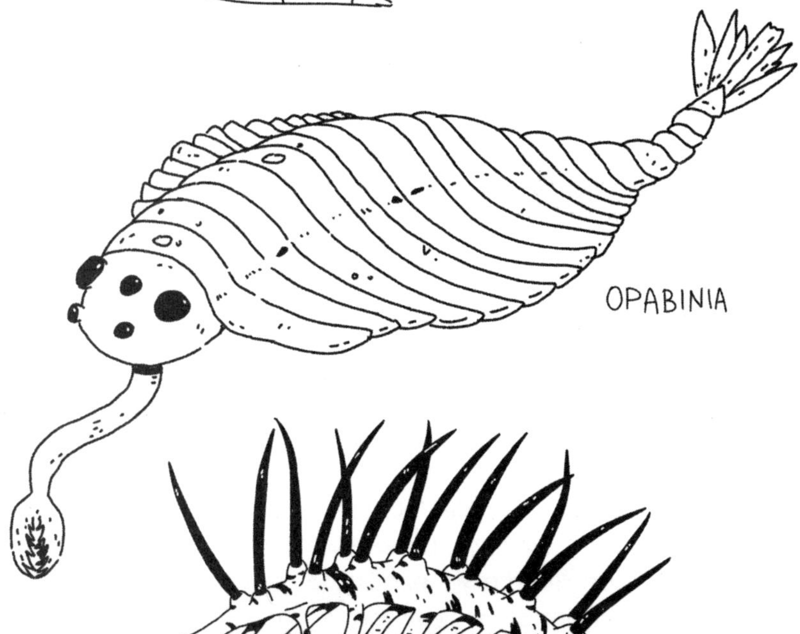

OPABINIA

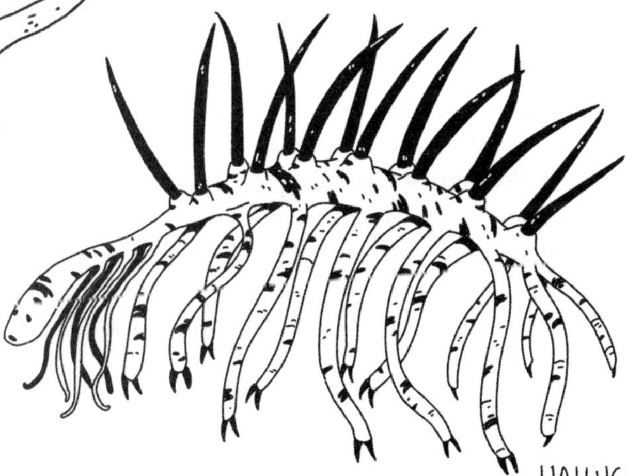

HALLUCIGENIA

d'acritarches dans l'écosystème de Weng'an[1] plus de 100 millions d'années avant l'explosion cambrienne. Il s'agit de formations clairement organiques, mais difficiles à identifier plus précisément. Elles flottaient et se reproduisaient en compagnie d'autres animaux déjà multicellulaires, comme *Dickinsonia* (une espèce de disque animal strié qui pouvait déjà faire un bon mètre de long), *Charnia* (une sorte d'animal en forme de feuille nervurée), et ainsi de suite.

Le passage de la vie unicellulaire à la vie multicellulaire ne s'est certes pas fait en un jour, mais toute cette complexification édiacarienne et cambrienne a eu lieu dans une fourchette d'environ 100 millions d'années[2], ce qui, au regard des milliards d'années de vie unicellulaire qui les ont précédés, paraît comme une période assez courte.

Le scénario « canon » de l'histoire de la vie est donc celui-ci : la vie était unicellulaire depuis ses premières traces il y a 3,8 milliards d'années, le temps a passé, les cellules ont bloubloutè, et pouf, elle est devenue multicellulaire très tardivement, au moment d'un Big Bang biologique cambrien.

Cependant, au tout début des années 2010, une série de publications relate une découverte extraordinaire faite au Gabon, à proximité de la ville de Franceville, chef-lieu de la province du Haut-Ogooué. Des fossiles qui atteignent une quinzaine de centimètres présentent une étrange structure en disque, dont le centre est renflé par un dôme et la périphérie est formée de rainures radiales. Une morphologie que les chercheurs interprètent comme

1 « Les acritarches de Weng'an »… selon toute vraisemblance, Cthulhu a vécu il y a un demi-milliard d'années.

2 On date généralement les premiers gros fossiles de la faune d'Ediacara autour de 600 millions avant notre ère, et la fin de l'explosion cambrienne se situe autour de 520 millions d'années environ.

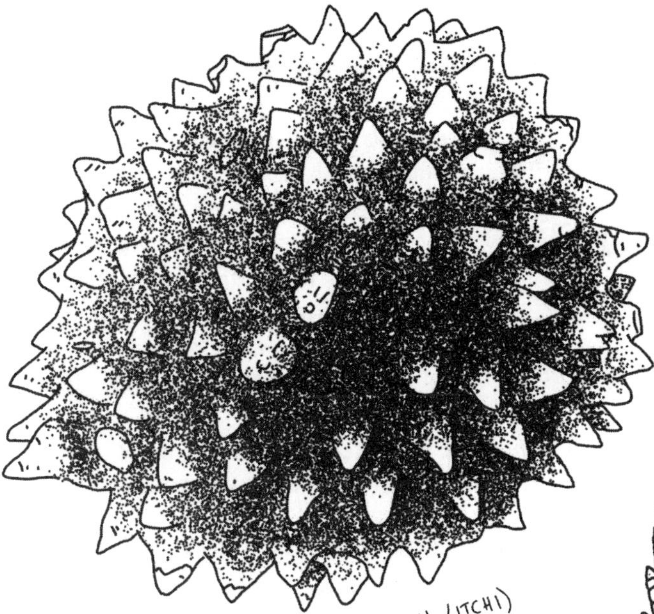

(FORBIDDEN LITCHI)

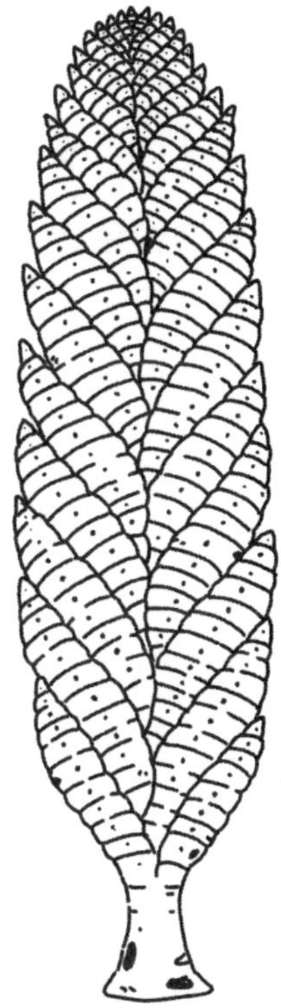

CHARNIA

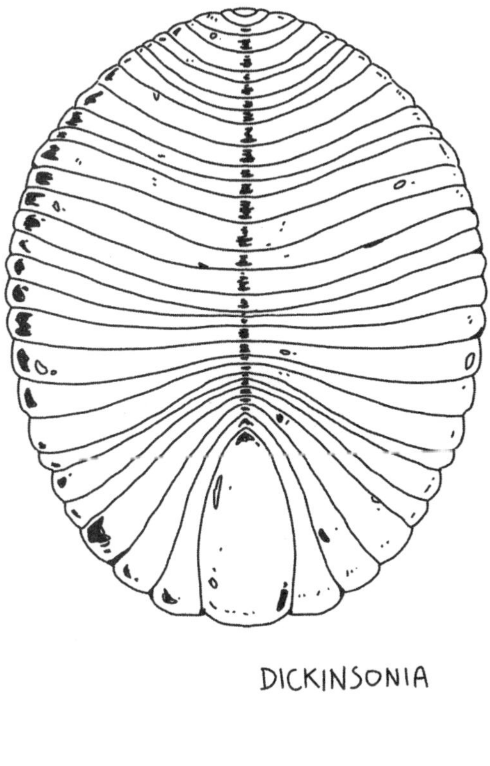

DICKINSONIA

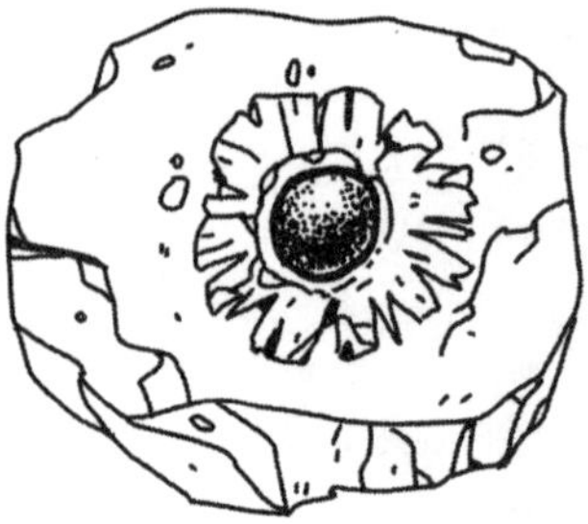

celle... d'une forme de vie multicellulaire précoce.

En datant les roches dans lesquelles ces fossiles ont été retrouvés, les paléontologues se rendent compte qu'ils viennent peut-être de renverser le scénario classique de l'histoire de la vie : ces énigmatiques organismes vivaient en effet il y a plus de 2 milliards d'années, un milliard et demi d'années avant l'explosion cambrienne !

Il faut alors tout réécrire. Dans une mer peu profonde et chaude, peut-être un delta de rivière, une expérimentation précurseur a eu lieu : la toute première tentative de vie multicellulaire observable à l'œil nu. Mais l'expérience est fugace, et ses traces disparaissent brutalement des couches sédimentaires plus récentes. Cette tentative a-t-elle été infructueuse, laissant pour tout héritage quelques fossiles dans ce qui deviendra plus tard le Gabon ? Ou représente-t-elle le très lointain ancêtre des formes qui surgiront bien plus tard dans les écosystèmes de l'époque édiacarienne ? Nul ne peut en être sûr. D'ailleurs, d'autres sédiments très anciens révèlent leurs propres organismes ancestraux, qui font également débat. Découverts dans les couches géologiques du Michigan, les fossiles filamenteux en spirales *Grypania spiralis* pourraient bien également correspondre à des eucaryotes[1] très primitifs, dont les spirales alambiquées s'enroulaient il y a plus de 2,3 milliards d'années.

1 Les eucaryotes sont tous les organismes dont les cellules ont un noyau. Cela comprend notamment vos parents, le pigeon de l'autre côté de la fenêtre, la plante verte sur le bureau et les champignons dans les rainures de votre douche. On les oppose aux procaryotes, qui n'ont pas de noyau : bactéries et archées.

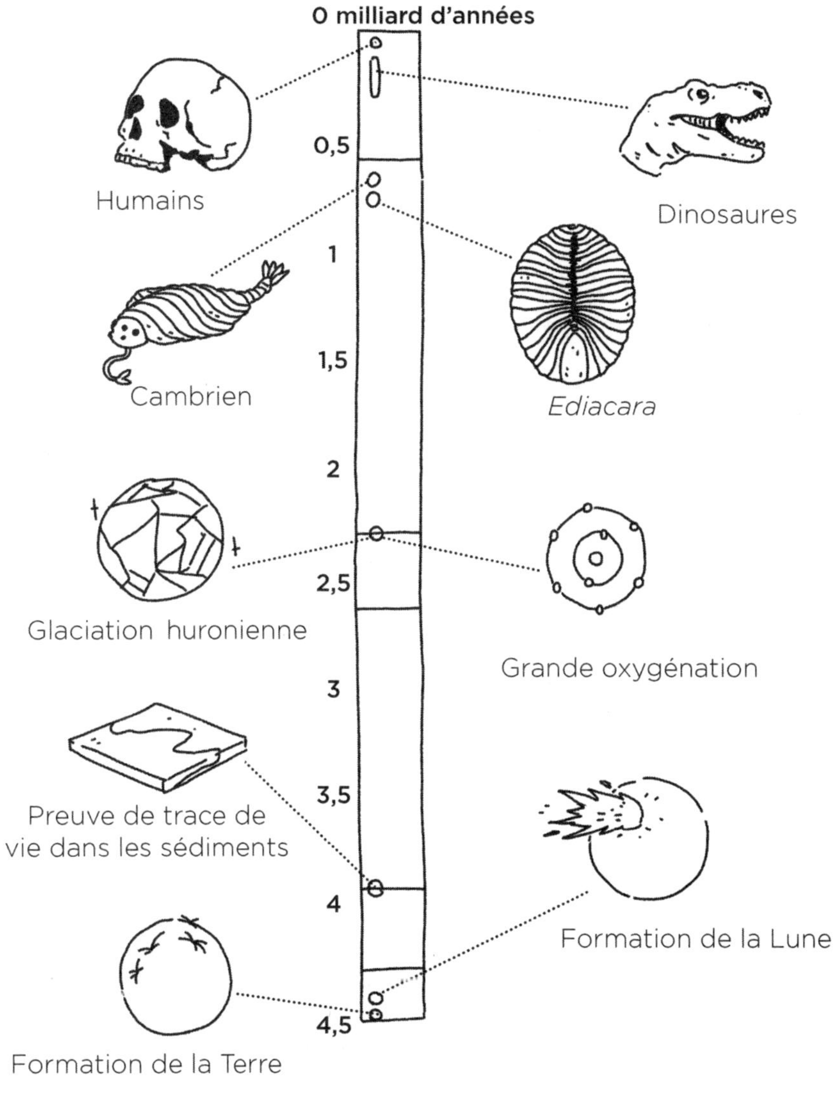
0 milliard d'années
0,5
1
1,5
2
2,5
3
3,5
4
4,5
Humains
Dinosaures
Cambrien
Ediacara
Glaciation huronienne
Grande oxygénation
Preuve de trace de
vie dans les sédiments
Formation de la Lune
Formation de la Terre

LES NOMBREUSES MULTICELLULARITÉS

Mais laissons ces questions fascinantes aux paléontologues et essayons de comprendre le mécanisme général qui est à l'œuvre ici. En effet, qu'est-ce qui a fait apparaître ces formes de vie de l'écosystème francevillien, puis les organismes cambriens ? L'apparition de la multicellularité complexe était-elle inéluctable ? Et, en définitive, pourquoi sommes-nous des organismes multicellulaires ?

Un humain moyen serait composé de quelques dizaines de billions de cellules[1], et il semble légitime de se demander pourquoi une seule grosse cellule du même volume ne ferait pas aussi bien l'affaire. Après tout, la biosphère est principalement constituée d'organismes unicellulaires, bactéries et autres eucaryotes, que ce soit en nombre d'espèces ou en biomasse. C'est un format qui semble faire ses preuves, donc quel intérêt y a-t-il à se compliquer la vie en faisant coopérer plusieurs cellules entre elles ?

Ce sujet a intrigué de nombreux chercheurs depuis des décennies et, il faut le dire, une bonne part de mystère subsiste. Le consensus actuel se résume ainsi : la multicellularité est banale, car elle est apparue de nombreuses fois au cours de l'évolution, tout en étant incroyablement improbable.

Voyons pourquoi en commençant par le premier point : on sait aujourd'hui que la multicellularité a émergé à plus de vingt reprises indépendamment, au cours de l'évolution des organismes eucaryotes ! Par exemple, les ancêtres des amibes sociales (*Dictyostelium discoideum*) et ceux des animaux ont vu se développer chacun de leur côté des protéines capables de joindre des cellules entre elles. Les α- et β-caténines des

---

1 Des auteurs arrivent même au nombre très précis de $3,72 \times 10^{13}$ cellules dans notre corps.

animaux trouvent leurs analogues chez les amibes[1], et les deux lignées ont donc acquis par convergence des innovations biologiques nécessaires à ce vivre-ensemble. Ce caractère est même apparu plusieurs fois chez les algues rouges (*Rhodophyta*), dont plusieurs lignées sont passées de simples à multiples de façon indépendante !

Pour parvenir à cette conclusion étonnante, les chercheurs se fondent sur les relations de parenté entre les groupes d'organismes. Pour schématiser, si deux groupes possèdent un même caractère, deux scénarios sont possibles : soit ils ont tous les deux hérité ce caractère d'un ancêtre commun qui en était doté, soit cet ancêtre commun ne le possédait pas et ils l'ont développé indépendamment. En analysant la distribution d'un trait chez des groupes cousins de plus en plus éloignés, on peut formuler des inférences sur les traits que portait l'ancêtre commun... et donc trancher entre les deux scénarios.

Grâce à ces méthodes, les biologistes sont donc arrivés à démontrer la banalité de l'émergence de la vie en groupe chez des cellules auparavant solitaires, idée renforcée par l'existence de nombreuses formes transitoires de multicellularité... chez les bactéries.

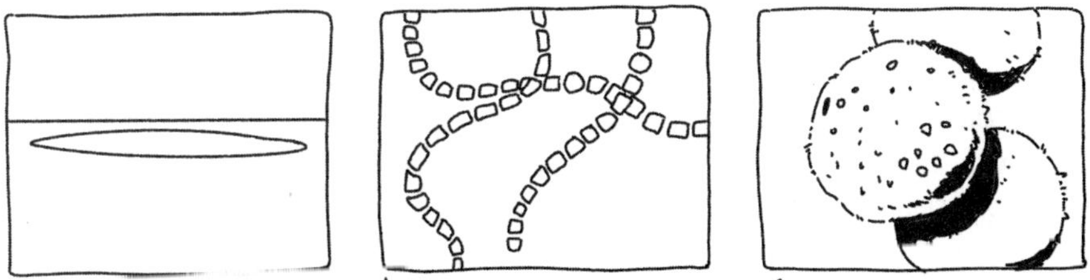

a b c

1 L'homologue de la β-caténine des amibes s'appelle… « Aardvark », du nom d'un mammifère iconique de l'Afrique australe. Probablement pour embrouiller leurs étudiants, les biologistes ont donc donné un nom d'animal à une protéine présente chez un organisme qui n'est pas un animal.

SOCIÉTÉS DE BACTÉRIES

Chez ces minuscules organismes, des communautés peuvent se créer dans une grande diversité de formes : des tapis ou « biofilms », des filaments, des sphères. Grâce à ces structures, les cellules bactériennes bénéficient de nombreux avantages : conserver de l'eau ou des nutriments au sein d'une matrice, se protéger de toxines ou d'antibiotiques, échanger rapidement des ressources séparées d'une grande distance, etc. Ces organisations sont à la fois extrêmement efficaces – la capacité des biofilms à lutter contre nos désinfectants est même problématique – et incroyablement vieilles. Si les premières formes d'eucaryotes multicellulaires complexes se trouvent dans les sédiments gabonais d'il y a 2 milliards d'années, et que la véritable explosion de diversité a eu lieu il y a un demi-milliard d'années, les plus anciennes preuves de l'existence de colonies de bactéries datent en effet d'il y a 3,5 milliards d'années...

Les cellules de ces procaryotes ont disparu depuis longtemps, mais le résultat de leur activité métabolique subsiste, sous la forme de fines couches sédimentaires très spéciales. Les générations de bactéries mortes et le mucus qu'elles génèrent se sont empilés pendant des temps immémoriaux, en créant des structures géologiques uniques, les stromatolithes. On en retrouve à différents endroits de la planète, en Australie ou en Afrique du Sud, et certaines de ces colonies sont d'ailleurs encore en activité !

AUTANT EN EMPORTE L'AMIBE

Cependant, si les bactéries sont capables de vivre ensemble depuis des milliards d'années sous la forme de colonies, elles n'ont jamais créé d'organisme multicellulaire complexe comme cela a été le cas dans la faune cambrienne. On voit bien qu'il existe un gradient qui va de colonies de cellules temporaires à des organismes multicellulaires complexes tels que votre plante de bureau, avec des étapes entre les deux.

Pour comprendre les mécanismes au cœur de cette transition, les chercheurs s'intéressent à des organismes qui passent fréquemment d'une vie solitaire à une vie communautaire, papillonnant de l'une à l'autre en fonction du contexte. Un de ces organismes modèles est l'amibe sociale (*Dictyostelium discoideum*) dont on parlait précédemment. Dans cette espèce, des groupes se forment spontanément par agrégation lors de pénuries

alimentaires : différents individus sans parenté commune se regroupent et forment de petits monticules. Ces derniers rétrécissent alors jusqu'à adopter l'aspect… d'un doigt capable de ramper. Cette sorte de limace glissante fusionne avec d'autres « limaces », se nourrit et ainsi de suite. Elle ne s'arrêtera que pour adopter une autre conformation : une tige dressée de quelques millimètres avec un renflement à son extrémité. Dans cette fructification aux formes très variées selon les espèces, les cellules de la tige se sacrifient afin que celles de la pointe deviennent des spores, capables d'être emportées par le vent ou un animal[1].

Ces mêmes spores donneront des individus solitaires qui pourront, lorsque les conditions le permettront, retrouver d'autres congénères. Grâce à cette espèce, les chercheurs ont pu élucider de nombreux aspects de la « mécanique » du phénomène d'agrégation : les gènes impliqués dans l'attachement des cellules, les signaux chimiques qui se propagent dans la masse de la « limace » pour coordonner les cellules et la faire avancer, etc. Mais ces informations expliquent le *comment* de la multicellularité, et une question demeure donc : *pourquoi* vivre à plusieurs cellules plutôt qu'une seule ?

LE GRAND JEU DE LA VIE

Pour répondre à cette question, des biologistes ont tenté une expérience. Dans une étude parue en 2019, ils ont exposé des populations d'algues vertes *Chlamydomonas reinhardtii* solitaires à une paramécie prédatrice, puis ont soigneusement suivi la destinée de ces cellules sur une longue durée. Après 750 générations, surprise :

1 Pour se dévouer comme ça, il faut vraiment être les meilleures amibes du monde.

des formes multicellulaires avaient émergé et conféraient aux cellules de ces amas une meilleure protection contre le prédateur. Dans d'autres travaux, les colonies ainsi formées persistaient même après avoir soustrait le prédateur de la manip. Vivre à plusieurs permet de grossir et donc d'éviter de se faire manger.

Mais pourquoi ne pas grossir et rester seul, en augmentant tout simplement la taille de l'unique cellule ? La raison se trouve dans un problème de géométrie assez simple : le volume d'une sphère s'exprime en fonction du cube du diamètre, tandis que sa surface s'exprime selon le carré du diamètre. Ainsi, lorsqu'une cellule grandit, son volume augmente au cube, alors que la membrane, qui sert de surface d'échange, n'augmente qu'au carré. Par conséquent, pour une cellule sphérique, il existe nécessairement un diamètre où cette membrane n'est plus une surface d'échange assez grande pour assurer les besoins de la cellule.

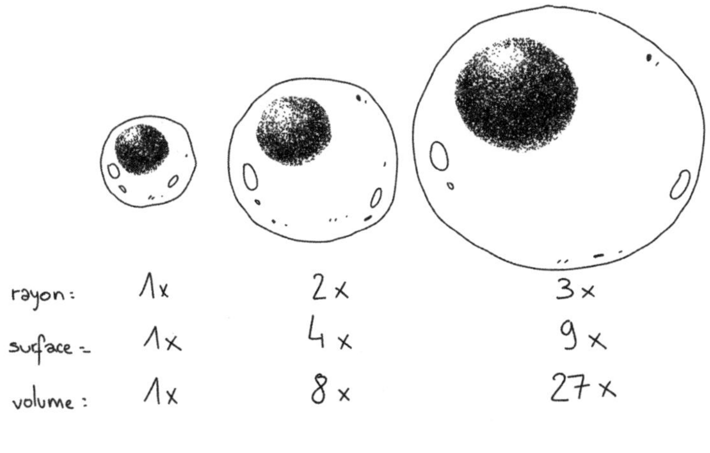

C'est cet argument géométrique tout simple qui explique la rareté des cellules observables à l'œil nu dans le monde vivant[1], la plupart se cantonnant généralement à une taille de quelques dizaines de microns. Bref, pour grossir, il vaut mieux se multiplier que gonfler. L'augmentation de la taille chez nos lointains ancêtres a donc fortement contribué à l'émergence de la multicellularité, mais cela pourrait bien ne pas être la seule raison.

La spécialisation désormais possible des cellules leur ouvre la possibilité d'effectuer plusieurs tâches différentes en même temps. Les colonies de cyanobactéries ont ainsi des hétérocystes, des cellules spécialisées qui fixent l'azote atmosphérique pour les autres membres du groupe. Pour cela, leur cytoplasme est rempli d'enzymes nitrogénases, et leur paroi plus étanche maintient l'intérieur de la cellule en condition anaérobie[2], qui permet le bon fonctionnement de ces enzymes. Cette division du travail a rendu ces bactéries si efficaces qu'elles ont rempli l'atmosphère d'oxygène il y a 2 milliards d'années, en provoquant au passage la première crise d'extinction majeure de l'histoire de la vie.

Une autre conséquence de l'activité de ces cyanobactéries est encore plus renversante. Plusieurs études ont en effet constaté qu'il existe une corrélation entre la concentration d'oxygène atmosphérique et la diversité des eucaryotes. Dit autrement, l'explosion cambrienne pourrait bien avoir eu lieu uniquement parce que les cyanobactéries, et donc les hétérocystes, existaient ! Une forme de multicellularité en aidant une autre, sur une échelle de temps de quelques centaines de millions d'années, donc.

---

1 Une exception notable est *Valonia ventricosa*, une algue marine unicellulaire qui atteint plusieurs centimètres. Cette petite boule verdâtre a une organisation interne très structurée, avec des « sacs » connectés par des « ponts ». Bref, elle triche un peu, quoi. On retrouve d'autres algues comme *Caulerpa taxifolia*, qui atteignent 60 cm. Décidément, les algues n'aiment pas donner raison aux généralités des biologistes.

2 Absence d'oxygène… ou capitale du Kenya, si on a un peu de mal avec la prononciation.

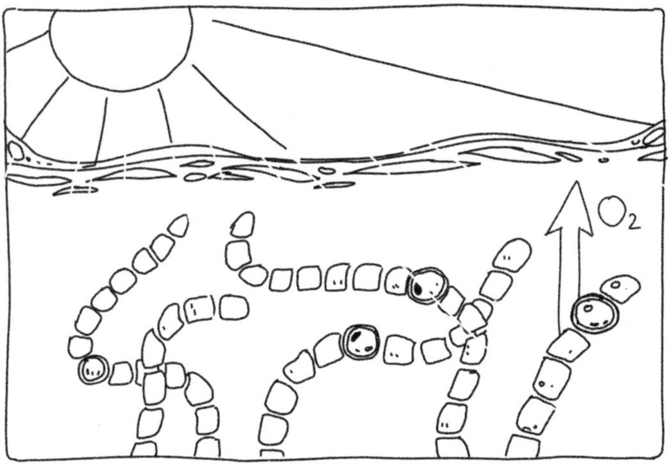

Étant donné les avantages considérables qu'elle procure, la transition vers la multicellularité semblait effectivement vouée à apparaître de nombreuses fois... ce qui n'a pas manqué d'arriver. Constat étonnant, il a fallu attendre plusieurs *milliards* d'années pour que ces organismes multicellulaires prennent une forme plus complexe qu'un blob ou qu'un biofilm. Dans un article de recherche, les biologistes Éörs Szathmáry et Lewis Wolpert enfoncent le clou : « La transition vers la multicellularité est-elle difficile ? La réponse brutale est : non, pas du tout, puisqu'elle a émergé plus de 20 fois au cours de l'évolution. Cependant, il n'y a que trois lignées qui ont produit des organismes complexes : les plantes, les animaux et les champignons. Trois coups en 3,5 milliards d'années, ce n'est pas beaucoup[1]. »

Bien que l'on puisse augmenter un peu le compte avec les algues rouges et les algues brunes, l'intuition des

1 E. Szathmáry, L. Wolpert, « The transition from single cells to multicellularity », in P. Hammerstein (éd.), *Genetic and Cultural Evolution of Cooperation*, MIT Press, Cambrige, 2003, p. 285-304.

auteurs reste frappante : même si la multicellularité est commune, la vie complexe est toujours incroyablement rare sur notre planète.

Il y a donc une distinction importante à faire entre les différents visages de la multicellularité, depuis la colonie bactérienne jusqu'à ma grand-mère[1]. Mais comment ces amas composés de si nombreuses entités font-ils pour fonctionner de façon cohérente ? Comment les cellules coopèrent-elles ? Nous allons voir tout cela dans le prochain chapitre !

1 Qui a d'ailleurs son propre chapitre.

7

Le cancer, les rats-taupes et les missiles cubains

Voici une énigme : comment se fait-il que toutes vos cellules, qui vivent à l'échelle du micromètre, coopèrent pour former ce truc gigantesque[1] qu'est *vous* ?

1 Et magnifique, pour sûr.

Quand vous utiliserez vos doigts pour saisir une souris, aller sur un site marchand et mettre une note désastreuse à ce bouquin, pensez-y : cette opération nécessite l'action coordonnée de milliards de cellules en même temps. Soit : les cellules musculaires qui s'agitent fiévreusement, les cellules de Merkel qui signalent le contact lors du clic, mais aussi les neurones à l'origine de la commande et, évidemment, toutes les cellules responsables de leur nutrition, de leur protection, etc. Bref, autant de cellules qui pourraient vivre leur vie pour leur propre compte et qui ont « décidé » de ne plus se reproduire pour participer à une œuvre plus grande qu'elles, qui les dépasse : vous. C'est fou, non ? Même si, de façon générale, la science permet de s'enflammer assez facilement avec des mises en perspective un peu faciles de ce type[1], subsiste quand même une question intéressante : comment tout ce petit monde a-t-il commencé à coopérer et, surtout... pourquoi ?

Pour entamer votre voyage au cœur de la coopération, il va vous falloir un peu d'imagination. Alors, fermez les yeux, respirez un grand coup et essayez de vous représenter un rat-taupe nu (*Heterocephalus glaber*).

Woaw.

Magnifique.

RENCONTRE LES RONGEURS CHAUDS DE TA RÉGION

Relativement peu mignon selon nos standards[2], ce mammifère constitue une curiosité biologique à de

1 Cette chaise est littéralement composée d'atomes, c'est fou ! Et son bois est fait à partir d'un très lointain cousin ! Et certains ensembles infinis de nombres sont plus grands que d'autres ensembles infinis de nombres !... Oui, bon, là, j'avoue que c'est quand même assez fou. G. Cantor a démontré que l'ensemble des nombres réels est plus grand que celui des nombres naturels, et ils sont tous les deux infinis. Je vous laisse continuer la lecture, je vais me chercher une aspirine et je reviens.

2 Il ressemble à un testicule de 10 cm fraîchement rasé, avec des grosses dents à un bout, fondamentalement.

Ça ne va peut-être pas vous plaire,
mais voilà à quoi ressemble le top du top !

nombreux titres. Rongeur sans poils, il vit en colonies de plusieurs centaines d'individus dans des terriers d'Afrique de l'Est, où il se nourrit principalement de tubercules. Plusieurs adaptations le distinguent des autres mammifères. Premièrement, il ne régule pas vraiment sa température corporelle. Cet abandon de la thermorégulation, pourtant présente chez tous les autres mammifères, est une conséquence logique de la vie souterraine, où la température est beaucoup plus stable. À la place, le rat-taupe nu a adopté une gestion comportementale de la chaleur : s'il fait un peu trop froid, les individus vont se regrouper les uns contre les autres. Et s'il fait vraiment trop froid, eh bien... ils meurent.

La vie en terrier implique une autre adaptation surprenante : une résistance à des niveaux très élevés de dioxyde de carbone et à des niveaux très bas d'oxygène. Des tests en laboratoire ont démontré que les rats-taupes nus peuvent vivre sans oxygène pendant 18 minutes et se plaire dans des atmosphères composées de pas moins de 80 % de CO_2, quand une concentration de quelques pourcents suffit à provoquer des malaises chez les humains ! L'air des galeries est peu renouvelé et, au cours de l'évolution, ces rongeurs ont acquis une hémoglobine qui fixe très efficacement l'oxygène.

D'autre part, respirer du dioxyde de carbone provoque une accumulation d'acide dans les tissus, mais pas de problème : ils y sont exceptionnellement tolérants. Cette adaptation semble être liée à une résistance à la douleur hors du commun : ils y sont pratiquement insensibles ! De plus, ils développent très rarement des cancers – aucune tumeur n'a d'ailleurs jamais été observée en milieu naturel chez cette espèce. Cette particularité a été reliée à de nombreuses adaptations au niveau de la production de protéines, à la présence massive d'acide hyaluronique ou encore au milieu très pauvre en oxygène dans lequel ils vivent.

Bref, la physiologie de cet animal est exotique et fascinante, elle lui confère d'ailleurs la faculté de vivre une trentaine d'années, ce qui en fait le rongeur doté de la plus grande longévité.

On a aussi découvert tout récemment que chaque colonie avait développé pour ses vocalisations[1] son propre dialecte, dont la transmission était culturelle et associée à la reine. Lorsque la reine est remplacée, le dialecte change ! Enfin, l'animal a aussi remporté en 2013 le titre du « Vertébré de l'année » décerné par la revue *Science* – ce qui prouve que l'on peut inventer tout et n'importe quoi en matière de prix.

DES ANIMAUX PLUS SOCIAUX QUE NOUS

Mais là où cet animal est particulièrement fascinant, c'est dans sa structure sociale.

---

1 Ils déploient toute une gamme de bruits, notamment des *chip*, *chip* aigus.

L'eusocialité est une forme d'organisation marquée par une coopération extrême : seuls certains individus se reproduisent, les autres aidant à la reproduction des premiers. Ce sont des groupes où les générations collaborent entre elles, avec beaucoup de soins prodigués aux jeunes. Ils comportent également des individus stériles, spécialisés dans certaines tâches comme la recherche de nourriture, la défense du groupe, etc. On retrouve principalement cette organisation chez les insectes sociaux, comme les fourmis, termites, abeilles, guêpes... où elle a été extensivement étudiée. Mais d'autres organismes eusociaux existent et intriguent les chercheurs : quelques crevettes du genre *Synalpheus* squattent des cavités creusées dans des éponges (page suivante), tandis que la fougère *Platycerium bifurcatum* [1] vit dans des assemblages compacts qui permettent de garder l'humidité. Chez cette fougère, de nombreux individus ne se reproduisent pas afin de se concentrer sur la capture et la conservation de l'eau !

Quant aux seuls exemples de mammifères eusociaux, eh bien, ce sont... les rats-taupes [2]. Dans cette espèce, les quelques centaines d'individus qui composent la colonie se divisent selon plusieurs rôles : une reine, seule femelle à se reproduire, fécondée par une poignée de mâles reproducteurs ; des mâles et des femelles non reproducteurs, qui entourent la reine et travaillent à assurer la bonne marche de la colonie. Ils collectent de la nourriture, creusent les galeries et défendent les accès contre les prédateurs éventuels, principalement des serpents. Cette organisation est presque unique chez les mammifères, on ne la retrouve que chez une seule autre

---

1 Fougère corne d'élan, dans la langue des personnes qui bossent dans les jardineries : elles sont souvent utilisées comme plantes d'intérieur.

2 Ne cherchez même pas, les humains ne font pas partie de la liste des organismes eusociaux. Tout simplement, on ne délègue pas notre reproduction à un des membres du groupe !

garde
Reine

espèce de rongeur : le rat-taupe de Damaraland, qui vit dans une zone écologique similaire d'Afrique australe.

PRÉDIRE L'EXISTENCE DES RATS-TAUPES

Derrière la curiosité biologique se cache une des plus belles preuves de l'efficacité de la théorie de l'évolution. La validité d'une théorie scientifique est en effet mesurée, entre autres, par sa capacité à proposer des prédictions testables qui finissent par se vérifier, et la société étrange des rats-taupes nus est précisément l'une de ces prédictions. En 1974, le biologiste Richard Alexander stipula l'existence d'un vertébré qui pourrait être eusocial. Selon lui, l'eusocialité s'appuie largement sur les soins que les parents prodiguent à leurs petits, et aurait donc dû apparaître chez les vertébrés, où ces attentions parentales sont répandues. Alexander a essayé de créer un modèle d'évolution de cette eusocialité, et il a prédit qu'elle devrait apparaître dans un contexte très précis : un environnement sécuritaire, avec une source de nourriture abondante qui peut être obtenue sans risque, à l'image de ce que représente une souche pour une colonie de termites.

Chez les vertébrés, peu d'environnements peuvent correspondre : les terriers souterrains sont un candidat parfait. Ceux qui vivent en terrier sont majoritairement des mammifères, et parmi ceux-ci on trouve principalement des rongeurs. La source de nourriture abondante devrait être de gros tubercules et racines, que l'on rencontre pour l'essentiel sous les tropiques avec une saison sèche marquée. Cette déduction logique, faite avant de comprendre que les rats-taupes nus et les rats-taupes de Damaraland étaient des organismes eusociaux, est l'une des prédictions les plus spectaculaires de la théorie de l'évolution.

MATRIOCHKAS ÉVOLUTIVES

Malgré cet exploit scientifique, expliquer comment émergent ces sociétés totales - ou « superorganismes »[1] - reste un défi. Celui-ci est d'autant plus fascinant que répondre à cette question pourrait nous permettre de comprendre pourquoi nous sommes composés de plusieurs cellules. En 1995, le biologiste John Maynard Smith et son collègue Eörs Szathmáry publient *The Major Transitions in Evolution*, « Les Transitions majeures de l'évolution », dans lequel ils proposent que la vie actuelle est le résultat de plusieurs grands changements de paradigmes. Les gènes, au départ indépendants, se sont rassemblés sous forme de chromosomes, les cellules solitaires se sont regroupées pour constituer des individus, et les individus collaborent pour engendrer des sociétés ou des colonies. D'un point de vue extérieur, la société des rats-taupes (ou la nôtre) est donc une suite de poupées russes emboîtées, chaque couche révélant un niveau d'organisation différent. En formulant la question de l'existence des superorganismes de cette façon, les deux chercheurs montrent qu'il s'agit de savoir à chaque étape pourquoi des entités avec des intérêts potentiellement égoïstes finissent par former des groupes coopératifs.

LES MATHS DE LA COOPÉRATION

Chez les organismes unicellulaires, ces organisations sont susceptibles d'émerger *via* plusieurs mécanismes

---

1 On parle de superorganisme quand l'entité ne contient que des membres de la même espèce, comme une fourmilière ; on parle d'holobionte quand plusieurs espèces collaborent à l'unisson. Oui, les biologistes créent de nouveaux concepts comme d'autres vont au cinéma. On occupe les samedis soir comme on peut.

distincts. L'agrégation est la forme la plus intuitive : différentes cellules se regroupent et se collent ensemble, comme dans le cas des amibes du chapitre précédent. Cette forme de multicellularité a l'avantage d'être très rapide ; toutefois, sans liens de parenté entre les cellules, ces groupes sont particulièrement sensibles à l'émergence d'individus « tricheurs » qui profitent du groupe plus qu'ils ne lui donnent.

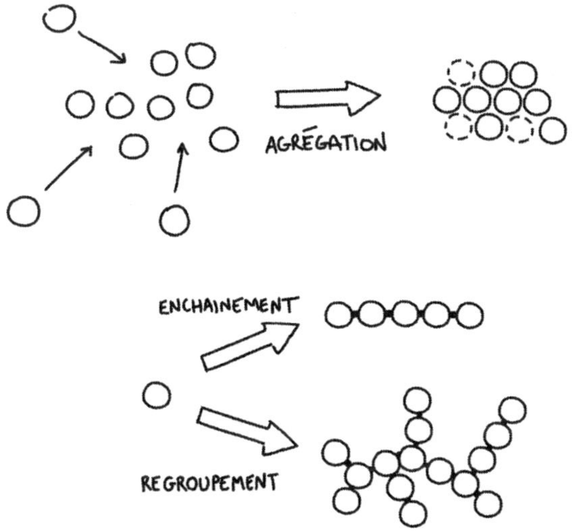

Une autre méthode, plus lente, existe : la multicellularité par division. Une cellule originelle va se dupliquer plusieurs fois de suite pour former des filles qui y resteront accrochées. Bien qu'elle soit plus laborieuse à mettre en place, les clones ainsi produits possèdent le même bagage génétique et partagent les mêmes intérêts à coopérer. La proximité génétique comme moteur de coopération a été une idée révolutionnaire en biologie. Comme souvent, on doit de premières intuitions à

Charles Darwin[1], mais c'est Haldane qui sera reconnu pour sa formalisation du problème. Vous savez, la fameuse phrase « Je pourrais me sacrifier pour 2 frères, ou pour 8 cousins » dont on a parlé ailleurs, et dont la légende raconte qu'il l'aurait confiée à John Maynard Smith autour d'une pinte dans un pub après avoir griffonné le calcul sur un coin de table. Le succès évolutif d'un individu - quantifié comme le nombre de versions de ses gènes qu'il arrive à transmettre - ne dépend pas seulement des enfants qu'il fait, mais également de ceux que ses frères et sœurs font, ou que ses cousins font.

SÉLECTIONNÉ POUR ÊTRE STÉRILE

Imaginons un scénario hypothétique : un allèle qui, chez certains individus, provoquerait un mécanisme psychologique tel que la personne veuille avoir le moins d'enfants possible, mais désire absolument tout faire pour encourager ses frères et sœurs à en avoir le plus possible. Ses frères et sœurs portent aussi cet allèle (après tout, ils ont la moitié des gènes en commun) - mais, pour une raison ou une autre, il est sans effet chez eux. Grâce aux efforts altruistes de ce membre de la famille, ils auront donc plus d'enfants... ce qui augmentera la fréquence de l'allèle dans la population à la génération suivante. On dit alors que notre individu très branché famille aura augmenté sa valeur sélective *inclusive*, c'est-à-dire que cette valeur n'inclut pas que ses enfants, mais également ses proches étendus. Du point

1 Il semble que Darwin ait proposé des idées dans absolument tous les domaines de la biologie évolutive. En même temps, il a eu le temps : il a patiemment raffiné sa théorie pendant plus de vingt ans, avant de la diffuser pour la première fois en 1859 sous le titre *L'Origine des espèces*. Mais, surtout, il a publié des livres jusqu'en 1881 ! De la fertilisation des orchidées à la domestication, pour conclure sa bibliographie par un livre qui traite des vers de terre, Charles Darwin a réellement étendu sa réflexion le plus possible dans le temps qui lui était imparti.

de vue des gènes, aider son frère ou sa sœur à avoir deux enfants de plus équivaut ainsi à faire un enfant soi-même[1]. L'altruisme qui semblait si paradoxal peut donc s'expliquer par un simple calcul génétique, étendu à tous les individus apparentés. Cette idée devra attendre encore quelques années pour que William Donald Hamilton en propose une formulation mathématique. La voici : $rB > C$.

C'est tout. Un peu déçu ? C'est que la formule dit tout simplement : le coût (C) reproducteur d'un acte altruiste envers quelqu'un doit être inférieur à l'apparentement (r, pour *relatedness*) avec cet individu, multiplié par le bénéfice (B) reproducteur qu'il gagne par l'acte altruiste. C'est exactement ce que l'on vient de décrire, que l'on appelle aussi la sélection de parentèle.

UNE ÉQUATION MULTIFONCTIONS

Sitôt introduite dans un article paru au milieu des années 1960, cette formule a été testée sur le terrain par les chercheurs du monde entier, dans les labos, partout. Sur les 19 000 articles qui citent le travail de Hamilton[2],

1 En tout cas, en espérance : il faut se rappeler que c'est un calcul probabiliste. Vos frères et sœurs ont *en moyenne* la moitié de vos versions de gènes, mais ils peuvent en avoir plus ou moins en fonction de ce qu'il se passe lors du vaste battage de cartes génétiques à l'origine des individus.

2 Ce chercheur a eu une carrière brillante et... exotique. Après avoir révolutionné notre conception de la coopération en biologie grâce à l'étude des insectes, il formalisa mathématiquement les comportements de hargne « hamiltonienne » où un individu va payer un coût énergétique (et donc évolutif) juste pour nuire à un autre – l'infanticide, par exemple. Il s'intéressa aussi aux couleurs de l'automne qui sont selon lui un signal des arbres à l'intention des insectes. Avec John Maynard Smith et George Price, ils accélérèrent massivement la formalisation mathématique de la biologie évolutive. À la fin de sa vie, Hamilton soutint des idées controversées sur les origines du VIH et décéda en rentrant d'une expédition au Congo, où il s'était rendu pour trouver des arguments à sa théorie iconoclaste. Chercheur jusqu'au bout, il publia son testament dans un journal à comité de lecture, où il expliqua pourquoi il souhaitait que son cadavre soit transformé par l'action de scarabées. Jusqu'au bout, on vous dit !

on retrouve des études sur l'émergence du cannibalisme chez les larves de salamandre, l'infanticide des lions, la protection de ses œufs par les autres individus chez les punaises, les attroupements de parade (lek) chez les oiseaux et, évidemment, les organismes eusociaux comme les insectes ou les rats-taupes.

Prenons une colonie d'algues *Volvox*, par exemple, ou... votre corps (ça marche aussi). Toutes les cellules de ces organismes sont génétiquement identiques. Leurs intérêts sont de ce fait parfaitement alignés, donc $r = 1$. L'équation devient ainsi $B > C$. En d'autres termes, pour qu'un comportement altruiste émerge, il suffit que le bénéfice soit à peine plus important que le coût. Autrement dit, une cellule n'hésitera pas à se sacrifier dans ce but.

Pour les insectes sociaux comme les fourmis, il suffit également de regarder leur photo de famille. Comme les mâles sont le résultat d'ovules non fécondés[1], ils n'ont qu'un seul chromosome[2]. Pour produire des ouvrières, les reines, qui ont deux chromosomes[3], se reproduisent avec ces mâles à un seul chromosome. Les ouvrières résultant de cette union ont donc toutes le même chromosome paternel (en même temps, il n'en a qu'un à donner), et ces sœurs possèdent en définitive beaucoup plus de gènes en commun que deux sœurs dans notre espèce, par exemple.

Chez l'homme, les frères et sœurs partagent en moyenne la moitié de leurs gènes (un apparentement de 0,5), alors que, chez les fourmis, ce taux monte à 0,75 ! Celles-ci ont donc trois quarts de leurs gènes en commun. Dans ce contexte, la formule de Hamilton prédit que des comportements altruistes devraient

1 Ils sont créés par parthénogenèse.
2 On dit haploïde, pour faire chic.
3 Elles sont diploïdes.

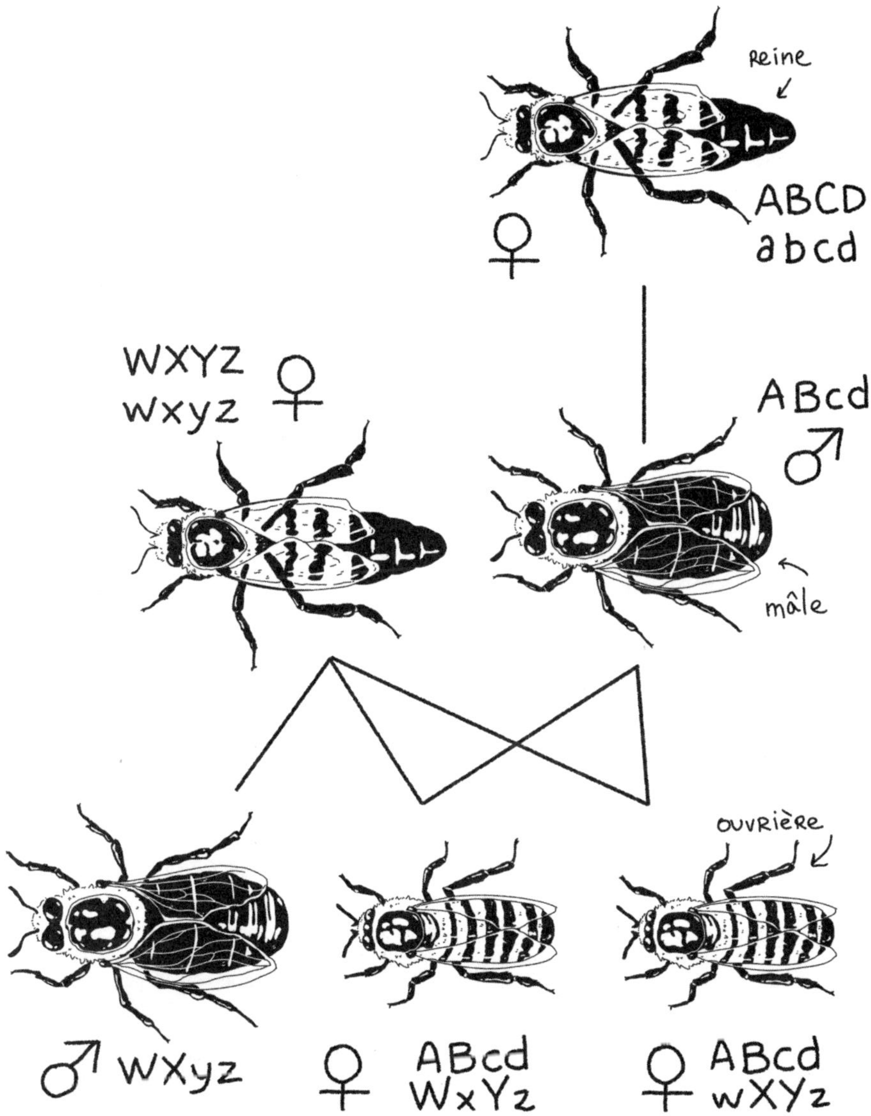

Le système sexuel très particulier d'insectes sociaux fait que les deux ouvrières (en bas, à droite) partagent exactement les mêmes gènes paternels et ont la moitié des gènes maternels en commun.

émerger spontanément, et ce n'est sans doute pas une coïncidence si le système de reproduction si particulier des fourmis, que l'on appelle haplodiploïdie, se retrouve chez d'autres insectes sociaux : guêpes, abeilles, mais aussi les thrips, des petites bestioles qui forment des galles, des excroissances de tiges ou feuilles de plantes dans lesquelles elles vivent en société.

Même s'il ne s'agit pas d'une règle absolue, on peut donc faire une bonne corrélation entre le niveau d'apparentement présent dans une communauté d'organismes donnés et leur capacité à collaborer. Les crevettes *Synalpheus* qui vivent dans des éponges sont tout aussi apparentées que le sont les frères et sœurs, et, chez les rats-taupes, la reproduction est sous le monopole de la reine, qui est donc la génitrice d'une colonie très consanguine. Les travailleurs des tunnels, stériles, sont tous génétiquement très proches.

DES POULES MOUILLÉES ET DES MISSILES

Bien sûr, la biologie est une science qui semble déterminée à résister aux explications simples, et l'apparentement des membres d'une colonie n'est pas le seul facteur qui détermine sa cohésion[1]. Souvenez-vous de

---

1 En fait, il existe même un débat féroce dans la communauté scientifique pour savoir si oui ou non la formule de Hamilton est si pertinente que ça pour expliquer l'eusocialité. On peut résumer très rapidement en distinguant deux camps : d'un côté, Edward O. Wilson et d'autres confrères trouvent que la sélection de parentèle n'est pas nécessaire pour expliquer la coopération observée chez les insectes. Selon eux, il s'agit plutôt d'une sélection qui a lieu à l'échelle du groupe tout entier. Cette idée est très débattue, car la biologie évolutive considère que la sélection s'applique aux individus (ce sont eux qui se reproduisent, ou non, et qui servent de véhicules aux gènes, pas les groupes auxquels ils appartiennent). Dans le camp d'en face… le reste de la communauté scientifique, qui montre à coups de publications que la sélection de parentèle est une hypothèse testable – et testée, avec succès. Le débat a atteint des sommets en 2010 avec la publication successive de plusieurs articles assez vifs sur le sujet. Un mini-drama chez les chercheurs !

la prédiction de Richard Alexander pour les rats-taupes ! Selon lui, les eusociétés devraient davantage émerger lorsque les organismes vivent *dans* leur nourriture, parce que celle-ci est distribuée de façon très hétérogène dans l'environnement. Effectivement, les rats-taupes ont tout intérêt à rester au sein de colonies qui protègent une ressource rare et n'ont que peu de bénéfice à se disperser, car le risque de mourir de faim avant de tomber sur une autre ressource est élevé.

D'autres hypothèses ont été proposées et font intervenir une ribambelle de scénarios qu'il serait vraiment laborieux de détailler ici, mais on peut mentionner une chose importante : il n'est pas obligatoire d'être apparenté pour coopérer, et c'est encore Hamilton qui va essayer de comprendre comment.

Imaginez : vous êtes un adolescent macho des années 1950 qui veut prouver son courage. Vous empruntez la voiture de papounet et lancez un défi à un concurrent : vous allez vous foncer dessus sur une route droite, et le premier qui met un coup de volant pour éviter la collision a perdu[1].

Ce jeu de la « poule mouillée » est en fait une variante du dilemme du prisonnier, dont voici une très rapide description : deux suspects sont arrêtés, et la police essaie d'obtenir leurs aveux. Ils sont placés dans des pièces différentes, et on leur propose à chacun deux options : balancer leur compère ou se taire. Les conséquences sont résumées dans le tableau page suivante.

Si les deux se trahissent mutuellement, chacun prend deux ans de prison. S'ils se taisent tous les deux, ils

---

1 Une version un peu différente figure dans *La Fureur de vivre* (1955). James Dean participe à un jeu où deux voitures roulent vers une falaise, et le premier à sauter de la voiture a perdu. Le héros est plus chanceux que son concurrent, qui se coince la manche dans la poignée de portière et finit dans un feu d'artifice en bas des rochers, mais on peut quand même noter le côté absurde de ce jeu : dans tous les cas, les participants sont sûrs de perdre leur voiture. Soit les bolides de l'époque ne coûtaient rien, soit les participants étaient réellement prêts à payer cher pour montrer leur courage !

A \ B	B se tait	B parle
A se tait	1 année / 1 année	0 année / 3 années
A parle	3 années / 0 année	2 années / 2 années

n'écopent que d'un an de prison. Mais si l'un est trahi sans avoir rien dit, il en prend pour trois ans et son traître de collègue sort. Ce simple scénario est un cas d'école de la théorie des jeux, ce champ des mathématiques qui s'intéresse aux stratégies « rationnelles » que devraient adopter les agents dans différentes situations.

Cette discipline nous apprend par exemple que, dans une situation où les deux personnages ne peuvent pas communiquer, leurs choix rationnels respectifs consisteront à balancer l'autre. Le personnage A devrait se dire que, s'il parle et que l'autre ne parle pas, il sort directement, tandis que s'ils parlent tous les deux, alors il prend deux ans. Dans tous les cas, c'est moins terrible que de se faire trahir et de rester trois ans en cellule ! Bien sûr, la solution optimale serait que chacun ne dise rien, mais comme aucun ne peut être sûr de la bonne foi de l'autre, pour les deux rapetous la stratégie rationnelle sera... la trahison.

On peut ainsi modéliser toutes sortes de situations, que ce soient le jeu des poules mouillées, la crise des missiles de Cuba ou même la guerre froide dans son ensemble : chaque bloc avait le choix d'investir dans l'armement nucléaire ou de dépenser cet argent dans d'autres objectifs plus sympathiques (l'éducation, la santé, inventer de nouvelles recettes avec un max de coriandre dedans[1]). Il aurait mieux valu pour l'humanité qu'aucun d'eux n'accumule des ogives, mais, hélas, il était plus rationnel d'avoir de quoi vitrifier un continent entier, puisque l'alternative de ne pas en avoir, si le concurrent en était muni, était bien, bien pire.

HAMILTON IS BACK IN TOWN

En 1981, près de vingt ans après l'article qui a rendu le premier célèbre, William D. Hamilton et Robert Axelrod publient ensemble un article destiné à être le plus cité

1 Si vous avez une variante du gène *OR6A2* qui vous donne l'impression que cette herbe aromatique à un goût de vomi, sachez que je suis extrêmement désolé pour vous. Ça doit être dur d'avoir tort comme ça.

des sciences politiques : « L'évolution de la coopération »[1]. Ils y explorent les façons de résoudre le dilemme du prisonnier. En d'autres termes, comment faire en sorte que les deux individus ne choisissent pas la solution égoïste sous-optimale pour tout le monde, mais coopèrent ? C'est particulièrement intéressant dans le cas où la situation se répète en boucle, comme parfois dans la nature où des agents peuvent se croiser souvent. Tout un champ d'étude s'intéresse à calculer les stratégies gagnantes dans ces situations, et la conclusion la plus intéressante est bien que deux agents puissent coopérer juste par interactions répétées, avec des règles simples !

Pour tester ses hypothèses, Axelrod a même organisé des tournois de programmes informatiques. Différents chercheurs pouvaient proposer ce qui leur semblait la meilleure stratégie, et ils faisaient ensuite jouer les programmes correspondants les uns contre les autres, avant de comparer l'efficacité de chacune d'entre elles. La grande gagnante est la stratégie d'Anatol Rapoport. Son algorithme est très simple : être sympa au premier tour en coopérant (c'est-à-dire en ne balançant pas son compère aux enquêteurs), puis copier ce qu'a fait le concurrent le tour précédent. S'il n'a pas été sympa, alors il ne faut pas être sympa en retour, et ainsi de suite.

Cette stratégie à peine plus complexe que « l'œil pour œil[2] » a le mérite de faire émerger de la coopération entre agents spontanément au fil des interactions. Bien sûr, d'autres chercheurs ont depuis proposé des variantes avec une forme de « pardon », même lorsque le concurrent n'est pas très sympa, et ont étudié l'émergence de ces stratégies dans tous les domaines où elles

1 Axelrod, R., & Hamilton, W. D. « The evolution of cooperation », *Science*, 211(4 489), 1981, p. 1390-1396.

2 *Tit for tat*, en anglais.

semblaient s'appliquer : les relations internationales, l'économie, la crise écologique ou, évidemment, la biologie. Chez les levures *Saccharomyces cerevisiae*, par exemple, les communautés multicellulaires poussent en forme de flocon de neige. Ce schéma de croissance fait que la prolifération cellulaire - et donc les nouvelles mutations - se produisent aux extrémités des branches. Les cellules aux pointes ont plus de chances d'avoir muté différemment de la colonie, et ainsi de devenir des tricheuses. Il suffira alors aux autres cellules d'arrêter d'y adhérer physiquement pour que celles-ci se séparent et flottent toutes seules... pour former leur propre société.

DE LA TRICHE ET DES CANCERS

Nous n'avons toujours pas une idée parfaitement claire de l'ensemble des règles qui régissent la coopération dans le monde vivant. Pourquoi et comment se maintiennent tous les groupes sociaux ? Les règles qui font émerger une eusociété sont-elles les mêmes que celles qui la font durer dans le temps ? Peut-on calculer mathématiquement les bonnes stratégies pour maximiser la coopération dans des domaines aussi variés que la gestion des ressources naturelles, les changements climatiques ou les conflits économiques ? Autant de sujets de recherche actuels qui devraient livrer des informations intéressantes dans le futur. Mais l'une des applications les plus étonnantes est... l'étude du cancer.

Par définition, une cellule cancéreuse est une cellule qui ne coopère plus avec le reste de l'organisme. Elle échappe à l'injonction de s'autodétruire, l'apoptose, et prolifère sans limite jusqu'à former des tumeurs. Techniquement, une cellule cancéreuse est donc une tricheuse, qui refuse de jouer avec les règles de la vie multicellulaire : la division du labeur et des ressources, la maintenance du corps, puis la mort lorsqu'elle est nécessaire pour le groupe (l'organisme). Contrairement à une idée reçue, le cancer n'a pas été inventé avec la civilisation techno-industrielle : on retrouve des traces de tumeurs dans les os de dinosaures, et de très nombreux animaux souffrent de cancers ! C'est d'ailleurs la présence de ces cellules tricheuses chez des palourdes ou des diables de Tasmanie qui a mené à une petite révolution conceptuelle.

Je m'explique. Chez plusieurs espèces, on sait que certains cancers sont transmissibles. Les diables de Tasmanie (*Sarcophilus harrisii*) sont par exemple très sérieusement menacés[1] par une tumeur faciale qu'ils se transmettent en se mordant au visage. Les cellules cancéreuses passent alors d'un individu à l'autre, exactement comme le ferait un parasite. On a pu remonter jusqu'au premier individu atteint, tout comme on a identifié le patient zéro de certaines affections chez les humains, et ainsi comparer à quel point la cellule avait changé depuis son organisme d'origine. C'était probablement une cellule du cerveau qui a muté et a depuis infecté 80 % de l'espèce.

On a pu observer des cancers contagieux chez d'autres animaux. Les chiens (*Canis lupus*) ont une tumeur transmissible sexuellement qui circule dans l'espèce depuis plus de 8 000 ans, et les palourdes poulettes (*Venerupis pullastra*) souffrent d'une leucémie… qu'elles ont d'ailleurs léguée à une autre espèce, les palourdes jaunes (*Polititapes aureus*) !

Ajoutons à cela le fait que les tumeurs ont leur propre communauté de bactéries avec lesquelles elles cohabitent, qu'elles manipulent des cellules du corps – des

1 L'espèce est d'ailleurs en danger d'extinction, et des îles comme Maria Island ont été aménagées pour constituer des sanctuaires et ainsi protéger les diables qui ne sont pas infectés. Un peu ironiquement, l'introduction de ces animaux sur Maria Island a provoqué la disparition d'une colonie de 3 000 manchots pygmées, qui ont servi de repas aux marsupiaux affamés. Comme quoi la conservation, c'est toujours une histoire de compromis.

fibroblastes – pour qu'elles soutiennent sa propre croissance, et qu'elles induisent la formation de nouveaux vaisseaux sanguins pour l'alimenter en sucres et en oxygène. Bref, *tout se passe comme si* les cellules cancéreuses fonctionnaient exactement comme un organisme indépendant, avec son propre agenda et ses intérêts égoïstes. Fort de cette constatation, un changement de perception de la maladie allait progressivement s'opérer.

BACK TO BASICS

En regardant les gènes qui s'expriment dans les cellules tumorales, des chercheurs ont pu révéler un fait étonnant : ils ont principalement trouvé des gènes extrêmement vieux, associés à notre passé unicellulaire. Les gènes impliqués dans la multicellularité étaient souvent désactivés, libérant la cellule des contraintes de la coopération. En d'autres termes, le cancer peut se voir comme un retour à la vie unicellulaire. Cette révélation est plutôt provocante : imaginez une cellule de *Sapiens* qui retourne à un mode de vie vieux de milliards d'années ! Mais c'est aussi un cadre conceptuel très puissant. Voilà qui explique pourquoi le cancer est omniprésent chez les organismes multicellulaires : il est littéralement apparu avec la multicellularité !

Le premier cancer de l'histoire du vivant devait être une cellule qui ne voulait plus coopérer avec son biofilm. De plus, on comprend aussi pourquoi ils sont parfois infectieux, ou comment les cellules cancéreuses subissent des pressions de sélection et s'adaptent aux traitements. Enfin, cela fournit de quoi imaginer des traitements adaptés : comme le cancer ressemble à un parasite unicellulaire, pourquoi ne pas développer un vaccin contre lui ? C'est en effet un sujet de recherche très intense aujourd'hui, et qui devrait donner rapidement des résultats concrets... enfin, j'espère.

L'évolution de la coopération est un sujet réellement vertigineux : il s'applique à des thèmes allant des conflits internationaux aux colonies de termites, en passant par nos propres cellules. Fondamentalement, nous sommes le fruit de coopérations emboîtées dont les règles sont les mêmes, dont le départ remonte presque aux origines de la vie, et dont il ne semble pas qu'il existe de limites.

Des gènes qui coopèrent ensemble, dans des cellules qui coopèrent ensemble, dans des individus qui coopèrent ensemble, dans des sociétés qui coopèrent ensemble... et ensuite ?

8

L'apparition des premières couleurs

À chaque espèce son œil, et à chaque espèce sa perception des couleurs : il existe de nombreuses façons de voir le monde. Les couleurs sont-elles apparues au cours de l'évolution ?

Les *Warnowiaceae* sont des organismes unicellulaires avec une propriété étonnante : ils possèdent... un œil. Cette affirmation semble surprenante : une seule cellule, avec un ŒIL ? Un organe aussi complexe ? Et pourtant, c'est bien le cas.

Si ces organismes font partie du plancton marin, ils restent assez mal connus – on ne sait pas vraiment de quoi ils se nourrissent, par exemple. Une simple observation au microscope révèle leurs troublantes originalités anatomiques.

Première surprise, ces membres du groupe des Dinoflagellés possèdent ce qu'il faut bien appeler... un piston. Une protubérance oblongue peut en effet sortir de la cellule rapidement et faire près de deux fois sa taille. Locomotion ? Défense ? Sa fonction est encore mystérieuse. Ils sont également équipés de nématocystes, des sortes de harpons que l'organisme éjecte à grande vitesse pour capturer des proies. Certaines espèces mitraillent ainsi une dizaine de nématocystes en même temps !

Mais la particularité anatomique qui fascine le plus consiste en un « ocelloïde » – c'est le fameux « œil ».

Sa découverte remonte au XIXe siècle, lorsque Oscar Hertwig observe et dessine une *Warnowiaceae*, ocelloïde compris. Un débat émerge alors sur l'interprétation de la nature de cette structure : simple artefact ou véritable « organe » ? La question ne sera pas résolue pendant la carrière du brave Oscar, qui s'attacha à répondre à d'autres interrogations fondamentales de la biologie. On lui doit notamment d'avoir compris que la fertilisation se fait par la fusion d'un spermatozoïde et d'un ovule, il est donc tout pardonné.

UN ŒIL HYBRIDE

Aujourd'hui, nous en savons un peu plus sur cet ocelloïde, et… c'est fascinant.

L'équivalent d'un cristallin concentre les rayons lumineux vers ce qui tient lieu de rétine. Ce cristallin change de forme en fonction des conditions de lumière. Le tout est protégé par une sorte de cornée. Les pigments présents sur la rétine sont des protéines sensibles à la lumière, les rhodopsines. Une famille de protéines qui se retrouve dans une large part du vivant, des bactéries jusqu'au primate du genre *Homo* en train de lire ce livre, où elles assurent la vision dans des conditions de basse lumière, fixées sur les bâtonnets de la rétine.

Toutes ces propriétés laissent entendre qu'il s'agit bien d'une structure spécialisée pour pourvoir l'organisme unicellulaire d'une forme de vision. Les chercheurs qui ont tenté de percer les secrets de son évolution ont été encore plus étonnés de découvrir que les différentes parties qui le constituaient – la cornée et la rétine – avaient

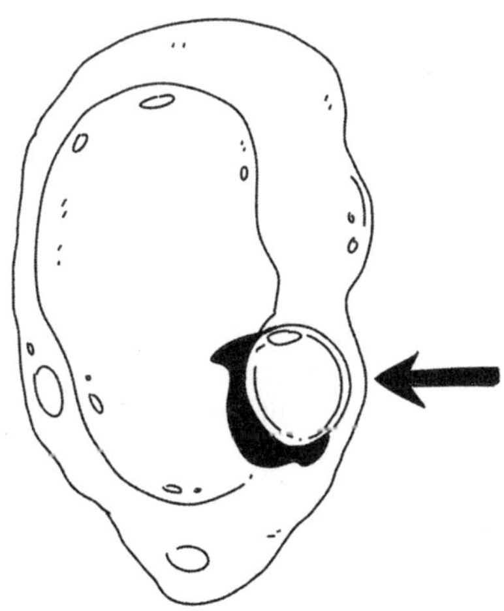

pour origine d'autres organismes appartenant à d'autres espèces, incorporés à l'individu !

La cornée est en effet un agglomérat de mitochondries. Ces structures spécialisées assurent la transformation du sucre en énergie exploitable par la cellule - une sorte de centrale énergétique, si vous préférez[1]. Comme on le détaille dans le chapitre 6, ces organites ont eu une trajectoire évolutive étonnante et étaient à l'origine des bactéries libres. En d'autres termes, la cornée est donc faite d'anciennes bactéries. Quant à la « rétine » des *Warnowiaceae*, elle serait le fruit d'une histoire analogue, mais avec des algues rouges. C'est ainsi que l'ocelloïde combine trois origines différentes : des bactéries pour la cornée, des algues rouges pour la rétine et l'organisme dinoflagellé lui-même pour le cristallin. Je ne sais pas vous, mais je trouve l'histoire de cet œil totalement incroyable : essayez de vous imaginer avec un œil composé de trois espèces différentes !

Il est difficile de se représenter la façon dont cet ocelloïde perçoit le monde, mais ce qui est sûr, c'est qu'elle est très différente de la nôtre. Parce que son histoire évolutive est distincte, sa perception l'est aussi, et il faut se rendre à une évidence : notre vision est une solution parmi tant d'autres, toutes sélectionnées au cours de l'évolution.

L'ÉVOLUTION DES COULEURS

Les objets de notre quotidien possèdent des teintes. Celles-ci s'ajoutent aux informations d'intensité lumineuse qui, si elles sont assez détaillées, nous permettent de voir le contour des objets, mais aussi aux informations de profondeur, qui créent une perception cohérente[2]. Or

1 « Mitochondria is the powerhouse of the cell », comme chacun sait.

2 Si on veut avoir l'air cultivé, on peut parler de « qualias », les unités d'expérience sensible du monde. Mais bon, pas de ça ici, on est entre nous.

chacun de ces éléments demande des innovations évolutives particulières. Par exemple, la sensation de profondeur est le résultat du calcul fait par le cerveau en comparant les différentes visions des deux yeux. Comme cette stéréoscopie nécessite d'avoir plusieurs organes sensibles à la lumière, elle n'existe pas chez les organismes qui n'en ont qu'un.

De la même façon, pour réussir à voir le contour précis des objets, il faut posséder suffisamment de photorécepteurs de sorte qu'une image se forme sur l'organe en question. Un organisme qui n'aurait qu'une cellule capable de détecter les photons ne pourrait percevoir que des variations générales de luminosité, sans y associer une représentation visuelle aussi précise que celle que nous avons de notre environnement. Les couleurs, de la même façon, sont apparues au cours de l'évolution.

L'idée que les couleurs puissent apparaître au cours de l'évolution est assez contre-intuitive. Autant on est prêt à accepter que les organes sexuels puissent changer graduellement au cours du temps (voir chapitre 14), autant on oublie parfois que nos perceptions sont, elles aussi, le fruit d'un long parcours évolutif dont les origines remontent à des centaines de millions d'années. Ce n'est cependant pas une idée partagée par tout le monde.

Les partisans du dessein intelligent, pour lesquels l'évolution existe mais reste dirigée par une force supérieure surnaturelle, fondent souvent leur argumentation sur l'œil. Cet organe est selon eux un exemple de structure dont la complexité irréductible constitue une preuve de l'impossibilité d'une évolution graduelle, par mutation et sélection, des êtres vivants. Le hasard répété des millions de fois ne saurait, selon le même argument, produire quelque chose d'aussi fantastiquement élaboré que notre œil. Et, par extension, il semble impossible que la perception que nous avons du monde, le relief et les couleurs soient dus à un processus aveugle (le jeu de mots était involontaire, mais on le garde).

« UN ORGANE TRÈS PARFAIT ET TRÈS COMPLEXE »

Et pourtant.

L'évolution de la vision est un sujet plutôt actif en biologie. On peut d'ailleurs en retracer les débuts avec Charles Darwin lui-même [1]. Voici donc une citation tirée de *L'Origine des espèces*, parue pour la première fois en 1859 :

« Il semble absurde au possible, je le reconnais, de supposer que la sélection naturelle ait pu former l'œil avec toutes les inimitables dispositions qui permettent d'ajuster le foyer à diverses distances, d'admettre une quantité variable de lumière et de corriger les aberrations sphériques et chromatiques. [...] La raison nous dit que si, comme cela est certainement le cas, on peut démontrer qu'il existe de nombreuses gradations entre un œil simple et imparfait et un œil complexe et parfait, chacune de ces gradations étant avantageuse à l'être qui la possède [...] la difficulté [...], bien qu'insurmontable pour notre imagination, n'attaque en rien notre théorie. »

Avec 150 ans d'avance, cette phrase et le paragraphe qui la contient répondent point par point aux tenants du dessein intelligent. Depuis, les chercheurs se sont évertués à mieux comprendre les détails de l'évolution de ces traits biologiques, si bien qu'aujourd'hui, ils sont parvenus à dresser une histoire de l'évolution de la vision. Ils ont si bien bossé qu'en définitive, le caractère irréductible de la complexité du vivant est devenu une mesure de l'ignorance de créationnistes plutôt qu'une hypothèse plausible !

---

1 Invoquer cette figure paternelle à chaque fois que l'intuition du grand homme s'est vérifiée est devenu une sorte de passage obligé chez les biologistes, un rite qui soude la communauté des gens qui étudient ou qui communiquent sur l'évolution, et je ne peux pas faire exception à la règle.

UN MONDE D'YEUX ÉTRANGES

À leur décharge, il faut dire que la diversité des façons de percevoir la lumière dans le monde vivant est parfaitement hallucinante. Jugez par vous-même : des poissons du genre *Anableps* possèdent des yeux divisés chacun en deux parties, ce qui leur permet de nager à la surface et de voir aussi bien sous l'eau qu'en l'air... en donnant l'impression qu'ils ont quatre yeux !

Chez les chitons, des mollusques marins qui vivent généralement accrochés aux rochers à faible profondeur, la coquille est recouverte de centaines d'yeux rudimentaires. Chacun est plus d'un millier de fois moins précis que notre œil, mais, ensemble, ils remplissent leur rôle : partout présents sur le corps de l'animal, ils l'informent des objets en approche... les prédateurs, par exemple. Leur particularité est que la lentille (l'équivalent du cristallin, qui sert à faire converger les rayons lumineux sur la rétine) est constituée d'aragonite, un cristal de calcium. Pour le dire autrement, ils ont des

yeux en pierre. Une conséquence est que leurs yeux... s'érodent. Les chitons doivent donc refabriquer des yeux tout le long de leur vie pour continuer à voir !

Prenez les yeux du calmar géant (*Architeuthis dux*) : ce sont les plus grands du monde, ils atteignent facilement 25 cm de diamètre, plus qu'une tête d'humain ! Cette taille gigantesque permet de laisser entrer davantage de lumière, mais, contrairement à une idée reçue, ce n'est probablement pas pour faciliter la détection de leurs proies. De fait, les calmars géants ont un problème : ils sont l'apéro préféré des cachalots, qui les repèrent grâce à leur écholocation très efficace. Dans cette course à l'armement biologique, l'évolution a fait émerger une solution : un œil géant, susceptible de détecter les flashs lumineux des organismes bioluminescents, ceux-là mêmes qui sont déclenchés par le passage d'un cachalot ! Les simulations d'une équipe de chercheurs suédois montrent que le passage de ce cétacé à travers un nuage de plancton bioluminescent pourrait de fait être détecté par le calmar... qui aurait ainsi le temps de s'enfuir.

TOUJOURS PLUS

L'anatomie des yeux autorise une grande diversité de perceptions. Il existe des yeux qui se rétractent à l'intérieur de la tête pour les protéger (chez la grande raie-guitare, *Rhynchobatus djiddensis*) ; des pupilles verticales qui assurent une excellente estimation de la distance d'une proie, en rendant le fond très flou, ce qui explique sa présence chez les prédateurs à l'affût (notre chat domestique, *Felis catus*) ; d'autres pupilles en forme de W qui diffractent la lumière à l'intérieur du globe oculaire, ce qui permet aux seiches de discriminer les couleurs alors même qu'elles ne sont pas dotées de cônes dédiés à cette tâche, etc.

Dès que l'on s'éloigne des vertébrés, les choses deviennent incroyablement exotiques. Il faut évidemment mentionner les yeux composés des arthropodes. Constitués de nombreuses unités imbriquées, ils leur garantissent une assez mauvaise résolution, mais un champ visuel gargantuesque.

Chez les *Copilia*, des petits crustacés marins (page suivante), l'œil est constitué de deux lentilles qui sont alignées comme dans une lunette astronomique, celle que Galilée braqua vers le cosmos en 1609. L'animal fait la mise au point en déplaçant la plus petite des deux, et celle-ci se déplace très rapidement et de façon saccadée pour former une image de l'environnement. Selon les quelques biologistes qui ont travaillé sur cet organisme, l'image de l'environnement se forme par balayage, de la même façon que les écrans des vieilles télévisions[1]. La lentille interne se déplace un peu à gauche et dévoile ce qu'il y a à droite de l'animal, puis se redéplace à gauche et découvre un peu mieux ce qu'il y a à droite… pour finir par former une image cohérente de l'ensemble. Difficile de se représenter ce à quoi ressemble son univers visuel interne[2] !

D'autres animaux comme les coquilles Saint-Jacques possèdent plus de 200 petits yeux, au fond desquels se trouvent des miroirs ! Ces surfaces réfléchissantes sont de petits cristaux de β-guanine disposés en tuile, là où l'on s'attendrait à trouver une rétine photoréceptrice. L'intérêt ? Lorsque la lumière entre dans l'œil, ces cristaux

1 Sur les vieilles TV cathodiques, l'image est fabriquée par un faisceau qui parcourt l'écran de haut en bas et de gauche à droite. Comme cela va très vite, on ne voit pas la formation des milliers de lignes qui composent une image, renouvelée tous les 1/60e de seconde.

2 Un artiste, Peter Campus, a tenté de représenter l'expérience dans son court-métrage *Double Vision* (1971). C'est… particulier.

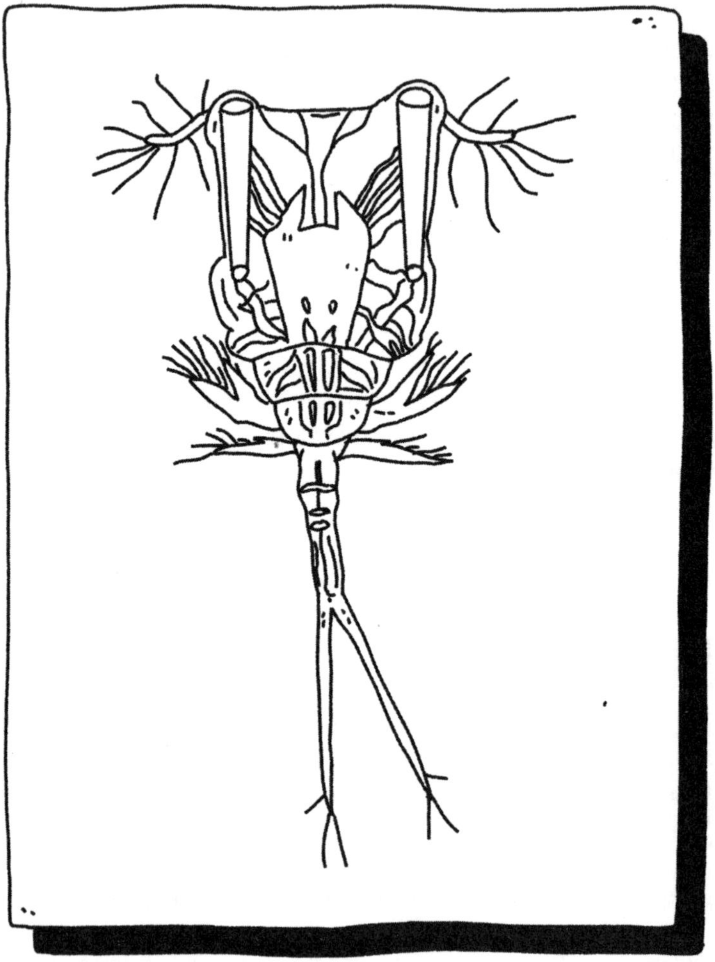

la reflètent et la concentrent sur une rétine composée de deux parties. Techniquement, le pavage de miroirs de nos télescopes relève de la même logique.

Enfin, plusieurs yeux différents peuvent coexister sur le même animal. Chez les limules, par exemple, deux yeux composés de part et d'autre de la carapace sont complétés par une multitude d'yeux plus rudimentaires tout autour et en dessous de l'animal. Et, chez les cuboméduses, trois types d'yeux coexistent sur un même individu, où ils sont concentrés dans des zones nommées les rhopalies. Il y a 4 rhopalies par méduse, 6 yeux par rhopalie, ce qui fait un total de 24 yeux de trois types différents pour un seul individu !

Là où les choses deviennent particulièrement fascinantes, c'est lorsque l'on essaie de comprendre comment cette diversité est apparue. Autorisons-nous un petit moment d'anthropocentrisme : comment en est-on arrivé à l'œil qui vous permet de lire ces lignes ?

TUTO CRÉATION D'ŒIL D'HUMAIN

Comme l'a joliment formulé un best-seller pas tout récent, « Au commencement, [...] la Terre était informe et vide, les ténèbres étaient au-dessus de l'abîme. » Les premiers organismes ne possédaient de fait aucun attribut qui leur permette de ressentir la lumière et de se diriger par rapport à elle. C'est alors que, chez ces ancêtres unicellulaires, des protéines sensibles à la lumière se sont regroupées dans une tache oculaire. L'activation des protéines photosensibles déclenchait une cascade de réactions chimiques qui aboutissait à l'activation d'un flagelle, lequel faisait avancer la cellule.

Une variante est ensuite apparue, avec l'addition de pigments à cette tache réceptrice. Ces pigments opaques ont pour fonction de masquer la lumière issue d'une direction donnée. Grâce à ce cache, l'organisme est capable de connaître la direction des rayons. Des algues comme les euglènes ou les *Chlamydomonas* mobilisent cette tache pour se diriger vers la source lumineuse, avec pour résultat une photosynthèse plus efficace.

Une légère modification de la tache oculaire apparaît chez certains organismes comme les vers plats, où elle devient alors concave. Les photorécepteurs tapissent un creux en forme de vasque, ce qui améliore encore leur capacité à détecter la direction d'incidence de la lumière. Malgré ce progrès, il est difficile de dire si ces organismes « voient » ou non. Les photorécepteurs ne transmettent pas de sensation de forme, de couleur ou de volume, mais juste une intensité lumineuse générale, dans une direction donnée... qui reste assez imprécise. Cette façon de ressentir la lumière est apparue indépendamment dans plusieurs dizaines de groupes d'organismes au cours de l'évolution. Elle constituera l'ébauche d'une vision qui se complexifiera de multiples façons dans les millions d'années suivant son apparition.

La tache oculaire va continuer à se creuser dans plusieurs branches du vivant, ce qui s'observe aujourd'hui chez les nautiles, notamment. Ces mollusques marins ont un œil qui n'est rien d'autre qu'une tache oculaire si concave qu'elle est devenue une cavité dans l'organisme. Cet œil fonctionne comme une chambre noire : la lumière passe par un trou très petit, ce qui crée une image renversée à l'intérieur de la cavité. Ce sténopé[1] biologique est lui aussi apparu de nombreuses fois indépendantes, ce qui se comprend intuitivement : il

1 Le sténopé, du grec « petit trou », est un appareil photo qui utilise le principe de la chambre noire. En très simple : lorsque l'on ne laisse passer la lumière que par un petit trou percé dans une boîte sombre, une image se forme sur la paroi opposée au trou. Ce dispositif est connu depuis au moins 2 500 ans et a servi à de nombreux artistes au cours de l'histoire, dont Vinci ou Vermeer, mais a également été utilisé comme métaphore par des philosophes comme Descartes ou Locke.

« suffit » de rendre de plus en plus concave la partie du corps qui porte les photorécepteurs. Chaque étape intermédiaire est sélectionnée positivement, car l'individu qui la porte est davantage armé pour discerner la direction de la lumière.

Reste à passer à un œil tel que le nôtre… ce qui prend bien quelques étapes. D'abord, il s'agit d'ajouter un liquide à l'intérieur de l'œil, le vitré. Cela diminue notamment le risque d'infections au sein de la chambre noire, en rendant cette cavité stérile. On comprend assez facilement à quel point cette étape évolutive est cruciale ! Enfin, l'apparition d'une lentille pour concentrer les rayons lumineux, le cristallin, se fait en spécialisant des cellules de l'épiderme qui servait précédemment à protéger l'entrée de la cavité. Là aussi, chaque étape améliore la résolution, la capacité à voir hors de l'eau, etc. Toutes ces étapes qui conduisent à un œil comme celui des vertébrés ont été accomplies relativement rapidement, à l'échelle de l'histoire des organismes multicellulaires.

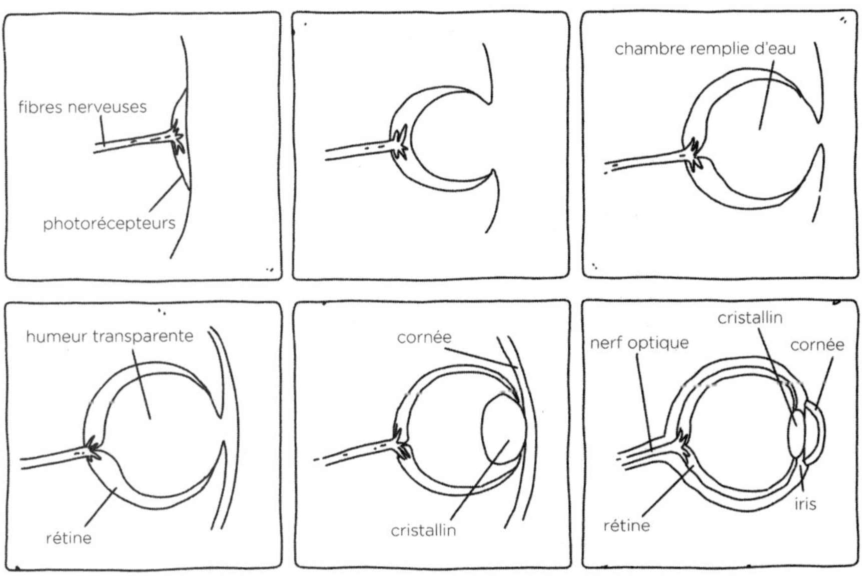

Précisons : notre ancêtre commun avec les lamproies, qui vivait il y a environ 500 millions d'années, avait déjà un œil à l'image du nôtre. Son époque est marquée par l'apparition soudaine d'une diversité morphologique sans précédent : l'explosion cambrienne. C'est à cette occasion que les vertébrés, comme de nombreux autres groupes, sont apparus. Leurs yeux ont acquis de nombreuses propriétés importantes, qui persisteront. Bref, le cristallin, la cornée, mais également les cellules réceptrices ont été développés il y a un demi-milliard d'années.

Comprendre l'évolution desdites cellules photoréceptrices, les cônes et bâtonnets, est d'ailleurs essentiel pour répondre à notre question de départ : pourquoi voit-on en couleurs ?

DES CÔNES ET DE LA SIGNALISATION

Première chose : la longue lignée d'organismes qui nous relie à nos très lointains ancêtres révèle l'absurdité de l'idée selon laquelle l'évolution améliore ou complexifie nécessairement les organismes. Eh oui, nous avons non pas gagné, mais perdu des cônes depuis le Cambrien ! Nos ancêtres vertébrés étaient dotés de quatre cellules photoréceptrices – ils étaient tétrachromates – dont les pics de sensibilité se trouvaient respectivement dans les ultraviolets (qui nous sont aujourd'hui inaccessibles[1]), le violet (cône S), le vert (cône M) et le jaune

1 Il y a en fait quelques astuces pour pouvoir « voir » au-delà du spectre visible, en particulier dans l'ultraviolet. La première est de subir une aphakie, une ablation du cristallin. Celui-ci filtre les ultraviolets en temps normal, et son absence teinte le monde en bleu chez les personnes concernées. Parmi elles figurait le peintre Claude Monet, et on peut voir le progressif bleuissement des *Nymphéas* vers la fin de sa vie. En cause, les vibrations des ultraviolets, interprétées par les cônes comme du bleu-violet ! Une seconde astuce consiste à porter un T-shirt blanc fraîchement lavé par beau temps. Les lessives contiennent souvent un agent azurant qui absorbe les ultraviolets et les restitue dans le spectre visible. Cette astuce chimique permet de donner l'impression que le T-shirt est plus blanc que blanc. Mais, techniquement, cette luminosité éclatante vient des ultraviolets.

(cône L). Difficile d'inférer précisément ce qu'ils percevaient, mais de toute évidence la gamme des couleurs qu'ils voyaient était plus étendue que la nôtre. En effet, si les oiseaux et reptiles possèdent toujours ces cellules (pour les intimes, SWS1, SWS2, Rh2 et LWS), les premiers mammifères en ont perdu deux. Ces derniers, des animaux qui évitaient les dinosaures en vivant la nuit, ne subissaient aucune pression de sélection pour percevoir des couleurs absentes la nuit. Ils ont fini par ne porter que deux cônes, sensibles dans les violets et dans les vert-jaune. C'est cet héritage qui explique que les mammifères sont aujourd'hui dichromates dans leur grande majorité… et donc daltoniens[1] !

Enfin, il y a 35 millions d'années, certaines espèces de primates ont vu apparaître un nouveau cône sensible aux longueurs d'onde autour du vert. Leurs descendants, dont nous faisons partie, sont donc trichromates. La pression de sélection à l'origine de la persistance de ce nouveau cône est encore méconnue, mais il y a de bonnes chances pour que cela soit lié à la recherche de nourriture en forêt. Dans un habitat aussi vert, il est très précieux de disposer d'un cône supplémentaire pour détecter les fruits mûrs ou les feuilles les plus tendres. Le cône pourrait aussi être lié à de la sélection sexuelle, vu que beaucoup de primates ont des afflux sanguins bien rouges qui signalent leur disponibilité sexuelle ou leurs émotions.

Et voilà, félicitations, après quelques centaines de millions d'années d'évolution, vous avez obtenu un œil d'*Homo sapiens*. Quatre cônes, puis deux, puis trois, notre monde coloré est donc une histoire de pertes et de gains. Nous n'avons pas l'œil le plus performant, il ne

1 Pour être précis, la plupart des mammifères sont même atteints de protanopie. Cela dit, nous sommes également daltoniens du point de vue des oiseaux, voire très gravement atteints pour une crevette mante, donc on va éviter de trop se la péter, hein.

perçoit qu'une fraction de ce que d'autres espèces voient, mais c'est le nôtre, et il est le résultat d'un long parcours chaotique, façonné par les pressions de sélection qu'ont subies nos ancêtres.

IMAGINER LA VISION D'UNE PLANTE

Nous ne sommes très clairement pas correctement équipés pour comprendre intuitivement l'expérience visuelle des autres organismes de la planète. S'il est possible de simuler ce à quoi ressemble une vision dichromate (ou daltonienne) en réduisant le nombre de couleurs d'une image, ou d'imaginer à quoi ressemble une vision créée par un œil plus rudimentaire que le nôtre en dégradant et floutant une image prise avec un appareil photo, il est plus compliqué de visualiser ce qu'une crevette-mante et ses 16 cônes ressent, ou ce qu'un *Copilia* aperçoit avec ses yeux façon lunette astronomique[1].

Tous ces exemples ne concernent d'ailleurs que le monde animal, mais des études récentes montrent que des modalités de vision des formes et des couleurs pourraient exister chez les plantes également. La liane *Boquilla trifoliolata* est ainsi capable de mimétisme : tout en s'appuyant sur les branches d'autres espèces, ses feuilles tendent à arborer l'apparence de celles du support – couleurs, forme et orientation, mais aussi taille des pétioles qui relient les feuilles aux tiges, etc. Des chercheurs étudient les mécanismes qui président à cet exploit. Ils semblent reliés à la présence de petites structures sensibles à la lumière, des ocelles, dont nous avons

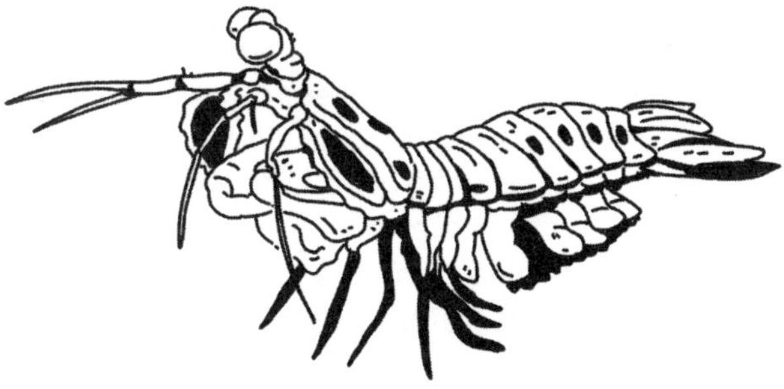

LA CREVETTE-MANTE

1 Une question philosophique importante est tapie dans cette phrase : comment réellement savoir ce que ressent un autre organisme ? Dans l'article « What is it like to be a bat ? », le philosophe Thomas Nagel estime que cette perception nous sera à jamais inaccessible. D'autres chercheurs comme Daniel C. Dennett ont vigoureusement nié le caractère insoluble de cette expérience, et ce débat qui traite de la nature de la conscience continue encore aujourd'hui.

encore beaucoup à apprendre. De façon générale, les travaux en cours sur la façon dont les plantes perçoivent le monde pourraient bien chambouler de nombreuses idées reçues.

Bref, la façon dont le monde vivant perçoit les couleurs et les formes présente une diversité extraordinaire... dont une bonne partie échappe à notre intuition. Les ultraviolets, les infrarouges ou encore la polarisation des ondes lumineuses sont des informations visuelles auxquelles nous n'avons pas accès. Les couleurs par lesquelles le monde est perçu sont en perpétuelle évolution depuis plusieurs centaines de millions d'années, et on peut affirmer sans trop prendre de risques qu'à l'échelle des temps géologiques, notre planète a été et sera vue dans d'innombrables couleurs !

L'APPARITION DES COULEURS DANS L'ÉVOLUTION

Comment sont apparues les couleurs, alors ? Eh bien... avec les cônes, pardi. C'est l'évolution qui, en faisant apparaître ces photorécepteurs, a inventé la couleur. Voilà qui semble surprenant : après tout, on nous répète depuis le collège au moins que la couleur est une histoire de longueur d'onde/fréquence. Le message est généralement celui-ci : la lumière vibre à différentes fréquences, les plus élevées sont associées à des couleurs bleues/violettes et les plus basses à des couleurs rouges.

Voilà, une affaire de physique, donc, et notre œil est simplement un capteur perfectionné qui mesure cette fréquence et la traduit avec un code couleur, qui correspond au spectre que l'on voit lorsque l'on observe un arc-en-ciel. Les couleurs seraient donc en dehors de nous, et, tels les habitants de la caverne de Platon, nous n'en percevons qu'une gamme réduite.

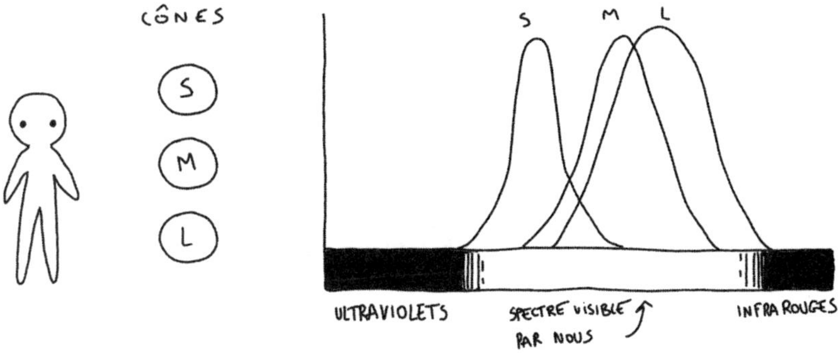

Sauf que… ce n'est pas du tout comme ça que les couleurs sont perçues ! Chez nous, une couleur est une information qui est obtenue en comparant les signaux envoyés par les différents photorécepteurs, les cônes. Pour schématiser, si mon cône sensible dans les grandes longueurs d'onde est excité avec la même intensité que mon cône sensible aux longueurs d'onde moyennes, alors l'image que j'obtiendrai sera de la couleur correspondant à la longueur d'onde intermédiaire entre les deux cônes [1].

1 Dans cette situation, ça donnerait sans doute quelque chose comme du jaune.

Autrement dit, un cône seul n'offre aucune information de couleur à lui tout seul : il faut au moins deux types de cônes pour que la couleur émerge. Et cette couleur est une convention décidée par le cerveau lorsque ces deux cônes précis sont activés. Fort de ce constat, on estime que la couleur est apparue dès lors que les organismes ont développé plus d'un photorécepteur et qu'ils ont pu mener à bien cet exercice de comparaison des signaux... donc bien avant l'explosion cambrienne ! Notre planète est donc colorée depuis plus d'un demi-milliard d'années, et ce, grâce aux cônes[1].

LA VÉRITÉ SE TROUVE DANS LES ILLUSIONS

Une façon de se convaincre que les couleurs sont une invention et non pas réellement une propriété de la nature est de piéger le cerveau lorsqu'il crée des couleurs qui ne correspondent à aucune longueur d'onde. Le blanc, par exemple, est l'image mentale qui apparaît quand tous les cônes sont stimulés en même temps, et le noir lorsqu'aucun ne l'est. D'ailleurs, l'intensité de ce noir dépend du contraste avec ce qui l'entoure. Une tache noire au milieu du blanc paraîtra paradoxalement bien plus sombre que le noir que vous pourrez observer en fermant vos yeux, ou bien en étant dans une pièce sombre. D'autant que le véritable noir est impossible à

---

1 Les processus qui mènent à la vision en couleur sont en fait un peu plus complexes que juste une moyenne entre les informations des cônes. Proposée dès la fin du XIXe siècle par le physiologiste Ewald Hering, la théorie de l'opposition des couleurs postule que certaines couleurs sont antinomiques et qu'on ne peut pas les percevoir en même temps. Par exemple, on peut voir un vert jaunâtre, mais on ne peut pas voir un bleu jaunâtre : le bleu et le jaune sont opposés. En pratique, les deux explications sont complémentaires. La comparaison de l'information des cônes décrit bien ce qu'il se passe lors de la formation du signal par les cellules photoréceptrices, tandis que la théorie de l'opposition des couleurs représente ce qu'il se passe au niveau du traitement de ce signal par les neurones.

percevoir : au mieux, on peut visualiser de l'*Eigengrau* ou « gris intrinsèque », un gris profond bruité par l'activité biochimique qui a lieu sur la rétine. À cause de ce fond diffus physiologique, il est impossible de voir le fond de l'abîme, le noir ultime.

D'ailleurs, le marron et le rose n'existent pas plus, au sens physique du terme : ils sont introuvables sur le spectre de la lumière visible ! Le marron est ni plus ni moins qu'un orange entouré de couleurs claires. Pour vous en convaincre, entourez une tache orange d'une généreuse bordure noire sur un logiciel de traitement d'image. Sans modifier la couleur de la tache, éclaircissez la bordure : magique, elle devient brune ! Votre cerveau, avec la même longueur d'onde venant de la tache, réinterprète la couleur et change votre perception.

Mais l'exemple le plus flagrant du tour de passe-passe à l'origine des couleurs est le rose, ou magenta. Comme les exemples précédents, cette couleur n'a pas sa longueur d'onde à elle. Le magenta est en fait le code couleur qui correspond à une situation originale : lorsque le cône L (jaune) et le cône S (violet) sont stimulés, mais pas le cône M (vert).

Rappelez-vous, la perception des couleurs est en fait un calcul de moyenne entre les activations des différents cônes. Normalement, la couleur qui ressort de cette comparaison serait donc le « vert », sauf que les cônes correspondant à cette longueur d'onde (cônes M) ne sont pas excités ! Dans cette situation, le cerveau fait alors apparaître une nouvelle couleur : le magenta, ou rose. On dit du rose, du brun ou du noir que ce sont des couleurs non spectrales, car ces sensations n'ont pas de longueur d'onde à elles. Ce sont de purs produits de notre cerveau.

LES COULEURS EXISTENT-ELLES EN DEHORS DE MOI ?

Concluons ce chapitre par une question encore plus provocante : et si aucune couleur n'existait réellement, même celles qui sont associées à une longueur d'onde ?

Dans son traité *Opticks*, publié il y a plus de 300 ans, Isaac Newton jetait les bases du domaine de l'étude de la lumière. Il écrivait : « les rayons, pour être juste, ne sont pas colorés ». Les photons ne sont pas jaunes, verts ou rouges en eux-mêmes. Ils ont un spin, une énergie, leur oscillation présente une certaine longueur d'onde, mais, pour la couleur, c'est dans notre tête que ça se passe. Le rouge n'a pas un statut de réalité plus élevé que le rose : les deux sont des conventions inventées par tout un système, qui essaie de rendre cohérente l'information envoyée par des cellules figurant sur la rétine.

Les philosophes s'intéressent aux couleurs depuis longtemps, parce que, dans le grand problème du rapport entre sensations et réalités, le spectre visible a l'avantage d'être sur un axe assez défini, et plus facilement communicable que le toucher ou le goût. Les réponses apportées en enquêtant sur la nature des couleurs peuvent se transposer très facilement aux questions sur la nature des perceptions et de la « réalité » de notre expérience sensible. Le monde que mes yeux perçoivent est-il réalité ou fiction ? Le monde réel existe-t-il tout simplement en dehors de moi ?

Voilà le moment où l'on quitte le territoire de la biologie pour glisser vers celui de la philosophie, et les positions y sont très variées : réalisme, subjectivisme, illusionnisme, adverbialisme... les écoles ne manquent pas. Mon vert est-il le même que le vôtre ? Est-ce que la feuille est verte même s'il n'y a personne pour la voir ? Y a-t-il un vrai « vert » qui existe au-delà de moi ?

Toutes ces questions trouvent des réponses différentes en fonction des grilles de lecture philosophiques. C'est que les couleurs sont une très jolie façon de se poser des questions sur la nature de la réalité... Si une telle chose existe ! Et je voudrais conclure ce chapitre par une petite expérience de pensée utile pour y réfléchir, initialement formulée par Ludwig Wittgenstein : celle du scarabée dans la boîte.

COMME UN SCARABÉE DANS SA BOÎTE

Supposons que vous soyez dans une pièce avec quelques autres personnes. Chacune a une boîte dont elle, et elle seule, est autorisée à voir le contenu. Vous ne pouvez pas regarder dans les boîtes des autres, et vice versa. Les uns et les autres, vous déclarez que ce que vous avez dans vos boîtes respectives est un « scarabée », et vous convenez qu'on ne peut savoir ce qu'est un scarabée qu'en regardant directement un scarabée... donc en regardant dans sa propre boîte, vu que c'est la seule à laquelle chacun a accès.

Dans ces conditions, vous ne pouvez pas être sûrs que ce que vous appelez scarabée est bien la même chose. Si ça se trouve, leur boîte est vide, ou il y a dedans ce que vous appelez un DVD de *Shrek 5*, mais qu'eux appellent scarabée. Impossible de toute façon d'en avoir un jour le cœur net, puisque vous ne pouvez pas regarder dans leur boîte. Le scarabée est comme notre expérience personnelle du monde, notre sensation des différentes couleurs, par exemple. Celles-ci sont fondamentalement privées, enfermées à l'intérieur de nous, et, pour les décrire, nous avons besoin de faire référence à d'autres sensations. Cette couleur est plus rose que celle-ci, ou a le même jaune que cela... mais rose et jaune font eux-mêmes partie de la boîte inaccessible aux autres.

Pour Wittgenstein, tout ce qu'il est envisageable de faire, c'est parler des choses communes entre nous, que l'on peut partager - bref, le langage ne fait pas référence à des sensations privées qui, de toute façon, le resteront. Quelqu'un pourrait par exemple avoir le spectre des couleurs inversé[1] et ne jamais s'en rendre compte, parce que la seule chose dont nous discuterons sera la relation entre les différentes couleurs, mais pas ce qu'est l'expérience subjective d'un rose, par exemple.

Bref, vous ne verrez jamais dans ma boîte et je ne verrai jamais ce qu'il y a dans la vôtre. Cette expérience de pensée a le mérite de montrer que l'on peut tenter de définir le mieux possible les couleurs, leur fonctionnement biologique, et ainsi de suite, celles-ci seront à tout jamais enfermées dans les boîtes de chacun d'entre nous. Même si nous en parlons de la même façon, nous n'aurons jamais aucun moyen d'être sûrs que nous les voyons de la même façon.

Il existe certes une incroyable variété de perceptions dans le monde vivant, façonnées par des milliards d'années d'évolution. Mais là, maintenant, tout de suite, personne ne pourra jamais vivre la façon dont vous voyez le spectre visible. Cette expérience vous est unique, et elle est peut-être différente pour chacun d'entre nous.

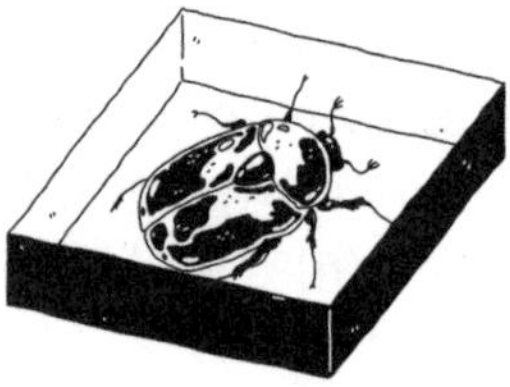

1 L'expérience de pensée du spectre inversé vient de John Locke.

9

L'infinie variation des choses qui nous tueront

On tombe malade, des pandémies apparaissent, et l'évolution engendre en permanence de nouveaux pathogènes. Comprendre comment tout cela fonctionne nous permettra de mieux y faire face.

L'Australie est un pays qui n'a jamais gagné de guerre contre ses animaux. En 1932, des milliers d'émeus - ces gigantesques oiseaux incapables de voler - causent des dégâts si importants dans les cultures de l'ouest du pays qu'un régiment d'artillerie est déployé sur place pour venir à bout de la menace ornithologique. Deux mitrailleuses ne régleront pas leur sort aux volatiles bipèdes, qui auront, selon des médias taquins, gagné la désormais célèbre « guerre des émeus »... Imaginer des vétérans de la Première Guerre mondiale battre en retraite contre des oiseaux, après un bon mois à combattre sous un soleil de plomb, peut faire sourire. Ce n'était pourtant qu'un épisode plutôt drôle dans un pays où la cohabitation avec la nature est souvent agitée !

Un chapitre de cette coexistence est d'ailleurs en cours d'écriture, et pour l'instant les humains ne sont toujours pas du côté des vainqueurs, humiliés par des... lapins. Depuis plus d'un siècle, ils se sont révélés un adversaire de taille pour les habitants des antipodes.

Reprenons l'histoire au début, car non seulement elle pourrait bien être cruciale pour comprendre notre relation future aux maladies émergentes, mais elle va aussi nous permettre de saisir pourquoi il n'y aura jamais de « dernière épidémie ».

Et, en plus, c'est une anecdote très cocasse.

Tout commence par l'introduction des lapins (*Oryctolagus cuniculus*) sur le continent australien, dès l'arrivée de la *First Fleet* anglaise, qui y établit une colonie pénitentiaire en 1788. D'abord élevés dans des cages et des petites exploitations, ils finissent par être volontairement lâchés dans la nature afin de servir de gibier pour la chasse.

En 1859, l'année de la parution de *L'Origine des espèces* par un certain Charles D., une dizaine de lapins sont ainsi libérés dans la région de Victoria par Thomas

Austin[1], et c'est un immense succès : ces sympathiques lagomorphes se reproduisent, eh bien, comme des lapins, et leur population explose dans ce qui a été l'une des invasions biologiques les plus impressionnantes de l'histoire. Chaque femelle se reproduit jusqu'à 4 fois par an, et met au monde 2 à 5 bébés à chaque fois !

À ma connaissance, aucun mammifère n'a eu une telle croissance démographique en si peu de temps : une décennie plus tard, ils sont présents dans une bonne partie de l'Australie du Sud, et même l'abattage annuel d'un million d'entre eux ne semble pas vraiment égratigner leur nombre. En fait, s'il est difficile d'avoir une idée précise de leur population, les estimations vont de plusieurs centaines de millions à quelques milliards, et les dégâts qu'ils provoquent sont à la mesure de leur nombre.

Leurs petites bouches affamées dévorent littéralement les écosystèmes dans lesquels ils s'installent, et ce

1 Ce brave homme s'est surtout illustré par une citation incroyablement ironique. Il aurait dit, à propos des lapins : « Quelques lapins ne peuvent pas faire de mal et pourraient apporter une touche qui évoque la maison, en plus de créer un endroit pour chasser. »

surpâturage (la surexploitation des ressources végétales) mène à la disparition d'autres espèces qui dépendaient des mêmes ressources. Pire : leurs incisives acérées détruisent les racines qui tiennent le sol et accélèrent l'érosion du paysage. En ravageant les champs, ils s'attirent la colère des agriculteurs ; les autorités décident d'agir et se lancent alors dans une guerre contre ces minuscules et mignons cavaliers de l'Apocalypse. Des campagnes de chasse sont menées (notamment avec des furets), des terriers sont empoisonnés, et de gigantesques clôtures sont construites. Plus de 3 000 km de barrières anti-lapins sont ainsi érigées en Australie occidentale – ce qui était à l'époque la plus longue clôture sur Terre, mais le coût démesuré de l'entreprise et son efficacité toute relative ont fait les choux gras de la presse.

Il faut se résigner, les lapins ont gagné la guerre, on ne peut pas lutter contre des centaines de millions de calamités affamées qui passent leur temps à se multiplier...

L'EMPIRE CONTRE-ATTAQUE

Le génie australien n'abandonne toutefois pas la lutte et, en 1950, une autre piste est envisagée : introduire le virus *Myxoma* dans la population sauvage, afin qu'il y provoque la myxomatose, une maladie létale qui ne touche que les lapins. Et ainsi commença une des plus grandes expériences d'évolution du XXe siècle, une superbe illustration de la sélection naturelle à l'œuvre, au grand déplaisir des autorités australiennes, qui n'avaient pas vu la mutation venir.

Avance rapide. Très rapide. Encore un peu. Voilà, stop : nous sommes en 2020, et le virus SARS-CoV-2 enferme chez eux plus de la moitié des humains sur Terre. En avril de cette année, 90 pays demandent à leurs citoyens de se confiner et d'appliquer des mesures de distanciation sociale. Malgré tout, un an plus tard, en avril 2021, 3 millions de personnes sont mortes des symptômes de la maladie que le virus provoque, la fameuse COVID-19. Et, dès les premiers mois de la pandémie, de nouvelles versions du virus apparaissent : les variants.

L'histoire de ces variants et celle des lapins sont très intimement liées : elles représentent deux applications concrètes du même processus. Pour comprendre pourquoi, laissez-moi finir de vous raconter la débâcle de la tentative de contrôle de la population des bondissantes calamités australiennes.

L'introduction du *Myxoma* fait un carnage chez les lapinous. On estime que 99,8 % des lapins infectés sont morts, ce qui réduit de façon conséquente les effectifs de l'envahisseur. *Good on ya !*[1] durent se dirent les gestionnaires locaux de l'environnement face à un tel succès. Adieu, clôtures, poisons et autres pièges barbares, il suffisait d'utiliser les dernières technologies du biocontrôle et voilà, la nature s'occupe de la Nature, tout ça, tout ça.

Sauf que les choses ne se sont pas exactement passées comme prévu[2]. La très haute mortalité du virus a imposé une pression de sélection colossale sur les lapins : ceux qui possédaient des gènes capables d'améliorer leur résistance au virus parvenaient à se reproduire et contribuaient de façon disproportionnée à la génération suivante. Une petite population ne se serait probablement pas relevée d'une telle épidémie, mais les lapins se comptaient par centaines de millions, ce qui augmente les chances d'avoir par hasard quelques mutants résistants. Résultat ? En quelques générations, les seuls lapins qui restaient en vie étaient ceux qui possédaient un moyen biologique de survivre à la myxomatose.

LA RÉSISTANCE S'ORGANISE

Une étude parue en 2019 a montré comment cette résistance était apparue. En comparant des échantillons de musées de lapins ayant vécu avant l'introduction de la myxomatose[3] à ceux de lapins actuels, les chercheurs ont pu observer que de très nombreux gènes ont été très fortement sélectionnés en une poignée de générations à peine, certains codant pour des fonctions antivirales bien connues. Plus intéressant encore, les changements génétiques australiens sont les mêmes que ceux que l'on

1 Prière de lire ceci avec un accent aussie du plus bel effet.

2 150 ans d'expérimentation de biocontrôle ont montré que les choses se passent rarement comme prévu.

3 L'un des lapins prémyxomatosés utilisé dans l'étude avait d'ailleurs appartenu à Darwin !

retrouve dans les populations européennes de lapins également confrontées au virus : un vrai cas de convergence évolutive ! Mais l'histoire ne s'arrête pas là, car le virus a lui aussi évolué.

En effet, les chercheurs ont rapidement fait un constat surprenant : quelques années seulement après l'introduction de *Myxoma* chez les lapins, celui-ci était devenu... moins virulent. La virulence d'un organisme pathogène décrit sa capacité à exploiter la machinerie cellulaire de l'hôte, et donc à y causer des dégâts. Un virus très virulent fera un véritable hold-up sur le pauvre individu infecté, en accaparant toutes ses ressources pour sa propre reproduction, jusqu'à ce que ce dernier en meure.

Au départ, les premières souches de virus avaient exactement cet effet sur les lapins, mais force est de reconnaître qu'il s'agit d'une stratégie peu efficace à long terme, du point de vue du micro-organisme : s'il tue l'hôte avant que ce dernier n'ait le temps de le transmettre, il se retrouvera bloqué dans un cadavre qui ne le propagera plus : il disparaîtra avec le corps du lapin malchanceux.

Voilà donc pourquoi, par le jeu des mutations et de la sélection, des souches du virus moins virulentes avaient plus de chances de se transmettre et donc de remplacer les autres variants dans la population. En d'autres termes, d'être sélectionnées.

C'est exactement ce qu'il s'est passé : les biologistes ont observé que *Myxoma* avait vu sa virulence diminuer, ce qui a augmenté sa transmission. Des travaux théoriques montrent en effet qu'un compromis existe entre virulence et transmission, et qu'il est possible d'identifier un optimum qui maximise le nombre de descendants du virus à long terme, donc son succès évolutif.

Et ensuite ? Avec la résistance graduelle des lapins au virus, celui-ci a fini par reprendre du poil de la bête, et il semble qu'aujourd'hui les formes moins virulentes perdent du terrain. Bref, l'histoire des lapins et du virus est un exemple typique de coévolution, une course à l'armement qui n'est pas près de s'arrêter sans qu'un camp ou l'autre ne remporte la partie… au grand dam des écosystèmes australiens.

NOUS SOMMES TOUS DES LAPINS MYXOMATOSÉS

La biologie évolutive, souvent perçue comme une science qui étudie la morphologie des becs d'oiseaux ou l'apparition de la bipédie dans la lignée humaine, est finalement essentielle pour comprendre notre relation aux virus, bactéries et autres pathogènes qui ont fait notre passé et qui feront notre futur.

Par exemple, les dernières années ont vu apparaître une série d'études qui ont montré que nos génomes portaient des traces de sélection liées à la lutte contre différentes maladies. Grâce à des jeux de données immenses, qui contiennent l'ADN de plusieurs dizaines de milliers d'individus, les chercheurs sont capables de détecter des signaux de sélection qui seraient auparavant passés inaperçus. Un de ces signaux est la fréquence à laquelle on retrouve un gène donné. S'il est soumis à une pression de sélection, il sera plus fréquent que s'il était distribué aléatoirement.

Certains gènes sont si fréquents qu'ils sont présents partout – on dit alors qu'ils sont « fixés » dans la population. C'est par exemple le cas de la mutation FY*O, qui inhibe l'expression de l'antigène « Duffy » et qui empêche le parasite de la malaria d'envahir les cellules. Cette mutation est présente partout en Afrique subsaharienne, où le paludisme est une maladie très courante. Dans la majeure partie des cas, les signaux sont plus subtils, mais de plus en plus de preuves s'accumulent. Des études ont ainsi trouvé des traces de sélection pour protéger les populations humaines de la variole, du choléra, de la lèpre, de la malaria, des maladies inflammatoires chroniques de l'intestin, de la grippe, des gastroentérites, et ainsi de suite. Bref, les maladies représentent une force majeure de notre évolution… et nous sommes nous-mêmes des lapins myxomatosés !

SOUVENT VIRUS VARIE

La biologie évolutive permet aussi de mieux comprendre comment les pathogènes vont nous affecter. Un exemple particulièrement frappant, au moment où j'écris ce livre, est celui de la pandémie COVID-19. L'odyssée scientifique qui visait à lutter plus efficacement contre le SARS-CoV-2, de la création des vaccins à la découverte progressive des mesures de santé publique les plus efficaces, pourrait remplir des bouquins entiers[1]. Ce qui nous intéresse ici est un point très spécifique de la pandémie qui a commencé à faire parler de lui plusieurs mois après les premiers confinements : l'apparition des variants. Les virus à ARN comme le SARS-CoV-2 ont des cycles de vie très rapides, et, à chaque réplication, ils ont l'occasion d'accumuler de nombreuses mutations.

1 Et quelque chose me dit qu'il y en aura. Plein.

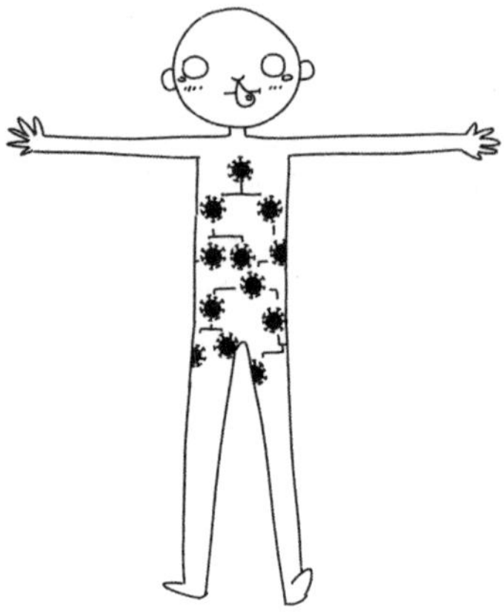

Il faut s'imaginer que chaque personne infectée peut héberger entre 1 et 100 milliards de particules virales[1], autant d'opportunités d'apparition de nouveaux caractères par hasard. La plupart de ces mutations nuisent au virus lui-même, rendant la particule virale incapable de pénétrer dans les cellules de la victime, ou sont neutres et ne confèrent aucun avantage. Il arrive toutefois qu'elles soient avantageuses et qu'elles se propagent mieux que la génération précédente. C'est la création d'un variant.

Dès février 2020, l'un d'entre eux, nommé D614G, a commencé une domination mondiale impressionnante, en remplaçant le variant précédent. Depuis, la liste s'allonge : variant brésilien, britannique, sud-africain, indien, nigérian, colombien, etc. Il serait futile d'en faire la liste, mais, comme des Pokémon un peu nuls, ils ont tous leurs petites spécificités. Le B.1.1.7[2] britannique se transmet légèrement plus ; le P.1 brésilien est davantage virulent ; le B.1.351 est moins sensible aux anticorps et échapperait un peu mieux aux vaccins[3], etc., etc.

---

1 Ce calcul est à la louche, c'est l'ordre de grandeur qui est important. Néanmoins, il est frappant de constater que les particules virales sont si petites que même avec 3 millions de personnes infectées à chaque instant, l'ensemble des SARS-CoV-2 de la planète tiennent largement dans une canette de 33 cl, ce qui en fait le cul sec le plus dégueu de l'histoire de l'humanité.

2 Ces sigles correspondent à des lignées différentes selon la nomenclature du *Phylogenetic assignment of named global outbreak lineages* (« Attribution phylogénétique des lignées d'épidémies mondiales »), dont l'acronyme est… Pangolin. Les chercheurs ont un sens de l'humour tout à fait savoureux.

3 Au moment où j'écris ces lignes, ces informations sont encore débattues, et au moment où vous les lisez, elles sont sans doute périmées. Bonjour, personne du futur. J'espère que la pandémie est terminée, et que vous vous portez bien. Cordialement, un auteur du passé.

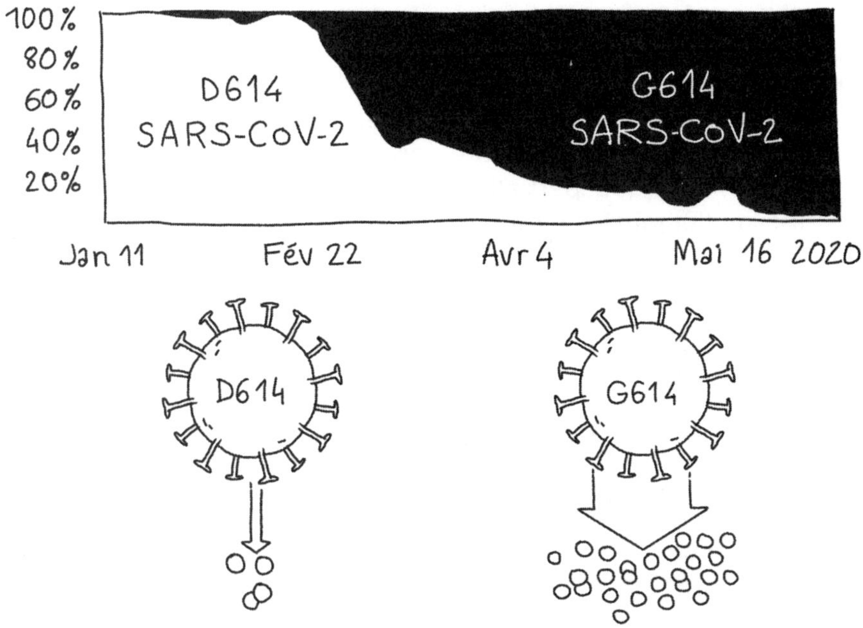

Si ces variants ont pu apparaître comme une surprise, ils étaient en fait attendus par les chercheurs du domaine, car ils sont inévitables. Tout comme le *Myxoma* des lapins australiens, et comme les futurs virus qui frapperont l'humanité après le SARS-CoV-2[1], ce dernier était sujet à diverses pressions de sélection qui ont aiguillé l'émergence de variants. En effet, si la taille de la population humaine était un formidable contexte pour accélérer les tests grandeur nature des vaccins, elle est aussi un vivier idéal pour turbobooster le rythme d'apparition des variants. Rappelez-vous des lapins myxomatosés...

Nous sommes en quelque sorte une boîte de Pétri géante pour les virus, et nos modes de vie facilitent leur

1 Oups, désolé pour le spoil.

existence de façon très directe : l'urbanisation augmente la densité d'humains par mètre carré, ce qui facilite les transmissions ; les habitants des villes sont généralement davantage immunodéprimés, ce qui facilite l'infection ; certaines des mesures prises contre le pathogène ne limitent que partiellement sa reproduction, ce qui facilite l'émergence de résistance. Bim, bam, boum, pandémie atroce.

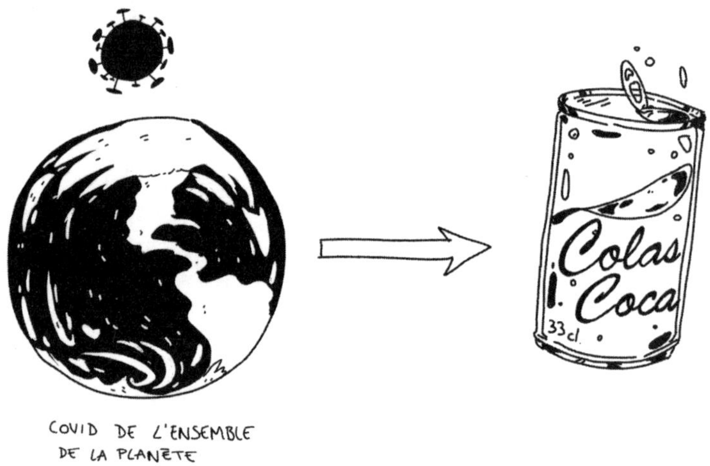

En effet, chacune des mesures prises dans le contexte d'une pandémie aura une influence sur les pressions de sélection qui agissent sur les virus. Un exemple de ce phénomène a eu lieu chez des patients immunodéprimés infectés par le virus SARS-CoV-2. Chez ces personnes, l'infection a parfois duré des mois, autant de temps pendant lequel des mutations ont pu émerger chez les particules virales qu'elles hébergeaient. Après quelques mois de traitement[1], les chercheurs ont constaté que le virus avait acquis des mutations qui

1 Principalement avec du remdesivir et du plasma de patients guéris de la Covid.

l'aidaient *a priori* à échapper à ces mesures. Comme ces traitements n'ont qu'une efficacité partielle et qu'ils laissent vivants un pourcentage de pathogènes résistants, ceux-ci se reproduisent comparativement plus, et la résistance se propage. En d'autres termes, *en créant des mesures contre les organismes vivants, on sélectionne les plus résistants à ces mesures*.

BANGUI FAIT DE LA RÉSISTANCE

Une anecdote personnelle m'a fait réaliser à quel point la phrase précédente constitue en fait l'un des problèmes les plus importants du siècle. En 2019, lors d'un reportage en République centrafricaine, j'ai eu la chance de visiter les installations de Médecins Sans Frontières à Bangui, et de discuter avec leurs spécialistes. Ce pays était alors un État défaillant, dont le gouvernement n'arrivait plus à subvenir aux besoins fondamentaux de sa population. Plusieurs milices se partageaient le contrôle du territoire dans un chaos permanent qui créait de nombreuses victimes, et l'ONG était l'une des rares institutions à offrir des soins dans cette confusion brutale.

Lors d'une discussion avec une infectiologue chargée de traiter les patients, cette dernière évoqua les conséquences de l'absence d'un système de santé fonctionnel. Une en particulier a été une véritable surprise : puisque dans la capitale centrafricaine de Bangui, il n'était pas nécessaire d'avoir une ordonnance pour se procurer des antibiotiques, ceux-ci étaient consommés allègrement et dans des conditions inadaptées. Un petit coup de mou ? Hop, un antibio. Une maladie virale ? Hop hop, un antibio. Un antibio ? Hop hop hop, un autre antibio pour faire glisser. Résultat, les bactéries pathogènes locales étaient constamment confrontées aux antibiotiques, créant un contexte de sélection très spécifique qui les a rendues extrêmement résistantes.

Ces bactéries sous stéroïdes devaient alors être traitées avec d'autres antibiotiques, dits de seconde ou de troisième « intention », bref, des filets de sécurité de dernier recours qui, hélas, ne marchent pas à tous les coups. La résistance aux antibiotiques, présente dans les pays dont le système de santé est à genoux, mais aussi dans nos hôpitaux, constitue une véritable menace planétaire. Aujourd'hui, environ 25 000 Européens meurent chaque année de bactéries résistantes, et, à l'échelle mondiale, ce problème pourrait causer la mort d'un million de personnes par an. Si rien ne change, certains rapports prédisent qu'il y aura plus de 10 millions de morts par an liés à la résistance aux antibiotiques en 2050, et différentes institutions dont l'OMS ont tiré la sonnette d'alarme.

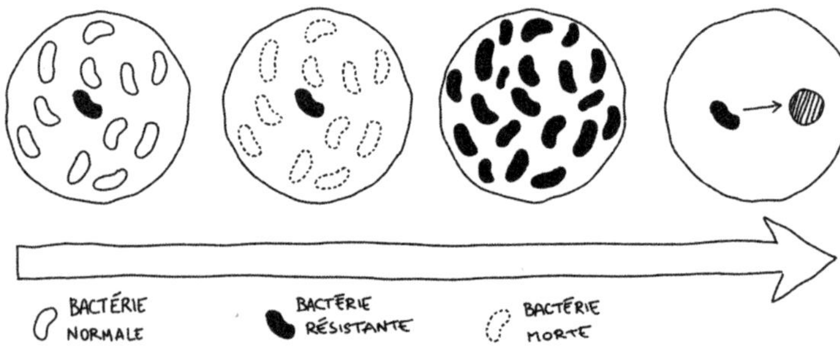

TOUJOURS PLUS DE MALADIES

Au cœur du phénomène se trouve la sélection intense que nous faisons subir aux pathogènes. En bref, c'est une histoire de biologie évolutive, et c'est exactement pour cela qu'il n'y aura jamais « plus de maladies ». Comme on l'a noté dans d'autres chapitres, l'évolution ne s'arrêtera pas tant qu'il y aura des êtres vivants. Or 40 % d'entre eux vivent sous forme parasitaire. Autant dire que notre biosphère héberge quelques candidats au titre de maladies du futur !

D'ailleurs, le nombre d'émergences d'épidémies est en très nette croissance depuis les années 1960... Il a en fait quintuplé en quelques dizaines d'années ! En cause, notre exploitation grandissante des écosystèmes naturels, qui augmente les points de contact avec les espèces-réservoirs de ces maladies. L'élevage, en croissance dans toute la seconde moitié du XXe siècle, sert de caisse de résonance, faisant office d'incubateur gigantesque[1] pour ces pathogènes qui débordent ensuite sur les populations humaines, provoquant les désormais tristement célèbres zoonoses.

La démocratisation des transports de longue distance et la densification des villes achèvent d'offrir les conditions idéales pour leur développement. On a tendance à l'oublier, mais les fruits de ce terreau fertile se cueillent à la pelle : grippe asiatique (1957), grippe de Hong Kong (1968), SIDA (1981), SRAS (2002), grippe A H1N1 (2009), MERS (2012), Ebola (2014), COVID-19 (2020)... et les autres à venir. Et, à chaque maladie, la potentielle apparition de variants plus résistants, plus virulents, etc.

---

1 Aujourd'hui, la biomasse d'élevage représente 80 % des vertébrés terrestres environ. Les humains représentent 18 %, ce qui laisse un maigre 2 % pour le reste des vertébrés sauvages.

effet sonore dramatique

Yey, fun ! On s'éclate dans ce chapitre ! Mais rassurez-vous, tout n'est pas perdu.

UNE NOTE D'ESPOIR

Tout d'abord, l'humanité a déjà éradiqué un virus : la variole. Cette maladie, qui a tué 300 millions de personnes tout au long du XXe siècle, a connu une fin très rapide. Entre le lancement de la campagne de vaccination au début des années 1960, où elle faisait 2 millions de victimes par an, et les derniers patients[1] à l'avoir contractée naturellement, il ne s'est écoulé qu'une quinzaine d'années. Au regard de notre très longue relation avec ce virus, et des dégâts qu'il a causés, c'est court !

Depuis, d'autres maladies ont été éradiquées ou sont en passe de l'être : la peste bovine a été officiellement déclarée éteinte en 2010, et les personnes infectées par la forme sauvage du virus de la poliomyélite ne sont plus que quelques dizaines par an. Grâce aux vaccins et au retraçage des contacts avec les sujets infectés, on vient aujourd'hui à bout de maladies autrefois millénaires.

---

1 Il y a deux « derniers patients » à cette maladie, parce que deux variants coexistaient : *Variola major* et *Variola minor*. Le premier a disparu en 1975, lorsque la jeune Bangladaise Rahima Banu en a été guérie, et le second en 1977, lorsque le système immunitaire du Somalien Ali Maow Maalin a mis un *german suplex* définitif aux dernières particules virales de ce variant sur la planète. La vie d'Ali est incroyablement liée aux épidémies : après avoir affronté en tête à tête ce qui a été une des maladies les plus dévastatrices de l'histoire de l'humanité – et gagné ! –, il a ensuite participé à la campagne d'éradication de la poliomyélite de Somalie, en expliquant que, si son pays avait été le dernier à héberger la variole, il ne le serait pas pour cette maladie-là. Pendant des années, il a travaillé pour l'OMS et vacciné un nombre incroyable de personnes jusqu'à sa mort en 2013. À près de 60 ans, il a contracté la malaria alors même qu'il vaccinait encore contre la polio, après une résurgence de cette maladie dans son pays. Voilà, voilà. Et vous, vous faites quoi dans la vie, sinon ?

Ensuite, il est possible d'atténuer la résistance qui survient inévitablement après que l'on impose une pression de sélection. Dans le cas de l'antibiorésistance, par exemple, il « suffit » de réguler l'accès aux antibiotiques. Les bactéries payent cher leur résistance, et elles sont moins compétitives que leurs sœurs « naïves ». Dès que l'on relâche la pression de sélection, en diminuant la présence d'antibios dans l'environnement, les bactéries résistantes laissent rapidement la place à leurs sœurs sensibles, qui se reproduisent plus vite. C'est la compréhension des mécanismes de l'évolution qui nous permet donc de gérer efficacement ce problème.

Il reste encore de nombreuses choses à découvrir sur l'évolution des épidémies. Au moment où j'écris ce chapitre, la question se pose de savoir si différents variants locaux vont se former partout sur la planète, rendant encore plus compliquée la tâche de faire disparaître la pandémie de Covid-19 rapidement, ou si les échanges entre pays vont au contraire uniformiser les variants. Le virus va-t-il s'installer confortablement dans certaines espèces sauvages ? Peut-on s'attendre à ce qu'il ressurgisse de son réservoir initial ? Quel type d'apocalypse vivrions-nous s'il arrivait à vivre dans nos animaux de compagnie ? Et ainsi de suite. Heureusement, si la liste des questions est longue, nous n'avons jamais été aussi bien équipés pour y répondre.

Car la situation paradoxale que nous vivons est bien celle-ci : notre société urbanisée et technique est ce qui a facilité la propagation rapide du virus, *via* les transports rapides et la densité humaine plus importante, mais c'est également ce qui permet d'y répondre plus rapidement que jamais en produisant près de 308 vaccins différents pour la pandémie de COVID-19. Et, parmi ceux-ci, une grosse dizaine a été approuvée dans la plupart des pays pour un usage concret, un an seulement après le début de la pandémie.

Cette réactivité sans précédent est encourageante – et même très nécessaire –, car, comme l'a précisé le Dr Mark Ryan à la tête du programme d'urgence sanitaire de l'OMS, cette pandémie « n'est pas nécessairement la pire. Le virus est très contagieux et il tue des gens, il a privé de nombreuses personnes d'êtres chers. Mais son taux de mortalité actuel est relativement bas en comparaison d'autres maladies émergentes. C'est une sonnette d'alarme ».

Remercions donc les lapins australiens pour ce qu'ils nous ont permis de découvrir sur les interactions entre hôte et virus, car nous allons en avoir bien besoin.

PARTIE 2

Les mindfucks humains

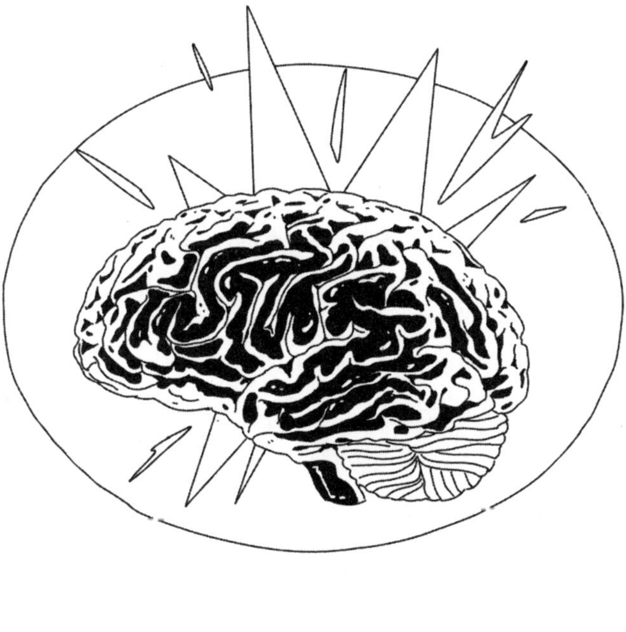

10

Le (presque) propre des humains

Si des extraterrestres débarquaient sur notre planète, s'intéresseraient-ils à nous ? Nous sommes convaincus de la singularité humaine, mais ce que nous pensons être le propre de notre espèce n'est peut-être pas si unique que ça.

Imaginons un récit de science-fiction typique : des extraterrestres arrivent sur Terre après un long voyage. À bord du vaisseau mère, plusieurs biologistes venus pour documenter la flore et la faune de cette planète. Une fois leurs petits shorts de naturalistes enfilés autour de leurs tentacules, leurs loupes et leurs ӾK̀ ()⫫[1] autour du cou, ils rampent dans le téléporteur et commencent le travail.

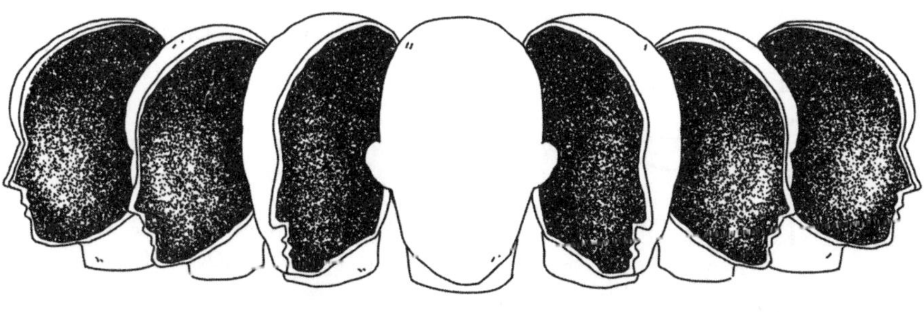

1 Marque déposée.

Quelles seraient les espèces les plus intéressantes à leurs yeux ?

La réponse, automatique peut-être, serait… le rat-taupe nu[1]. Oui, bon, certes, mais après cette évidence, quelle AUTRE espèce devraient-ils étudier à fond ?

Homo sapiens, soufflez-vous sans doute d'une voix suppliante en direction des pages de ce livre. Pourquoi pas, mais il va falloir argumenter un peu : quels critères avons-nous de si singuliers et si impressionnants que notre espèce apparaisse automatiquement comme la plus fascinante de cette biosphère-ci ?

Voyons un peu. Admettons que les aliens s'intéressent à l'organisme le plus lourd : ils choisiraient alors Pando[2], une gigantesque colonie de peupliers faux-trembles dans l'Utah. Composée de clones reliés par le même système racinaire, elle s'étale sur 43 ha et pèse environ 6 millions de kilos. Et, s'ils voulaient analyser l'espèce animale unique qui, dans son ensemble, représente la plus grosse biomasse, ils s'attacheraient alors à étudier… le bétail. Le poids cumulé de toutes les vaches du monde atteint presque les 2 milliards de tonnes, soit 60 % du poids

1 Voir chapitre 7.
2 En latin : « Je m'étends ».

de tous les vertébrés terrestres, sauvages et domestiques. Les humains, bien qu'ils soient aussi très nombreux, ne pèsent « que » le tiers de ce poids-là. Bien sûr, les insectes dans leur ensemble écrasent largement les bovins, mais ils se répartissent en de très, très nombreuses espèces...

D'ailleurs, admettons qu'ils s'intéressent à la biodiversité, quel groupe d'organismes (ou « taxon ») choisiraient-ils ? Le généticien des populations J.B.S. Haldane a dit un jour que « Dieu, s'il existe, a une passion démesurée pour les scarabées ». De fait, les coléoptères sont représentés par plus d'un million d'espèces ! D'autres taxons sont très riches, comme le règne des *Fungi*, qui compte pour sa part entre 2 et 4 millions de champignons différents[1]. Quant aux vertébrés et leurs 70 000 espèces recensées, ils ne seraient même pas évoqués par ces extraterrestres explorateurs. Autant dire que les *Hominidae*, la famille à laquelle nous appartenons, ne seraient même pas évoqués, avec leurs 4 espèces : les orangs-outans, les gorilles, les chimpanzés et les *Sapiens*.

Bon, admettons. Le plus gros cerveau, alors, c'est nous ? Nope, il est chez les cachalots et pèse 8 kg. OK, mais le plus gros rapport entre le cerveau et la taille du corps, alors ? Nyet : les toupayes, des mammifères arboricoles qui ressemblent à des musaraignes (mais n'en sont pas du tout) ont un ratio plus élevé que les humains.

Bref, il va falloir se montrer un peu plus persuasif pour que ces visiteurs venus d'ailleurs daignent nous analyser[2].

---

1 120 000 espèces ont été décrites, mais les analyses métagénomiques qui se font sur la base de prélèvements de sol suggèrent qu'il reste beaucoup de travail pour les mycologues.

2 Ou nous sonder, c'est selon.

C'est un fait, nous avons encore un peu de mal à accepter l'une des plus importantes conséquences de la théorie de l'évolution, à savoir que la place de l'espèce humaine dans la biosphère a changé. Nous sommes descendus de la cime de l'arbre du vivant pour nous retrouver au même niveau que les autres organismes. La conclusion est la suivante : toutes les espèces qui existent encore aujourd'hui sont autant évoluées les unes que les autres, et il n'y a aucune forme de supériorité naturelle à chercher dans le genre *Homo*.

Aussi contre-intuitif que cela puisse paraître, l'évolution n'est pas une longue expérience de 3,8 milliards d'années dont l'objectif final était la production de primates en vêtements. *Toutes les espèces qui existent aujourd'hui sont autant évoluées les unes que les autres.* Même les cœlacanthes, les limules et autres méduses qui semblent venir du fond des âges, et qui montrent une ressemblance frappante avec certains fossiles, ont accumulé des mutations et subi la sélection naturelle depuis des millions d'années, tout comme notre propre lignée. *Toutes les espèces qui existent aujourd'hui sont autant évoluées les unes que les autres.*

Haaaa. Ça va mieux, maintenant que c'est sorti ! Ce changement radical de paradigme, au moins semblable à la révolution copernicienne dans le renversement de vision de notre monde qu'il impose, a été un moment majeur de l'histoire des idées. À tel point que ses conséquences sont toujours assez mal acceptées, ou comprises, ou les deux.

C'est pourquoi la question « Quel est le propre de l'humanité ? » est souvent minée : en cherchant une caractéristique qui nous distingue des autres animaux, on cherche aussi un moyen de remonter dans la canopée de l'évolution, d'où nous avons si confortablement régné pendant des siècles. Ces prétendues spécificités

DULITICOLA SP.

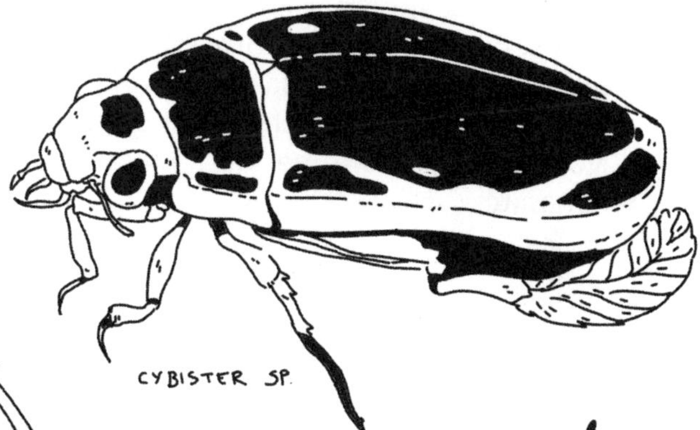

CYBISTER SP.

CHARIDOTELLA
SEXPUNCTATA

EMUS HIRTUS

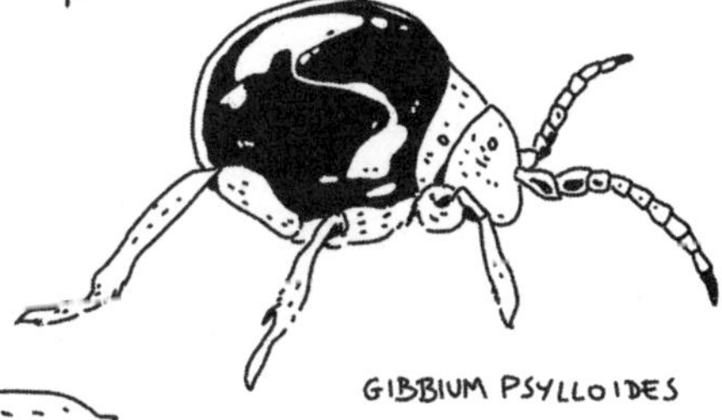

GIBBIUM PSYLLOIDES

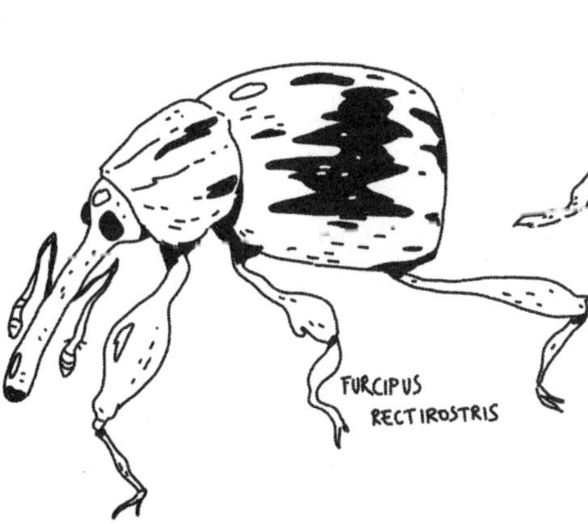

FURCIPUS
RECTIROSTRIS

biologiques qui légitimeraient naturellement notre supériorité sur le reste de la nature sont l'objet de très (très) nombreux essais philosophiques et articles pour le grand public, à tel point que cette recherche de réponse est un peu suspecte. Existerait-il une anxiété profonde, une insécurité quant à notre place dans la biosphère ? Oui. Non. Peut-être. Je sais pas – en tout cas, ce chapitre ne va pas arranger les choses si c'est le cas.

Voyons ensemble ce que n'est *pas* le propre de l'humanité.

LE DEUIL

Des décennies d'observation du comportement animal ont permis de mettre en évidence que la souffrance occasionnée par la mort d'êtres chers n'est pas propre à notre espèce.

Chez les cétacés, ce sont des comportements de soin qui sont le plus souvent observés : les individus s'approchent de la carcasse du congénère défunt, la portent hors de l'eau, la poussent sur des kilomètres. Ces comportements de soins et marques d'affection sur des individus récemment morts ne sont pas anecdotiques et sont observés chez de nombreuses espèces différentes : éléphants, girafes, grands singes, animaux domestiques, oiseaux.

Dans une publication scientifique sur les émotions chez les animaux, l'éthologue Marc Bekoff raconte une anecdote : « Une pie avait été percutée par une voiture et était couchée, morte sur le bord de la route. Quatre autres pies se tenaient autour d'elle. Une s'approcha du corps, lui donna un léger coup de bec, exactement comme un éléphant ferait avec sa trompe sur la carcasse d'un autre éléphant, et se recula. Une autre pie fit de même. Ensuite, l'une d'elles s'envola, ramena un peu d'herbe et la posa près du corps. Une seconde fit de même. Ensuite, les quatre pies se tinrent immobiles pendant quelques secondes et, une par une, s'envolèrent. » Émouvant, non ?

Quant aux éléphants, une littérature relativement abondante traite de leur relation aux cadavres de membres du groupe disparus. On sait par exemple qu'ils font la différence entre les os de leur propre espèce et ceux des autres, et qu'ils passent parfois des heures à étudier les carcasses de congénères trouvées sur leurs routes. Plusieurs chercheurs ont aussi documenté des éléphants émettant des vocalisations en direction d'individus récemment décédés, qu'ils recouvraient occasionnellement de plantes.

Chez ces pachydermes, le lien avec les disparus pourrait s'expliquer par leur mémoire impressionnante. Dans une étude, Karen McComb a installé des haut-parleurs dans la savane africaine, pour y diffuser des enregistrements de vocalisations d'individus décédés des mois plus tôt. Les réactions des éléphants, à l'écoute de ces appels d'un proche qui n'existait plus, ont profondément troublé la chercheuse : ils se rassemblaient en courant autour des haut-parleurs, exactement comme ils le font lors de retrouvailles avec un membre du groupe qu'ils connaissent bien. Bref, une vie émotionnelle chargée n'est pas l'apanage des *Homo sapiens*.

DOMESTIQUER D'AUTRES ORGANISMES

La domestication n'est, certes, pas vraiment un trait biologique en ce qui nous concerne. Notre espèce est apparue il y a environ 300 000 ans, et nos ancêtres ont commencé à domestiquer d'autres espèces il y a près de 30 000 ans, en sélectionnant artificiellement (et pas forcément de façon consciente) des loups jusqu'à ce qu'ils deviennent des chiens[1]. Il faudra d'ailleurs attendre plusieurs milliers d'années pour que la révolution néolithique et ses domestications en série surviennent enfin, il y a environ 10 000 ans.

Donc, techniquement, nous avons domestiqué des organismes sur une période qui couvre soit 10 % (en voyant large), soit 3 % de notre histoire évolutive, selon qu'on inclut ou non les chiens dans le compte. Pas nécessairement de quoi en faire un véritable attribut de notre espèce, mais l'impact de cette domestication est tel[2] qu'elle mérite bien d'être dans cette liste... Or, si nous avons acquis une maîtrise exceptionnelle de la sélection artificielle pour domestiquer toutes sortes d'organismes, des vers à soie jusqu'aux buffles d'eau en passant par les guppies, nous ne sommes pas les seuls.

1 Les plus anciennes traces archéologiques de chiens sont datées de 14 200 ans. C'est le chien de Bonn-Oberkassel, dont les restes ont été retrouvés en Allemagne. Cependant, l'analyse comparative des génomes de loups et de chiens permet de situer leur divergence il y a environ 30 000 ans, bien que cette date soit encore un objet de débat scientifique.

2 Voir le chapitre 10 sur le sujet, hop, hop, hop.

Il y a 60 millions d'années, des fourmis d'Amérique du Sud de la tribu[1] des Attini ont commencé à collecter des champignons sauvages et à les rapporter dans leurs nids pour les cultiver. Lorsque le climat était humide, les champignons pouvaient en sortir et se reproduire à l'état sauvage, mais un refroidissement de la planète il y a 30 millions d'années a asséché les régions tropicales : adaptés à l'humidité des fourmilières, les champignons ne pouvaient plus se développer au-dehors.

L'isolement génétique de ces espèces a alors débuté, dans un processus de coévolution avec les fourmis qui les cultivaient. Les chercheurs divisent les agricultures de fourmis en plusieurs catégories, parmi lesquelles l'agriculture « haute » implique un champignon complètement domestiqué, dépendant des fourmis pour sa survie. Cela ne vous fait pas penser à nos plantes domestiques, si différentes des espèces sauvages dont elles sont historiquement issues ? D'ailleurs, les fourmis sont également dépendantes de ces champignons : elles ont perdu la capacité de synthétiser de l'arginine, un acide aminé qu'elles retrouvent dans ces champignons et dont elles ont besoin pour survivre. L'analogie avec notre propre dépendance à l'agriculture nous permet d'affirmer que, là non plus, notre espèce n'est pas unique.

LES OUTILS 1er ROUND : L'ART DE PILONNER LES NOIX

Les outils, ces objets utilisés pour étendre l'influence que l'on exerce sur son environnement, sont l'emblème de l'humanité et de ses succès. C'est nous, et pas les ragondins, qui avons développé les selfie sticks, la propulsion nucléaire des sous-marins, les triboulets et les

1 La tribu est un niveau taxonomique, comme « genre » ou « famille ».

cigarettes en chocolat[1]. Bref, avec notre gros cerveau et nos mains habiles libérées de la locomotion grâce à la bipédie, nous avons fait des merveilles qui nous rendent uniques. Quoique...

Bien sûr, il ne s'agit pas de nier que les niveaux de complexité avec lesquels nous construisons des outils sont sans commune mesure avec le reste de la faune qui cohabite avec nous sur la planète. Cependant, d'autres animaux utilisent et façonnent des outils selon leurs besoins. Dans de nombreuses forêts d'Afrique, des groupes de chimpanzés pilonnent des noix pour en extraire les parties nourrissantes. Ils sélectionnent une pierre suffisamment grosse et plate qui servira d'enclume, et une autre pierre adaptée à leur main pour marteler la coque. Ce travail fatigant demande une expertise, car il s'agit d'ouvrir la noix très dure avec force, sans l'écraser complètement non plus, si bien que plusieurs saisons d'apprentissage sont nécessaires aux jeunes chimpanzés pour atteindre l'efficacité de leurs parents.

Il y a mieux : des fouilles archéologiques ont révélé en 2007 que cette activité était, dans certains endroits, immémoriale. Dans la forêt de Taï, en Côte d'Ivoire, les archéologues ont trouvé des fragments de pierres usées par ce martelage qui datent de 4 300 ans ! Véritable transmission culturelle à travers les générations, cette pratique est indubitablement d'origine chimpanzé : les pierres sont trop grosses pour être manipulées efficacement par les humains, et on retrouve sur les arêtes des traces de plantes qui sont consommées par ces grands singes, et pas par les humains.

---

1 Toutes ces inventions n'ont pas eu le même succès. Les cigarettes en chocolat avaient d'ailleurs un goût parfaitement immonde, ce n'est pas une grosse perte. Le triboulet est toujours utilisé en bijouterie, où il sert à mesurer la taille d'un anneau. Et il a un nom rigolo, surtout.

Le champ de l'archéologie animale est naissant, mais il offre de nombreuses promesses de découvertes de ce genre. D'ailleurs, le recours aux outils chez ces primates n'est pas limité au cassage de noix, en voici une liste absolument pas exhaustive : utilisation de différentes tailles de bâton pour ouvrir une termitière (gros bâton), faire des trous dedans (moyen bâton), puis y « pêcher » des termites (petit bâton), fabrication d'éponges avec de la mousse et des feuilles pour boire l'eau accumulée, utilisation de branches pour se protéger de la pluie, taillage de branche en pointe avec les dents pour fabriquer une lance de chasse, découpe de gros fruits avec des pierres, et ainsi de suite.

Il n'y a pas que les chimpanzés qui soient entrés dans l'âge de pierre. Les singes capucins ont leurs propres sites archéologiques au Brésil, où les restes de leurs activités ont montré qu'ils pilonnent des noix de cajou depuis plus de 600 ans. Les gorilles plongent des branches pour jauger la profondeur des cours d'eau qu'ils traversent, les babouins lancent des pierres le long des pentes des canyons en haut desquels ils se réfugient lorsqu'ils se sentent menacés, et les mandrills ont été vus en train de manipuler des bâtons pour se curer les oreilles ou... d'autres parties inaccessibles du corps[1].

LES OUTILS 2nd ROUND : ET CHEZ LES AUTRES ESPÈCES ?

En dehors des primates, les exemples pullulent. Les éléphants peuvent modifier des branches pour en faire des outils permettant de creuser le sol, ou s'en servent pour écraser les mouches qui les harcèlent. Plus grands vautours de la faune européenne, les gypaètes barbus portent en espagnol le doux nom de *quebrantahuesos*

1 Utilisez votre imagination.

(« casseur d'os »), car ils laissent tomber des os depuis des dizaines de mètres de haut sur des rochers pour en savourer la moelle. Quant aux loutres, elles placent une pierre sur leur ventre et y frappent de nombreuses fois les palourdes qu'elles veulent ouvrir. Sur un site californien, des chercheurs les ont observées ouvrir des moules sur des rochers du rivage pendant 10 ans. Ils en ont conclu que ce type d'activité laissait des traces distinctives et persistantes sur les cailloux, des traces qui pourraient rester dans le temps. En bref, il est possible que, dans les années qui viennent, on découvre que d'autres animaux que les primates ont eux aussi laissé des vestiges archéologiques !

Tous ces exemples sont pris dans le milieu naturel, mais, lors d'expériences en laboratoire, les animaux révèlent l'étendue de leur cognition en utilisant des outils de façon surprenante. Des éléphants qui disposent des boîtes pour s'élever et ainsi récupérer de la nourriture hors d'atteinte aux corbeaux qui font monter le niveau de l'eau d'un tube en y jetant des cailloux pour récupérer un aliment qui y flotte, je pourrais continuer l'énumération sur de nombreuses pages[1]. Et il y a fort à parier que la liste des exemples d'espèces dont la cognition nous surprend va s'étendre dans le futur.

DES PROPRES IMPROPRES

Bien d'autres prouesses semblent être spécifiques à notre espèce, mais ne le sont pas vraiment.

— La capacité à se reconnaître et se penser comme individu ? Non, d'autres espèces passent le test du miroir

1 Mais comme j'aimerais que ce livre reste concis, je vous conseille d'aller lire les experts du sujet à la place, comme l'excellent « Sommes-nous trop bêtes pour comprendre l'intelligence des animaux ? » de Frans De Waal.

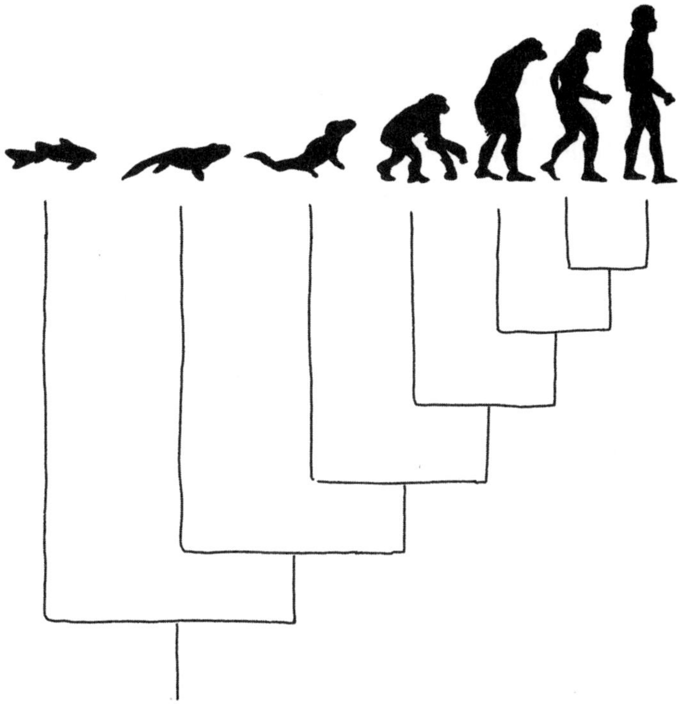

La marche du progrès prend généralement la forme de la partie supérieure de l'illustration, oubliant que tous ces organismes sont reliés par des relations de parenté et qu'aucun n'est plus « évolué » que l'autre.

avec plus ou moins de facilité[1]. Ce test n'est pas nécessairement la preuve d'une conscience de soi qui corresponde à notre expérience subjective (comment s'en assurer, d'ailleurs ?). Cependant, il a permis de montrer que de nombreux animaux différents, des corvidés aux poissons coralliens, comprenaient que l'individu présent dans l'image réfléchie est en fait… *eux.*

— La culture ? Pas plus, des chercheurs ont observé l'existence d'habitudes apprises des autres individus

1 L'interprétation des résultats de ce test est débattue, mais reste un incontournable de l'étude de la cognition animale.

chez des primates et des cétacés, que ce soit des techniques de chasse ou des comportements sans fonction claire pour nous. Sur l'île de Koshima, en septembre 1953, une femelle macaque japonais a été observée en train de laver une patate douce. Cette habitude s'est étendue progressivement à tous les singes de l'île, à travers les liens sociaux du groupe. Les primates l'enseignaient à leurs proches, et ainsi de suite, tout comme nous le faisons pour nos propres pratiques culturelles.

— Le feu ? Certes, aucune autre espèce ne fait littéralement du feu, mais une étude de 2017 a montré que des rapaces comme les milans noirs transportent des branches enflammées lors de feux de brousse, et propagent l'incendie à de nouvelles zones. Ce comportement leur permet de déloger leurs proies des hautes herbes.

— Lire des livres de vulgarisation ? Pas vraiment, puisqu'une tortue terrestre des Galápag-... oui, bon, d'accord, effectivement, ça nous est un peu propre, voilà.

OÙ L'ON S'AVENTURE À RÉPONDRE À LA QUESTION DU CHAPITRE

En bref, « Quel est le propre de l'humanité ? » n'est pas, en soi, une question sans intérêt, mais elle est souvent posée pour une raison qui ne vise plus à satisfaire notre curiosité scientifique, mais juste à marquer notre différence. Au lieu de vouloir nous extraire du reste de la biosphère, il me semble plus productif de regarder en quoi nous partageons ces attributs avec nos cousins. Il y a une forme d'émerveillement à se rendre compte que la capacité à utiliser des objets pour constituer des extensions de notre corps s'est en fait développée pendant des millions d'années sous des formes variées. Nous sommes l'une de ces itérations, parmi d'autres.

Les études sur la cognition animale ont aussi quelque chose de réconfortant. Loin d'être la seule espèce avec une vie émotionnelle interne dans l'Univers, nous partageons la capacité de pleurer nos proches disparus avec de nombreux cousins, dont nous avons divergé génétiquement il y a des millions d'années. Nous sommes moins seuls aujourd'hui, riches de ces connaissances, que nous l'étions lorsque nous étions convaincus que les animaux n'étaient que des machines répondant à des stimuli. Et c'est peut-être là que nous pourrions intéresser nos biologistes extraterrestres. Comme Darwin comparant les pinsons des différentes îles de l'archipel des Galápagos, ils pourraient observer nos différents traits, étudier comment ceux-ci révèlent nos relations de parenté avec les organismes de la biosphère.

Revenons au rat-taupe nu (ou toute autre espèce un peu rigolote et moche[1]). Ce sympathique mammifère permet de penser tout cela dans des termes plus sains, en posant ce que l'on pourrait appeler le « test du rat-taupe nu ». En présence d'un trait biologique particulier qui semblerait nous élever au-dessus de la mêlée des organismes qui grouillent dans les écosystèmes de cette planète, il suffit de se poser la question suivante : « Ce trait rend-il *Homo sapiens* plus cool qu'un rat moche immunisé contre la douleur, le cancer, l'absence d'oxygène et qui vit dans des sociétés dotées de dialectes et dirigées par une reine pondeuse ? ». Si la réponse est non, c'est que la recherche de ce propre de l'humanité comme preuve de notre supériorité n'était pas justifiée.

Cependant, il ne faut pas non plus minimiser l'originalité de notre espèce. Certes, nous n'avons pas la chance d'être dotés comme les éléphants de boules de graisses dans les pieds, pour communiquer par le biais de vibrations sismiques transmises à travers le sol, ni de pouvoir

1 Ça marche vraiment d'autant mieux que c'est très moche.

changer de sexe lorsque la femelle dominante vient de mourir comme les poissons-clowns, ni de bénéficier d'une poche anale éversible dont les exhalaisons suffocantes servent de moyen de défense comme le ratel[1]. Mais nous possédons bien d'autres particularités biologiques qui méritent d'être mentionnées, car elles racontent beaucoup de choses sur notre passé évolutif.

Dans les chapitres suivants, nous allons découvrir en quoi les populations qui composent notre espèce fournissent de beaux exemples des mécanismes évolutifs, pourquoi nous évoluons toujours aujourd'hui, et qu'il existe aussi chez nous des spécificités biologiques un peu moins sexy que celles dont on a l'habitude de parler.

1 Tous ces exemples sont bien entendu complètement avérés. On fait de la vraie science ici, ça ne rigole pas.

11

Êtes-vous juste humain ?

Il n'y a pas si longtemps à l'échelle de l'évolution[1], plusieurs espèces du genre *Homo* parcouraient la planète simultanément.

1 Pour être honnête, l'évolution s'applique sur des échelles de temps très différentes. Chez des micro-organismes, des changements importants ont lieu en quelques heures ou quelques jours, et il faudra attendre quelques centaines de milliers ou millions d'années pour qu'un truc un tantinet intéressant se passe aux yeux d'un paléontologue. Ici, on se place à l'échelle de l'évolution des primates.

Leur nombre exact ne fait pas consensus, mais il semblerait qu'un peu moins d'une dizaine d'espèces différentes de ces « humains »[1] aient existé, sur une période allant de 300 000 à 50 000 ans.

Homo neanderthalensis sillonnait l'Eurasie, les Dénisoviens vivaient en Asie sur une surface qui s'étend au moins de la Sibérie au Tibet, et *Homo rhodesiensis* habitait en Afrique centrale dans ce qui est aujourd'hui la Zambie, l'ancienne Rhodésie du Nord. *Homo naledi*, lui, vivait en Afrique du Sud, *Homo luzonensis* aux Philippines, *Homo floriensis* en Indonésie, les humains de la grotte du cerf rouge[2] (l'animal dont ils se nourrissaient manifestement) occupaient la province du Yunnan, en Chine ; enfin, des populations d'*Homo erectus* arpentaient l'actuelle Indonésie. Et puis, bien sûr, l'espèce *Homo sapiens* faisait ses premiers pas en Afrique il y a 300 000 ans, pour devenir quelques dizaines de milliers d'années plus tard le seul humain survivant de la liste.

REQUIEM POUR UNE EXTERMINATION

Ce décompte est, comme souvent en paléoanthropologie, sujet à autant de débats que de révisions. Certains anthropologues considèrent par exemple que les humains de la grotte du cerf rouge ou les Denisoviens sont plutôt des sous-espèces, mais, quelles que soient les petites boîtes mentales dans lesquelles on les range, il reste un fait fascinant : ces gens avec qui nos ancêtres ont cohabité pendant des milliers d'années... ne sont plus là. S'ils nous ont légué des phalanges (Denisova),

1 Je prends le parti de nommer « humains » tous les membres du genre *Homo*.
2 On se croirait vraiment dans un roman de mauvaise fantasy, et pourtant c'est véridique.

des bouts de crâne (peuple de la grotte du cerf rouge), des métatarses (*Homo luzonensis*), il faut bien admettre qu'on ne peut plus trop discuter avec eux. Que s'est-il passé ? Meurtre, sexe, drames, et remise en question presque philosophique de l'identité même de notre espèce : tous les ingrédients d'un bon thriller scientifique sont là.

Entre 100 000 et 10 000 ans, de nombreuses espèces de grands singes, qui avaient auparavant survécu pendant des millions d'années, entrent précipitamment dans le registre fossile. Ce qui semble avoir été un battle royal géant est un sujet qui ne manque pas d'intriguer les chercheurs. Il n'y a pas de chute de météorite, aucune invasion de raptors-ninjas[1] ou glaciation extrême n'est vraiment susceptible d'expliquer ces disparitions dans un laps de temps aussi court. L'hypothèse la plus parcimonieuse ? Eh bien, une *autre espèce*, que l'on sait si efficace pour exterminer des trucs vivants, est probablement responsable de ces disparitions. Cette *autre espèce*, évidemment, c'est nous.

« POURQUOI J'ENTENDS UNE MUSIQUE DE BOSS FINAL ? »

Nous possédons en effet quelques chouettes compétences fort utiles pour catapulter des organismes dans les couches géologiques. De fait, bien avant l'invention des fusils, des pesticides et des voitures hybrides, notre espèce avait déjà provoqué l'extinction d'autres animaux. Dès l'arrivée des premiers humains dans ce qui est aujourd'hui l'Australie, la mégafaune locale disparaît. Adieu, lions marsupiaux, kangourous géants, diprotodons[2] et autres créatures si originales. La cause de leur

1 Cela étant, l'absence de preuve n'est pas la preuve de l'absence, donc on peut toujours rêver.

2 Le plus grand marsupial à avoir existé pesait plus de 2 tonnes et ressemblait à un wombat de la taille d'un hippopotame.

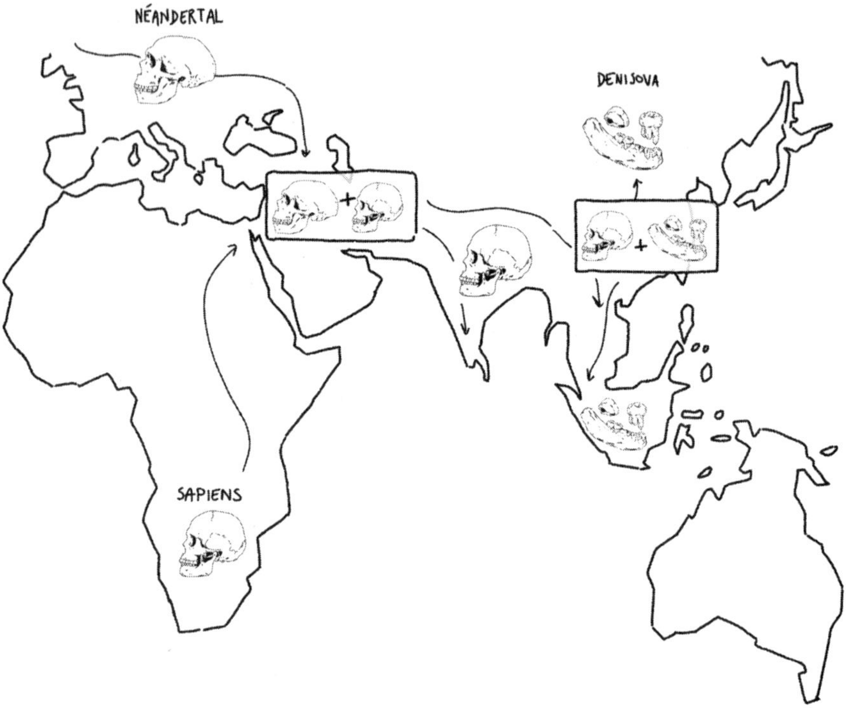

disparition serait la chasse ou les feux de brousse, ces incendies propagés par les chasseurs-cueilleurs récemment débarqués sur ce continent.

Le sujet est brûlant (*huhu*) encore aujourd'hui en Australie, car il est perçu comme mettant en cause la responsabilité des aborigènes, mais qu'on se rassure : le phénomène a eu lieu sur chaque petit bout de terre où *H. sapiens* a fait du tourisme. À chaque fois, l'observation est la même : de gros vertébrés habitent un milieu depuis des millions d'années et disparaissent rapidement juste après l'arrivée de *Sapiens* dans les environs. Aucune perturbation climatique particulière ne peut expliquer cette extinction, si bien que tous les regards se tournent vers nos ancêtres chasseurs à la main lourde.

ADIEU, VEAU, VACHE, COCHON, PALAEOLOXODON, TOXODON, MOA, GLYPTODON...

Vous en voulez encore ? Il y a 30 000 ans, le Japon perd ses pachydermes (mammouths et *Palaeoloxodon*) et des cervidés géants[1]. L'Amérique du Nord voit la disparition de 35 genres de mammifères, eux-mêmes composés de plusieurs espèces : glyptodons (des cousins géants des tatous), paresseux géants et tigres à dents de sabre y ont été chassés jusqu'à l'extinction, il y a 16 000 ans. Le phénomène touche systématiquement tous les endroits où les humains ont mis le pied : Amérique du Sud (bye-bye les toxodons[2]), Madagascar (ciao les lémuriens géants), Nouvelle-Zélande (xoxo les moas), Caraïbes (c'est sympa d'être passés, les paresseux géants insulaires), Polynésie (2 000 espèces d'oiseaux évaporées depuis l'arrivée des humains). Bref, aucun endroit n'a échappé à l'efficacité de ce nouveau super-prédateur fraîchement mondialisé.

En tout, près de 200 espèces de mammifères ont été oblitérées à cette période, sans oublier les nombreux autres organismes qui en dépendaient. Ces disparitions ont été regroupées sous un nom unique : les extinctions du Quaternaire. Si certains auteurs proposent des scénarios où divers facteurs comme le climat, les épidémies ou les espèces arrivées avec les humains (rats, chiens) interagissent pour aboutir au même résultat, l'hypothèse d'un blitzkrieg[3] sur la mégafaune est bien soutenue par les données : l'existence d'innombrables sites

1 Dans le genre des *Sinomegaceros*, l'espèce *Pachyosteus* présentait d'ailleurs des bois incroyables : on aurait dit une fleur, mais en os !

2 Un animal avec l'apparence d'un hippopotame, mais qui en est assez éloigné phylogénétiquement. C'était le dernier représentant de l'ordre des *Notoungulata*.

3 C'est le terme utilisé dans la littérature scientifique ! On lit parfois « overkill », tout aussi explicite.

archéologiques, partout sur la planète, montrant des traces de boucherie et la disparition sélective des plus gros animaux tendent à pointer du doigt l'œuvre de chasseurs un peu trop forts dans leur métier.

L'Afrique est en cela une exception, puisque sa mégafaune a été relativement épargnée par nos anciens cousins du Paléolithique : peut-être que les centaines de milliers d'années de coévolution avec nous ont donné à ces animaux les moyens de se protéger plus efficacement, ou de se mettre à courir plus tôt ?

CLAP DE FIN POUR NOS COUSINS

Est-ce parce que nous sommes un superprédateur que les autres espèces d'humains ont disparu ? La raison est encore inconnue, et de nombreuses pistes ont été proposées. Nous sommes capables de communiquer des pensées complexes et abstraites, ce qui nous aurait conféré un avantage pour élaborer des techniques de chasse coopérative ; nous aurions été écologiquement plus compétitifs que nos cousins, remplissant petit à petit les niches qu'ils occupaient auparavant ; nous aurions eu un armement technologiquement plus développé ; nos pathogènes les auraient décimés, et ainsi de suite.

Le cas le mieux étudié est celui de l'extinction des Néandertaliens, pour plusieurs raisons : il y a beaucoup de matériel archéologique, cette espèce a disparu il y a relativement peu de temps (vers −37000), et enfin elle a notamment vécu en Europe, où se situent la plupart des laboratoires de paléoanthropologie. Là aussi, les hypothèses ne manquent pas. Certains chercheurs ont même suggéré que cette disparition serait due en partie à l'éruption d'un volcan italien ! En effet, la superéruption d'un volcan de l'arc volcanique campanien, proche de Naples, coïncide avec l'extinction de nos cousins : elle aurait refroidi le climat et détruit les ressources dont ils dépendaient. Cependant, corrélation n'est pas causalité, et il est difficile d'affirmer que les conséquences environnementales de l'éruption ont eu un impact sur ces derniers. Ce qui est sûr, c'est qu'il est plus facile de multiplier les hypothèses que de les valider avec certitude, s'agissant de temps aussi reculés. De nouvelles percées en paléontologie sont nécessaires avant de pouvoir trancher sur la disparition des autres humains.

Cependant, l'une de ces hypothèses est particulièrement intéressante – même si elle n'est peut-être pas plus éclairante que les autres pour le moment –, car elle permet de réfléchir à une question assez fondamentale : de quoi l'humanité est-elle le nom ?

DISPARAÎTRE PAR AMOUR

Voici l'hypothèse, simplifiée par mes soins : vers −40000, la glaciation devient de plus en plus intense, et on s'approche du dernier maximum glaciaire, où l'extension des calottes était la plus importante. Les aires de répartition de Néandertal et *H. sapiens* s'adaptent à ces changements et finissent par se chevaucher. Ils se rencontrent. Ils s'apprécient. Ils font des bébés. Il y a plus de *sapiens* que de *neanderthalensis* dans les populations, et le flux génétique des premiers noie celui des seconds.

Bref, les Néandertaliens disparaissent par dilution progressive, juste *via* l'acte anodin de procréer avec une espèce dont les membres sont plus nombreux qu'eux. C'est une extinction par hybridation. Ce phénomène est connu, en particulier dans le domaine de la conservation. Lors de l'arrivée d'une espèce invasive, proche cousine d'une espèce locale, les deux peuvent se reproduire ensemble et mettre en danger l'espèce native. Par exemple, les saumons domestiqués par l'homme[1] (*Salmo salar*) s'échappent des élevages et se reproduisent avec les saumons sauvages de Norvège. Les hybrides entre les deux sont moins adaptés à l'environnement sauvage, ce qui a des conséquences sur les populations originelles, si l'on en croit les alarmes des biologistes.

Cette façon « douce » de s'éteindre, par ce qui est un processus lent, invisible mais inéluctable, colle assez bien avec les données disponibles sur la fin des Néandertaliens. Une étude de 2019 a montré qu'il suffisait en effet d'une diminution très faible (de l'ordre de 4 %) de fertilité chez les jeunes femmes de cette espèce, qui s'était pourtant maintenue pendant des millénaires, pour expliquer leur disparition. Et si cette diminution de fertilité était due à l'hybridation avec nos ancêtres ?

Cette question, toujours en suspens, ne peut être posée comme hypothèse sérieuse que parce que nous savons aujourd'hui une chose complètement renversante : nos ancêtres ont effectivement eu des enfants avec Néandertal... et d'autres membres du genre *Homo* !

---

1 Dans ce livre, il arrive que j'utilise le mot « homme » pour dire humain. C'est vrai que c'est une formule un peu patriarcale qui résume l'humanité à un seul de ses sexes, donc j'essaie de limiter son usage autant que possible, même si ça permet de diversifier le vocabulaire de ce bouquin !

Cette découverte exceptionnelle a provoqué la réécriture d'une bonne partie de notre (pré)histoire évolutive récente, que je vais maintenant vous raconter. Gardez en tête que la paléoanthropologie est un domaine qui évolue très rapidement, et il se pourrait bien que des informations de ce chapitre soient rapidement dépassées. Dans tous les cas, voici notre histoire dans l'état actuel de nos connaissances. J'espère que vous aimez les dates, parce que nous allons essayer de retracer la chronologie de notre évolution et celle de nos cousins sur une période de plusieurs centaines de milliers d'années !

NOS ANCÊTRES LES AFRICAINS

Bien avant que les premiers *Sapiens* n'existent, d'autres membres du genre *Homo* avaient eu la bougeotte. Il y a 1,8 million d'années à la louche, ils sortaient d'Afrique pour explorer l'Eurasie, de l'Espagne jusqu'en Indonésie. Quelques centaines de milliers d'années plus tard, *Homo heidelbergensis* suivait leurs traces, et cette espèce deviendra l'ancêtre de Néandertal et Denisova. Des *Homo* partout sur la planète, lointains cousins qui batifolent de l'Arctique jusqu'aux Tropiques : voilà quel était le décor au moment où les premiers *Sapiens* sont apparus [1].

Les premiers individus que l'on pourrait identifier sans ambiguïté comme des représentants de notre espèce vivaient dans la corne de l'Afrique, dans l'actuelle Éthiopie. Le modèle qui était couramment accepté il y a seulement quelques années était le suivant : depuis l'Afrique de l'Est, quelques populations humaines sont sorties du continent il y a 60 000 ans. Elles ont alors

1 Dit comme ça, on peut avoir l'impression que quelques *H. sapiens* sont apparus d'un coup, de nulle part. Évidemment, il y a eu une lente transformation graduelle depuis notre ancêtre *H. heidelbergensis*, avec des étapes intermédiaires où il aurait été difficile de décider si les individus appartenaient à l'une ou l'autre espèce.

colonisé tous les autres continents (ou presque) en longeant la côte arabique puis indienne, en peuplant d'abord l'Océanie, puis en remontant au nord vers le détroit de Béring, pour enfin explorer l'Amérique il y a environ 15 000 ans. Un joli scénario, simple, efficace. Mais aussi, dépassé.

PORTRAIT DE NOS ARRIÈRE-ARRIÈRE... -ARRIÈRE-GRANDS-PARENTS

Cette vision de nos origines a été bouleversée par les nombreuses découvertes survenues ces dix dernières années. Premièrement, avant d'explorer l'Eurasie, les premiers *Sapiens* ont essaimé en Afrique. Il n'y avait probablement pas une unique population d'*Homo sapiens*, mais plusieurs, qui vivaient un peu partout sur le continent africain. On en retrouve des fossiles au Maroc, en Afrique du Sud, et on sait aujourd'hui que les chasseurs-cueilleurs Khoïsan des régions arides d'Afrique australe descendent d'une population qui s'est séparée génétiquement du reste de l'espèce il y a plus de 250 000 ans. À cette époque, *Homo sapiens* avait donc étendu son aire de répartition sur une bonne partie du continent africain ! Autre révélation : la sortie d'Afrique s'est faite beaucoup plus tôt qu'on ne le pensait auparavant. Il y a 200 000 ans déjà, on retrouverait *Sapiens* en Grèce[1], et, il y a 130 000 ans, une première vague conséquente de sortie d'Afrique a eu lieu. Autrement dit, il y a eu une sortie d'Afrique 70 000 ans avant celle du scénario précédent !

Cette vague précoce pourrait être liée à des conditions climatiques exceptionnelles, une période d'aridité intense qui aurait poussé ces populations à aller chercher de l'herbe plus verte sur le continent d'en face. De fait, on sait aujourd'hui que notre espèce était présente de la péninsule arabique jusqu'en Chine il y a 100 000 ans. De ce qu'il est advenu de ces premières populations sorties d'Afrique, en revanche, mystère... Elles ne semblent pas avoir laissé leur empreinte dans le génome des humains d'aujourd'hui, mais ce pourrait tout simplement être un défaut des méthodes actuelles, qui peineraient à la détecter.

Dans tous les cas, la dernière vague de migration, depuis l'Afrique vers l'Eurasie, a bien eu lieu il y a environ 60 000 ans[2]. Elle a donné la plupart des humains non africains actuels, et elle suit à peu près le scénario que je retraçais précédemment : des groupes d'humains qui traversent en Arabie, se séparent entre ceux qui vont vers l'ouest jusqu'en Europe et ceux qui longent l'océan

---

1 Des fossiles trouvés dans la grotte d'Apidima, en Grèce du Sud, appartiendraient à *H. sapiens*, selon une étude parue en 2019. Cependant, il y a un débat féroce : selon d'autres auteurs, ce morceau de crâne est plutôt celui d'un *Homo erectus* tardif.

2 Gardez en tête que ces datations sont entourées de bonnes grosses barres d'erreur, et elles fluctuent en fonction des publications, des méthodes utilisées, et ainsi de suite. Ce qui compte ici, c'est donc l'ordre de grandeur, plutôt que de savoir que ces ancêtres sont arrivés en Eurasie le jeudi 15 septembre 62456.

Indien avant de remonter vers le détroit de Béring. Ces mouvements se déroulent sur des dizaines de milliers d'années et dispersent des populations qui se différencient génétiquement les unes des autres tout le long du périple.

LONELY PLANET PALÉOLITHIQUE

Essayez de vous représenter pendant un instant cette formidable migration, qui a lieu sur des générations et des générations. Petit à petit, les groupes d'humains déplacent leurs territoires et vont quelques dizaines de kilomètres plus loin que leurs ancêtres. Il y a 40 000 ans, notre planète entrait dans sa dernière période glaciaire, et une bonne partie de l'eau des océans était piégée dans les calottes polaires : le niveau des mers était jusqu'à 100 à 150 mètres plus bas qu'aujourd'hui. Vous auriez pu aller en Grande-Bretagne sans vous mouiller les pieds [1]... avant de rapidement tomber devant un mur de glace : la calotte polaire était aussi beaucoup plus au sud qu'aujourd'hui. Pour ces humains *backpackers*, il était possible de randonner là où il faut désormais un bateau. Par exemple, les îles de Bornéo, Java et Sumatra appartenaient alors à la même masse continentale nommée Sunda, et le passage entre l'Asie et l'Amérique se faisait *via* un pont terrestre, la Béringie. Parfois, il fallait traverser des masses d'eau pour pousser l'exploration plus loin. Une traversée était ainsi requise entre Sunda et l'actuelle Australie : les humains utilisaient alors des embarcations.

La chronologie de cette expansion hors d'Afrique est difficile à se représenter : la traversée de l'Eurasie, de la corne de l'Afrique jusqu'au détroit de Béring, est une

---

1 Ou presque, la Manche étant un fleuve, à l'époque !

épopée qui a duré près de 45 000 ans ! Il est tout aussi difficile d'indiquer précisément quand cette migration paléolithique se termine, tant les populations humaines n'ont cessé d'étendre leur aire de répartition, en occupant petit à petit des zones très reculées. Les grandes Antilles (Cuba, Hispaniola) seront habitées en 4000 avant notre ère, les premiers habitants du Groenland arrivent en 2500, et le dernier territoire exploré sera l'île de Pâques (Rapa Nui) en 1200... après notre ère, plus de 60 000 ans après la dernière sortie d'Afrique.

Ces vagues successives d'expansion et les événements qui les ont accompagnées sont une matière première idéale pour les scénarios hollywoodiens : confrontation avec des animaux exotiques, découverte de nouveaux territoires, explosion de supervolcans[1]... et, bien sûr, de la romance. Et du sexe. Un MAX de sexe.

VOUS ÊTES HYBRIDES

Comme je l'ai indiqué précédemment, on sait aujourd'hui que le Paléolithique est une période riche en rencontres avec d'autres espèces d'humains. Nos ancêtres ont allègrement mélangé leurs gènes avec Néandertal, Denisova et d'autres espèces encore inconnues du genre *Homo*, à tel point qu'aujourd'hui, on retrouve des traces de ces hybridations successives dans le génome des humains. Loin d'être anecdotiques, ces contacts ont été fréquents et soutenus, et ils révèlent ce qui fait le caractère de notre espèce : nous sommes des hybrides.

Voici comment nous le savons. Tout commence par le séquençage de l'ADN de trois restes d'individus néandertaliens en 2010. Depuis quelques années, les techniques

1 Le supervolcan Toba est entré en activité il y a 75 000 ans, provoquant l'une des plus grosses éruptions explosives de l'histoire de la planète ! Le volume de cendres libérées dans l'atmosphère a refroidi le climat mondial pendant des années, et probablement impacté la vie de nos ancêtres.

pour récupérer et reconstituer des fragments d'ADN anciens dégradés se sont améliorées, tout en devenant beaucoup moins chères. Preuve de l'incroyable efficacité de la méthode, des scientifiques ont séquencé l'ADN d'un mammouth mort en Sibérie il y a plus d'un million d'années ! Son cadavre avait été conservé dans le permafrost, et la fragile double hélice a été préservée en bon état au cœur des os de l'animal.

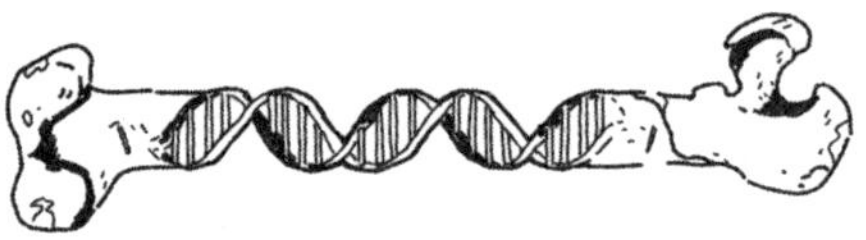

D'autres chercheurs ont renouvelé la prouesse avec l'ours de Deninger[1] (des restes vieux de 300 000 ans), ou des hominines[2] qui auraient précédé les Néandertaliens en Europe (vieux de 400 000 ans). À la clé, des informations inédites. En analysant l'ADN des Néandertaliens, les chercheurs se sont en effet rendu compte que ceux-ci possédaient des séquences en commun avec les Eurasiens actuels, mais pas avec la plupart des Africains. Cela suggère que ces séquences ne viennent pas d'un lointain ancêtre commun que nous partagerions avec les Néandertaliens, mais qu'il y a eu un échange de gènes juste après la dernière sortie d'Afrique. Les ancêtres des Européens (mes ancêtres, donc !) ont passé au moins 5 000 ans aux côtés des Néandertaliens. Les hybrides de cette union ont ensuite exploré tout le continent et donné les populations européennes et asiatiques.

1 Un cousin des ours bruns actuels, aujourd'hui disparu.
2 Les membres du genre *Homo* et les australopithèques. Nous sommes bien les derniers hominines restants.

DES ESPÈCES DISPARUES DANS NOTRE GÉNOME

Depuis des années, des études essaient de quantifier la proportion du génome des Eurasiens qui est d'origine néandertalienne. Selon les auteurs, on l'estime entre 2 et 7 % chez les Européens. Des révélations qui ont eu un impact énorme dans la communauté scientifique ! Il fallait réécrire une bonne partie de notre histoire, en y ajoutant ce métissage avec d'autres humains... La suite s'est révélée encore plus étonnante : les populations d'Asie de l'Est ont un héritage néandertalien plus élevé que les Européens, ce qui suggère un second événement d'hybridation, survenu quelque part en Asie. Mieux, ces mêmes populations asiatiques ont quelque chose que les Européens n'ont pas : de l'ADN de Denisova. Elles possèdent donc un héritage génétique constitué d'au moins deux espèces différentes ! En Mélanésie, la zone qui s'étend de la Nouvelle-Guinée aux îles Fidji, les habitants peuvent ainsi avoir jusqu'à 6 % de leur ADN qui vient de Denisova.

Des peuples africains ont également connu des événements d'hybridation. L'étude minutieuse du génome de plusieurs populations de ce continent a montré que les Pygmées Aka et les Khoïsan présentaient au moins 2 % de leurs gènes provenant de populations hominines non identifiées. D'autres travaux ont établi que certaines séquences présentes chez des Africains de l'Ouest étaient des bizarreries dont l'explication la plus cohérente tenait à un événement d'hybridation avec une espèce inconnue, aujourd'hui disparue... Le climat de l'Afrique subsaharienne dégrade les fossiles et, pour le moment, il n'y a pas de restes de ces cousins non *Sapiens* dont l'ADN aurait pu être analysé et rattaché à ces mystérieuses séquences nichées au cœur du génome des Africains.

Par ailleurs, des études récentes ont aussi montré que les Denisoviens s'étaient eux-mêmes hybridés avec les Néandertaliens, et que l'ancêtre commun des deux espèces s'était lui aussi métissé, des centaines de milliers d'années auparavant, avec une autre espèce d'hominine éteinte. Bref, notre arbre généalogique lointain n'est pas un arbre, c'est un réseau, et plutôt bien fourni, en plus. Depuis des centaines de milliers, et peut-être des millions d'années, les différentes espèces du genre *Homo* se sont fréquentées, ont eu des descendants ensemble, et les effets se voient encore aujourd'hui dans nos gènes.

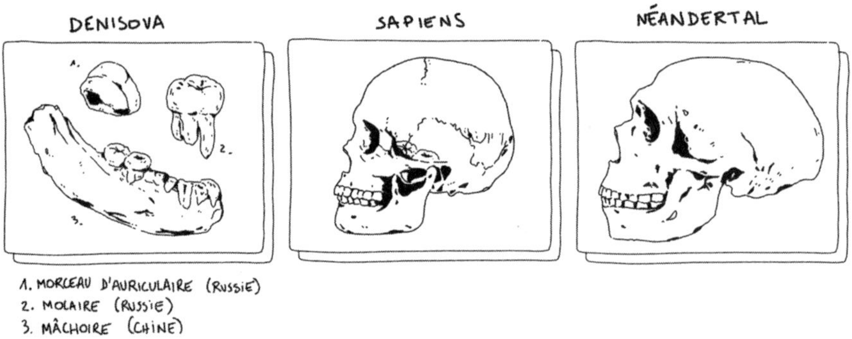

Une conséquence un peu poétique de ces métissages est qu'aujourd'hui jusqu'à 40 % du génome de l'ADN de Néandertal serait conservé dans l'humanité. Même si chaque Eurasien et chaque Océanien ont 2 à 7 % de leur ADN individuel d'origine néandertalienne, ces séquences ne sont pas les mêmes pour tous[1]. Collectivement, nous conservons

1 Une analyse parue en 2021 a estimé que les allèles vraiment spécifiques à notre espèce ne représentaient que 7 % de notre génome au total. De quoi est composé le reste, alors ? Eh bien, des gènes venant d'autres *Homo* ! Ce résultat, qui peut sembler contre-intuitif, se comprend un peu mieux lorsqu'on se répète que, collectivement, nous recouvrons une bonne partie de l'ADN de ces *Homo* disparus… et que peu de nos gènes nous sont uniques !

ainsi la mémoire génétique de ce cousin disparu, une espèce littéralement cachée dans nos gènes. C'est en revanche tout de suite moins poétique si on se rappelle que nous avons peut-être provoqué son extinction.

VOUS ÊTES PLUS QU'HUMAINS

De quoi l'humanité est-elle le nom, alors ? Premièrement, nous sommes un parfait exemple de l'influence majeure de l'hybridation entre espèces dans l'évolution. Deuxièmement, notre propre histoire remet en question le concept même d'espèce. Traditionnellement, une espèce est définie comme l'ensemble des individus capables de faire des bébés ensemble, et dont les bébés peuvent eux-mêmes faire des bébés ensemble. Bref, c'est la capacité à se reproduire qui délimite la frontière d'une espèce.

Mais ici, on voit bien que la frontière est poreuse, et que les événements où cette « loi » est transgressée ne sont pas vraiment des exceptions. Comme nous l'illustrons dans un autre chapitre, le monde vivant n'a pas l'air de se sentir très concerné par les petites boîtes mentales bien utiles que nous mettons en place pour le segmenter et l'analyser ! Il semble donc nécessaire de remettre en question - ou au moins de réfléchir avec un peu de recul - au concept d'espèce.

En bref, nous sommes hybrides. Ou, dit autrement, nous sommes humains *sapiens*... mais pas que. Je ne sais pas pour vous, mais, personnellement, je trouve que cette révélation récente - dix ans seulement depuis le premier séquençage de Neandertal ! - est absolument incroyable. Nous qui cherchons en permanence à savoir si nous sommes seuls dans l'Univers et s'il existe d'autres êtres intelligents avec qui nous pourrions converser, nous avons en nous, dans l'ADN enfoui au cœur de chacune

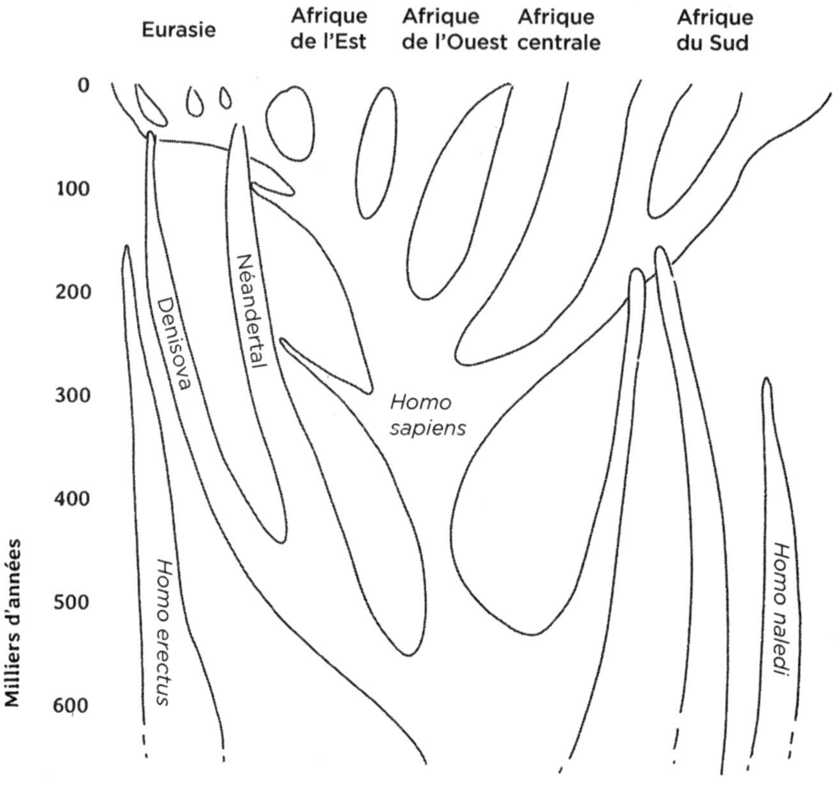

de nos cellules, la preuve que, pendant des centaines de milliers d'années, il existait à nos côtés d'autres êtres avec qui nous pouvions discuter... et plus.

Leur disparition et celle des autres mammifères au Paléolithique sont également éclairantes. Dans le débat écologique actuel, la civilisation est souvent mise en parallèle avec des sociétés plus « simples », dont le rapport à la nature serait enviable, des peuples qui vivaient avec Grand-Mère Feuillage – Gaïa –, les animaux de la forêt, etc. Les découvertes archéologiques récentes nous prouvent surtout que ces animaux de la forêt n'étaient pas préparés aux lances de nos ancêtres chasseurs-cueilleurs...

Dans la crise écologique que nous traversons, il pourrait être utile de recentrer le débat sur un problème qui ne serait pas juste technologique (les moteurs à explosion, les pesticides et les fusils), mais aussi plus ancré dans notre redoutable efficacité à migrer et à exploiter les ressources qui nous entourent. Et savoir d'où l'on vient, qui on est vraiment et quel est le point de départ à restaurer semble être une information assez utile si l'idée est de faire mieux - ou moins mal - que nos ancêtres !

12

Ces peuples qui prouvent la théorie de l'évolution

Et s'il y avait mieux que la mouche drosophile pour étudier l'évolution ? Adieu souris, levure, bactéries et autres organismes modèles, et bonjour *H. sapiens* !

Préambule : l'humanité comme animal de labo

Les chercheurs en biologie semblent obnubilés par les souris blanches de laboratoire. Ces rongeurs sont utilisés comme cobayes [1] pour toutes sortes d'expériences : étudier les facteurs qui influencent le vieillissement, le cancer, le comportement, vérifier la fiabilité de tel vaccin, tel médicament, tel cosmétique, etc. Pour le dire simplement, ces souris subissent tout ce qu'on ne veut pas faire aux humains, en postulant souvent que les résultats scientifiques que l'on obtiendra sur elles seront applicables à nous. Après tout, nous avons en commun le fait d'être des mammifères, et de ce fait certains de nos traits physiologiques se ressemblent. C'est en se basant sur ce principe que de nombreux traitements sont découverts, développés, et arrivent jusqu'à nous pour améliorer notre espérance de vie ou notre confort.

JE SUIS UN ANIMAL MODÈLE

Cependant, étendre ces conclusions à l'humain n'est pas toujours pertinent [2], et l'usage des souris est donc un

1 Ce qui est rigolo, c'est que le mot « cobaye » vient d'un autre rongeur de la famille des Caviidés, les cochons d'Inde. Ils ne sont pas proches des cochons et ils ne viennent pas d'Inde (ni de Guinée, comme leur nom anglais de *guinea pig* le laisse penser), mais d'Amérique du Sud, et ils ne sont même plus tant utilisés que ça dans la recherche. S'ils étaient très fréquemment exploités par les scientifiques entre le XVIIe et le début du XXe siècle, ils ne contribuent qu'à quelques pourcents seulement aux manips de labo aujourd'hui.
2 Un exemple particulièrement frappant est celui de la thalidomide. Après des tests probants sur des animaux, ce sédatif destiné à combattre les nausées chez la femme enceinte est mis sur le marché... et il déclenche des dizaines de milliers de fausses couches ou de malformations du fœtus sur plusieurs générations. Ce médicament n'est hélas pas un cas isolé : les essais cliniques désastreux de la fialuridine ou du theralizumab ont eux aussi montré le grand écart entre la biologie animale et la nôtre.

sujet de débat dans la communauté scientifique. Il s'agit d'un « animal modèle », et, comme tous les modèles, c'est une représentation pratique mais fausse de la réalité. De nombreux autres organismes modèles existent : les levures *Saccharomyces cerevisiae*, les plantes *Arabidopsis thaliana*, les bactéries *Escherichia coli* et les fameuses mouches du vinaigre *Drosophila melanogaster*, chacun étant exploité pour répondre aux questions spécifiques de différentes branches de la biologie.

Mais, depuis quelques années, une question se murmure dans les couloirs des laboratoires : et si les humains étaient eux-mêmes des organismes modèles ? Et si cette espèce de primates en vêtements possédait quelques caractéristiques qui la rendaient vraiment intéressante pour étudier des phénomènes biologiques fondamentaux ? Le prix Nobel de physiologie Sydney Brenner a ainsi déclaré il y a un peu plus de dix ans : « Nous n'avons plus à chercher un organisme modèle, car nous sommes l'organisme modèle. » Une assertion plutôt étonnante de la part d'un scientifique qui a œuvré pendant une bonne partie de sa carrière à faire du ver *Caenorhabditis elegans* un organisme modèle - c'est donc qu'il doit y avoir de bonnes raisons derrière tout ça.

DES DONNÉES COMME S'IL EN PLEUVAIT

Premièrement, nous sommes nombreux. 7,8 milliards d'individus au moment de l'écriture de ce chapitre, de quoi faire côté statistiques.

Deuxièmement, les systèmes sanitaires du monde entier récoltent sur chaque individu beaucoup d'informations qui pourront être ensuite analysées : taille, poids, fertilité, maladies, et surtout... séquences d'ADN !

Entre 2001 et 2016, le coût du séquençage d'un génome humain est passé de 100 millions de dollars à environ 200 dollars ! Cette chute abrupte s'explique par l'irruption de nouvelles technologies beaucoup moins coûteuses et plus rapides, et par l'apparition d'un marché du séquençage « récréatif ». Pour retracer ses origines génétiques ou avoir une idée de ses risques de développer telle ou telle maladie héréditaire, n'importe qui peut maintenant faire appel à un service grand public à bas prix. Des entreprises comme 23andme, MyHeritage vendent des kits pour pouvoir se tester à la maison, et offrent ensuite un service pour interpréter les données issues de ce séquençage.

Conséquence de la démocratisation de cette technologie, aujourd'hui, le nombre de séquences d'ADNs d'humains se compte par millions. Des données que l'on peut croiser avec les informations phénotypiques (taille, poids, maladies, etc.) pour explorer l'influence des gènes sur le corps. Le pouvoir explicatif du « big data » génétique est tel que de nombreux pays se sont lancés dans de vastes programmes de séquençage de leur population, à des fins médicales. La banque de données UK Biobank a ainsi accumulé 500 000 génomes, l'initiative européenne 1+ Millions Genomes Initiative entend en avoir le double d'ici quelques années, tout comme le All of Us Research Program des États-Unis. La liste des pays qui se lancent dans la course aux génomes est longue : Australie, Émirats arabes unis, Islande, Japon, Chine, etc. En bref, un déluge d'informations génétiques.

Ces données sont complétées par des informations sur les conditions de vie (l'alimentation, le sommeil, le travail, la famille) des personnes, ce qui autorise l'étude des interactions entre ADN, phénotype, mais aussi environnement.

Troisièmement, nous sommes un excellent organisme modèle car toute l'humanité hors Afrique provient pour l'essentiel d'un ultime événement de migration il y a 60 000 ans et s'est dispersée sur l'ensemble de la planète ensuite[1]. Les multitudes de populations ont dû s'adapter à une multitude d'environnements, et les comparer entre elles offre une manne de données incroyable pour les chercheurs en évolution qui s'intéressent à l'adaptation des êtres vivants à leur milieu.

Écrivons-le une nouvelle fois : les humains sont des animaux modèles extrêmement intéressants pour étudier l'évolution des organismes, y compris l'évolution récente. Si cette phrase provoque le moindre haussement de sourcils chez vous, c'est peut-être que vous ne vous attendiez pas à ce que notre espèce suive les lois de l'évolution, en particulier « récemment ». Et c'est vrai que, lorsque l'on parle de l'évolution des humains, on a plus tendance à évoquer celle qui nous a fait devenir des

1 Voir le chapitre 11.

femmes et des hommes, donc l'évolution qui a eu lieu depuis la poignée de millions d'années qui nous sépare de nos ancêtres communs avec les chimpanzés.

Pourtant, les différentes populations d'*Homo sapiens* constituent une véritable liste d'exemples de comment l'évolution fonctionne, avec des traits biologiques parfois surprenants qui sont pour la plupart apparus il y a moins de 10 000 ans. Pendant ces quelque 500 générations, les différents mécanismes de l'évolution, ou *forces évolutives*, ont transformé graduellement mais sûrement les peuples de l'humanité, de l'Afrique jusqu'au détroit de Béring.

Voici un chapitre *un peu spécial*[1] : une liste - un peu ennuyeuse comme toute bonne liste, mais, promis, il y aura des anecdotes surprenantes - de caractères biologiques apparus récemment dans notre espèce qui illustrent la théorie de l'évolution en action. Comme il y en a beaucoup, j'ai divisé le chapitre en deux parties. La seconde est dédiée à la sélection naturelle, qui mérite bien un traitement à part, comme vous allez le comprendre rapidement.

1 Au cas où vous auriez oublié que je suis youtubeur, ce genre de phrases peut vous le rappeler.

Des sacs à gènes dans un flipper géant

Il fallait bien commencer par ce que n'est PAS l'évolution, mais qui fait quand même changer les traits biologiques au cours du temps : la plasticité phénotypique. Pour le formuler en langage de biologiste, c'est la part environnementale qui explique la variation dans les caractères.

UN INUIT ET UN MOKEN ENTRENT DANS UN BAR

Je m'explique : mettez deux jumeaux à grandir dans deux familles différentes. La première vit au Nunavut dans le nord du Canada, et la seconde en Sierra Leone, en Afrique de l'Ouest. Les deux jumeaux recevront probablement une éducation et une nourriture différentes, et vous constaterez que les conséquences en seront très visibles. Pas la même taille, pas le même bronzage, pas la même musculature... alors qu'ils ont exactement le même génome. Ça, c'est la plasticité, la capacité d'un même génome à exprimer plusieurs phénotypes (les traits visibles) dans des environnements différents. Elle est souvent confondue par le grand public avec l'évolution des organismes.

Prenons quelques exemples. Les Moken sont un peuple qui vit dans l'archipel des Mergui, situé dans la mer d'Andaman qui borde la Birmanie et la Thaïlande.

Ce peuple d'origine austronésienne a une culture entièrement tournée vers la mer : il vit de la pêche et de la cueillette de fruits de mer, qu'il fait en apnée. Dès leur plus jeune âge, les enfants plongent pour récupérer de la nourriture. De ces plongées répétées, les Moken tirent

une capacité unique : ils voient parfaitement bien sous l'eau.

Cette capacité étonnante a été étudiée par la chercheuse suédoise Anna Gislen et ses collègues. Ils ont démontré que les enfants moken réussissent à atténuer le flou causé par l'environnement aquatique en réduisant la taille de leur pupille et en déformant le cristallin de leur œil. Dans une autre publication, ces chercheurs ont établi que cette prouesse résultait en fait d'un apprentissage au cours de la vie, et que n'importe quel enfant de n'importe quelle origine pouvait en faire montre. En d'autres termes, un enfant moken né au Nunavut verrait aussi flou sous l'eau que n'importe qui, tandis qu'un Inuit qui a grandi dans l'archipel des Mergui pourra acquérir cette compétence à force d'entraînement.

LA TAILLE, ÇA COMPTE

Un autre exemple, bien connu, est celui de l'augmentation de la taille des Européens au XXe siècle. Il y a 100 ans, la taille moyenne des hommes britanniques était de 1,68 m, contre 1,78 m aujourd'hui. Une étude s'est attachée à comprendre d'où venait ce changement, survenu en seulement 4 à 5 générations, et la conclusion est la suivante : le milieu de vie des Anglais a changé. C'est une nourriture plus riche et moins de maladies qui ont permis aux enfants d'atteindre une taille plus importante, plus que l'effet de gènes particuliers.

Cette plasticité est souvent confondue avec l'évolution génétique des organismes, car, comme elle, elle provoque un changement des phénotypes au cours du temps. Cependant, à la différence de l'évolution génétique, la plasticité n'influe pas sur la transmission des caractères de génération en génération. Imaginez qu'un contexte particulier remette l'Angleterre au niveau de santé et de nourriture d'il y a 100 ans : les Anglais retrouveraient probablement leur taille d'antan ; puisque seul le phénotype change, les retours à zéro sont possibles, en quelque sorte.

Ce qui distingue la plasticité de l'évolution des organismes, c'est bien l'hérédité. L'évolution est un processus aveugle, qui accumule des différences à chaque fois que les individus se reproduisent. Un véritable changement graduel se produit à chaque tour de manège (un manège un peu spécial, certes, où à chaque tour une personne fait un bébé).

Nous avons donc le premier ingrédient essentiel de l'évolution : l'hérédité des caractères, *via* la transmission de la molécule d'ADN. En d'autres termes, les êtres vivants sont des sacs de gènes qui se dupliquent. Cependant, ce n'est pas suffisant. Si les parents transmettaient exactement le même ADN que le leur à tous leurs enfants, et que ceux-ci faisaient la même chose, il n'y aurait pas d'évolution : nous serions tous identiques.

L'évolution se manifeste comme un changement de fréquence des différentes versions des gènes (les allèles), de génération en génération. Si, à chaque nouvelle génération, la population n'a pas la même composition génétique que la génération précédente, alors, c'est qu'elle est en train d'évoluer. Les sacs de gènes se trouvent en fait dans une sorte de flipper géant : des ressorts et des leviers les frappent dans tous les sens et altèrent leur trajectoire. Ces forces évolutives changent la fréquence des allèles d'une génération sur l'autre et, coïncidence incroyable, il se trouve justement que la suite du chapitre est dédiée à la présentation de ces forces en question.

DE L'INTÉRÊT DE FAIRE MUTER SON CÉRUMEN

Nos conduits auditifs produisent une substance cireuse jaunâtre qui les protège de l'eau, des bactéries et des champignons : le cérumen. Cette sécrétion se présente en fait sous deux formes dans l'humanité : le cérumen sec et le cérumen mou.

Vous êtes d'origine africaine ou européenne ? Vous avez probablement un cérumen bien gras, d'une couleur qui va du miel pâteux au brun visqueux. En revanche, si vous êtes d'origine asiatique ou natif-américain, vous avez plus probablement un cérumen sec qui fait des paillettes, de couleur plutôt grisâtre translucide. Ce trait est associé à une odeur corporelle beaucoup moins prononcée : les personnes qui ont des paillettes dans le conduit auditif ont l'avantage de ne pas sentir fort la transpiration !

La différence entre les deux ? Elle ne tient pas à grand-chose : un simple changement de nucléotide sur le site 538 de la région codante du gène *ABCC11* provoque la version « sec ». Si on a une guanine à cet endroit, on a du cérumen mou, et si on a de l'adénosine, on a du cérumen sec. On peut remercier la génétique de dévoiler ainsi l'un des plus grands mystères du monde vivant.

Le gène *ABCC11* a donc deux allèles, qui diffèrent d'un seul nucléotide, ce qu'on appelle un SNP[1]. Les cas d'école aussi simples où un unique nucléotide de différence correspond à deux allèles différents qui correspondent eux-mêmes à deux traits différents sont... extrêmement rares. En temps normal, il y a de très nombreux SNPs, et de très nombreux allèles pour expliquer des traits. La taille, par exemple, est liée à l'expression de dizaines et de dizaines de SNPs, et c'est le cas de la plupart des caractères biologiques. Bref, le monde vivant a rarement des frontières aussi propres et nettes que le cérumen des humains[2]. Cependant, l'exemple du cérumen est intéressant, car il permet de montrer que les mutations apportent de la diversité dans le patrimoine génétique d'une population. Cette variation génétique sera la base sur laquelle les autres forces évolutives vont pouvoir agir ensuite.

La répartition géographique de l'allèle « sec » et des simulations effectuées en 2011 racontent l'histoire évolutive suivante : il y a environ 2 000 générations, soit 40 000 ans, les populations d'humains qui étaient précédemment sorties d'Afrique se sont divisées en deux. Une partie est allée à l'ouest et a colonisé l'Europe, et l'autre moitié a voyagé vers l'est et a engendré les ancêtres des populations asiatiques actuelles. À ce moment-là apparaît notre fameux SNP, une mutation qui

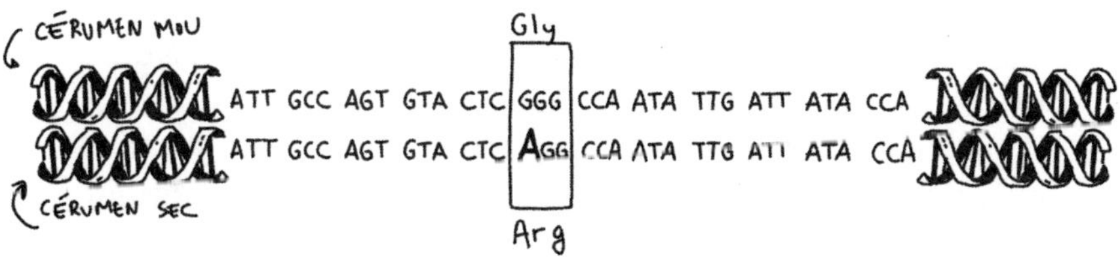

1 « SNP » vient de *single-nucleotide polymorphism*, ou polymorphisme d'un seul nucléotide dans la langue de Francis Huster.

2 Je suis sûr que vous ne pensiez pas lire cette phrase en vous réveillant ce matin.

remplace une guanine par une adénosine. Le tout premier humain du monde à présenter un cérumen sec a eu des enfants, et eux-mêmes ont eu des enfants, et ainsi de suite, certains porteurs de l'allèle « sec ». La chance.

Cette mutation, favorisée par la sélection naturelle (on va en reparler très vite), a envahi la population, à tel point qu'elle est aujourd'hui presque ubiquitaire en Corée et dans le nord de la Chine. Elle a suivi les migrations des humains qui la portaient. Mieux : des anthropologues ont pu étudier le cérumen des Inuits pour comprendre les migrations paléolithiques de leurs ancêtres en Amérique du Nord !

Faisons une pause, il y a beaucoup à digérer [1]. Parlons de quelque chose de moins dégoûtant, plus neutre... et laissez-moi vous raconter l'histoire de l'homme qui a voulu créer des hybrides chimphumains, en inséminant des femmes avec du sperme de chimpanzé.

CRÉER DES CHIMPHUMAINS

Au début du XXe siècle, aucun projet ne semblait impossible, à condition d'avoir le concours de l'industrie et de la science. Assécher la Méditerranée pour créer un supercontinent eurafricain afin d'unifier les États européens et d'empêcher les guerres futures ? Il n'y avait qu'à mettre des barrages gigantesques aux détroits de Gibraltar et des Dardanelles, et le tour était joué [2]. Nourrir toute l'humanité ? Il suffisait de fixer l'azote atmosphérique sous forme d'ammoniac, pour en faire des engrais, grâce au procédé Haber-Bosch nouvellement inventé. Transgresser les limites de la nature et créer des

---

1 Surtout que le cérumen a pu être utilisé comme baume à lèvres, donc il y a littéralement beaucoup de choses à digérer.

2 C'est le projet Atlantropa, qui était vraiment pris au sérieux durant l'entre-deux-guerres.

hybrides entre espèces grâce à l'insémination artificielle ? Il n'y avait qu'à appeler le célèbre professeur Ilya Ivanovich Ivanov, expert international de la question.

À la station d'Ascania-Nova, un centre scientifique planté dans une réserve naturelle proche de la mer Noire, dans l'actuelle Ukraine, ce chercheur recourait aux techniques les plus raffinées de son époque pour croiser différentes espèces entre elles. Zèbres et chevaux de Przewalski, zèbres et ânes, vaches et bisons, etc. : le professeur cherchait à améliorer les espèces d'élevage en introduisant des caractéristiques issues d'autres organismes cousins. Mais son nom n'aurait sans doute pas été aussi célèbre s'il n'avait pas poussé l'investigation scientifique un cran plus (trop) loin... Le 28 février 1927, il procéda avec l'aide de son fils à l'insémination de deux femelles chimpanzés, Babette et Syvette, dans le jardin botanique de la Camayenne, en Guinée. Le sperme qui avait été injecté à la hâte et en se cachant des travailleurs locaux était d'origine... humaine.

Depuis des années, Ilya Ivanovich Ivanov voulait pousser encore plus loin l'art de l'insémination artificielle, dont il était un fer de lance mondial. Serait-il possible de créer un hybride homme-chimpanzé ? Mais son projet a été semé d'embûches : sa première visite en Guinée, l'année précédente, s'était soldée par un échec, car il s'était rendu compte assez rapidement qu'aucun des chimpanzés n'était sexuellement mature. Sa seconde visite, bien que bénéficiant du soutien de personnalités de l'Institut Pasteur et de la bienveillance du gouverneur local, Jean Louis Georges Poiret, se faisait sous forte contrainte budgétaire. Il fallait faire au plus vite, et obtenir un hybride chimphumain qui aurait convaincu les autorités de l'intérêt de ses recherches.

Hélas[1], les inséminations ne donnent rien. Trois tentatives sont menées entre février et juin 1927, ce qui est largement insuffisant pour espérer des résultats. À l'époque et dans les meilleures conditions, les inséminations artificielles avaient un taux de réussite de l'ordre de 30 %, et avec jusqu'à 6 injections par patiente. Pour ne rien arranger, les guenons ne se montrèrent - sans surprise - pas trop coopératives, et les inséminations furent effectuées de force.

Lorsque Ivanov se rendit compte qu'elles avaient leurs règles, il décida alors de changer de méthode. Son idée ? Faire l'inverse : inséminer des femmes humaines, avec du sperme de chimpanzé. Sa logique, aussi rationnelle que glaçante, était la suivante : les femmes seraient plus coopératives, l'infrastructure hospitalière de Conakry lui permettrait de réaliser ses expériences dans les meilleures conditions, et il pourrait répéter l'expérience autant de fois que nécessaire.

Il savait déjà comment obtenir du sperme depuis les testicules d'un animal récemment abattu, une technique

1 Ou pas hélas, en vrai.

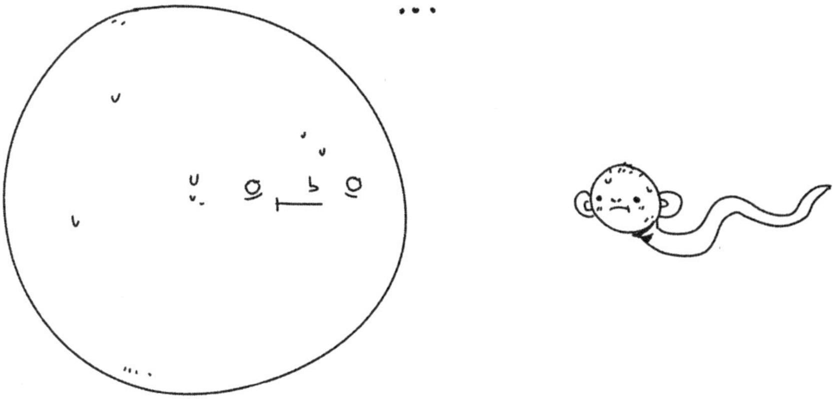

qu'il avait mise au point des années auparavant. Il planifiait de toute évidence d'injecter ce sperme chez des Guinéennes, sans les informer pleinement des tenants et aboutissants de la procédure.

Il obtint un temps l'accord de l'administration coloniale, pour qui l'absence de consentement ne semblait pas représenter un problème majeur, et tout semblait bien parti pour qu'il puisse enfin réaliser son expérience. Cependant, quelques semaines plus tard, le gouverneur changea d'avis et interdit les expériences dans l'enceinte de l'hôpital. Ivanov chercha d'autres options en Afrique équatoriale, notamment dans la colonie d'Oubangui-Chari[1], mais ne put vraisemblablement pas mener à bien son projet si dérangeant.

Déçu, il rentra en URSS avec une dizaine de primates et... voulut recommencer l'expérience, mais cette fois avec des femmes volontaires. Il trouva de fait une certaine « G. » de Leningrad, désireuse de participer à cette percée scientifique. Un orang-outan nommé « Tarzan » était sur le point d'être le donneur quand il mourut d'une hémorragie subite. Ivanov tomba en disgrâce lors des

1 L'actuelle Centrafrique.

purges de la révolution culturelle et fut arrêté par la police secrète pour être exilé à Alma-Ata (aujourd'hui Almaty, la capitale du Kazakhstan). Il décéda dans cette ville en 1932, sans avoir pu prouver si oui ou non nos plus proches cousins et nous étions fertiles.

CADAVRE EXQUIS

Cette histoire, bien que sinistre, illustre en définitive l'importance de l'hybridation comme force évolutive. En effet, même si nos lignées évolutives ont divergé il y a entre 10 et 7 millions d'années, nous possédons toujours en commun plus de 99 % d'ADN responsable de la création de protéines, l'ADN dit codant. On connaît d'ailleurs exactement la nature de ce 1 % de différence : en comparant les génomes, on peut voir les gènes qui ont disparu, et ceux qui sont apparus pendant ces millions d'années de divergence. De fait, nos chromosomes ont toujours une structure très proche, à peu près aussi distincts entre eux que le sont les chromosomes des chevaux de Przewalski de ceux des chevaux domestiques. Et, de même que ces deux dernières espèces parviennent à se reproduire entre elles (pour produire une descendance souvent stérile), il ne semble pas aberrant d'imaginer qu'un hybride puisse naître entre les chimpanzés et nous.

Notre histoire évolutive confirme l'importance de l'hybridation dans la trajectoire humaine. Dans le chapitre 2, on a vu comment les ancêtres des Eurasiens ont rencontré de nombreuses autres espèces du genre *Homo*. Néandertal, Denisova et autres *Homo* archaïques encore inconnus ont fait du génome de l'humanité une mosaïque hybride, un incroyable cadavre exquis dont nous sommes les héritiers.

Mais, encore plus intrigant, on se rend compte que cette logique d'hybridation est bien plus vieille que l'humanité elle-même : après avoir divergé de la lignée commune avec les ancêtres des chimpanzés, nos lointains ancêtres n'ont cessé de se reproduire avec eux, et ce pendant plusieurs millions d'années. Ce résultat étonnant vient d'une observation frappante : même si les deux espèces se sont séparées il y a environ 7 millions d'années, nous avons des portions de génome en commun qui sont trop semblables par rapport au temps qui s'est écoulé. Le scénario le plus plausible est qu'il y a eu des échanges de gènes - donc de l'hybridation - après coup. D'autres études relèvent d'ailleurs le même schéma en ce qui concerne les ancêtres de la lignée des gorilles et nos lointains aïeux. De toute évidence, notre longue lignée se caractérise par des individus lubriques et amateurs d'exotisme, et ce depuis très, très longtemps.

La conséquence principale d'un événement d'hybridation, c'est qu'il apporte plein de gènes d'un coup dans une lignée, au lieu de nombreuses petites mutations vouées à s'accumuler au fur et à mesure des générations. On se rend compte aujourd'hui que cette force évolutive, qui était depuis longtemps reconnue comme majeure dans l'évolution des plantes, a également un rôle crucial dans l'évolution des animaux. Les ours polaires et les ours bruns ont largement fricotté pendant le Pléistocène, il y a environ 20 000 ans, les loups rouges seraient des hybrides entre les coyotes et les loups gris, les bisons européens un mix entre aurochs et bisons des steppes, etc., etc. !

POUR UNE REDÉFINITION DE L'ESPÈCE

Dans l'humanité récente (parce que, oui, c'était le sujet du chapitre, avant qu'il ne dérive de façon étrange sur les expériences d'un chercheur russe et ses seringues pleines de sperme de chimpanzé), dans l'humanité récente, disais-je donc, les événements d'hybridation avec nos cousins disparus ont aussi apporté de nombreux gènes importants.

Les Tibétains ont par exemple reçu deux allèles, *EGLN1* et *EPAS1*, de l'union de leurs ancêtres avec les Denisoviens.

Ces gènes sont associés à une meilleure capacité à respirer correctement en altitude, ce qui leur a clairement donné un coup de pouce pour s'adapter à leur milieu de vie[1]. Certains des gènes que les Néandertaliens ont transmis aux Eurasiens sont impliqués dans le métabolisme des graisses, dans le système immunitaire, dans la synthèse de la kératine – la protéine qu'on retrouve dans la peau et les cheveux –, dans l'adaptation aux ultraviolets, dans le sommeil, dans la maladie de

1 Incroyablement, les chiens tibétains ont également reçu les mêmes allèles… de loups locaux ! Comme quoi, se reproduire avec les locaux est une stratégie qui fonctionne pour s'adapter, quelle que soit l'espèce.

Crohn, le diabète, le lupus et même plus récemment dans la sévérité des symptômes dus au coronavirus responsable de l'épidémie de COVID-19 ! Ce ne sont que quelques éléments d'une très longue liste, et les années qui viennent apporteront certainement un éclairage neuf sur ce que nous devons, dans le détail, à ces cousins disparus.

Cette force évolutive[1] est peut-être la plus déstabilisante de toutes, car elle bouscule nos préconceptions. Par définition, si deux espèces se distinguent l'une de l'autre, c'est parce qu'elles ne sont pas fertiles entre elles. Mais, si elles arrivent à faire des enfants viables ensemble, alors que toute leur morphologie montre qu'elles sont différentes, c'est peut-être que la définition n'est pas une représentation correcte de la réalité.

L'hybridation est donc la plus grande épine fichée dans le concept d'espèce, une bonne façon de se rendre compte que nous nous sommes fabriqué une petite boîte mentale qui nous distingue un peu trop proprement du reste du monde vivant.

Ainsi, il y a quelques années, le biologiste Richard Dawkins déclarait que la création d'un hybride chimpanzé-humain serait une excellente façon de montrer que la barrière infranchissable qui nous sépare du monde animal n'est qu'une vue de l'esprit, un essentialisme confortable mais contraire à ce qu'enseigne la biologie évolutive. Selon lui, l'existence d'un hybride de ce type montrerait que nous ne sommes pas si différents des grands singes, et que réussir à faire des enfants avec eux illustrerait de fait notre appartenance biologique à cette lignée de primates dont nous nous distinguons très artificiellement. Comme quoi, Ivanovich tenait peut-être quelque chose...

---

1 Le statut de l'hybridation comme force évolutive est débattu, mais elle a joué un tel rôle dans l'histoire évolutive de notre espèce qu'on ne pouvait pas passer à côté dans ce chapitre.

L'hybridation peut en définitive se voir comme une sous-catégorie d'une autre force évolutive : les flux de gènes. Dans le cas de l'hybridation, ces flux ont lieu spécifiquement entre deux espèces différentes, mais nous allons voir qu'ils ne sont pas limités à ce cas précis et qu'ils s'appliquent très bien à d'autres événements de l'histoire de l'humanité… comme la traite négrière.

LES PREUVES GÉNÉTIQUES D'UNE ÉPOQUE HORRIBLE

Nous sommes en 1528, Martín Cortés, fils du célèbre conquistador Hernán Cortés (le type responsable de la chute de l'Empire aztèque, rien que ça), accoste avec son père dans un port d'Andalousie du haut de ses 5 ans. C'est la première fois qu'il met les pieds en Europe, et il n'est pas au bout de ses surprises : il rencontrera bientôt l'empereur Charles Quint, deviendra page sous Philippe II d'Espagne, et sa naissance sera officiellement légitimée par le pape Clément VII lui-même. Cette procédure est nécessaire, car Martín est l'un des tout premiers *mestizos* de la Nouvelle-Espagne, un métis issu de l'union entre papa Cortés et la Malinche, une femme native-américaine issue de la tribu des Nahua du golfe du Mexique et interprète personnelle de son conquistador de compagnon.

Ce premier événement référencé de métissage n'était que le début d'une très longue liste, qui allait d'abord concerner les Européens et les Américains natifs, avant de devenir un système organisé à très grande échelle. Entre 1515 et 1865, plus de 12 millions d'hommes, de femmes et d'enfants ont été conduits de force depuis l'Afrique jusqu'en Amérique, pour y devenir des esclaves. Parmi eux, 2 millions ont trouvé la mort pendant la traversée de l'Atlantique. Au-delà de l'aspect historique, culturel ou moral de cette entreprise macabre, un point de vue intéressant peut apporter un éclairage original : celui d'un généticien des populations.

En effet, cette traite négrière était un flux massif de personnes, mais aussi un flux massif de gènes, sans commune mesure avec aucun autre événement historique. Aujourd'hui encore, dans les pays d'Amérique où des statistiques ethniques sont recensées, on enregistre des taux impressionnants de métis. Les *mestizos* constituent souvent la majorité de la population, comme en Équateur (72 %), au Paraguay (90 %) ou au Mexique (80 %). En croisant des bases de données historiques[1] et génétiques, des chercheurs ont pu révéler d'autres facettes de ce sombre moment de l'histoire de l'humanité. Ils ont pu par exemple retrouver précisément l'origine des personnes qui embarquaient sur les bateaux négriers, en comparant le génome des descendants d'esclaves avec celui de personnes vivant en Afrique aujourd'hui. En étudiant l'ADN de 50 000 participants, grâce au coût toujours plus faible des tests génétiques personnalisés, ils ont montré que la traite négrière, par son ampleur, n'avait pas provoqué de goulot d'étranglement génétique. Pour le dire autrement, il y a eu tellement d'Africains déportés en Amérique que leur diversité d'origine était assez bien représentée dans le Nouveau Monde !

Grâce à la génétique, les chercheurs ont également mis au jour l'étendue des pratiques esclavagistes, en particulier celles qui concernaient la reproduction. En effet, ils se sont rendu compte que les femmes avaient contribué dans une proportion folle au patrimoine génétique des descendants actuels, alors même que 60 % des esclaves étaient des hommes. C'est un fait bien connu des historiens : les esclavagistes violaient fréquemment les captives dans les plantations, tandis que

1 Comme www.slavevoyages.org, qui recense 36 000 voyages de bateaux négriers entre 1514 et 1866.

les hommes n'avaient souvent pas l'opportunité de se reproduire avant de mourir. Cet effet est tellement puissant qu'on estime à 17 : 1 le ratio de contribution des femmes sur les hommes ! En Amérique latine, le *branqueamento* était ainsi une politique coloniale qui consistait à faire se reproduire des femmes métis avec des Blancs pour « blanchiser » la population, et ainsi l'améliorer selon les vues racistes de l'époque. Toutes ces actions se sont traduites par des flux de gènes, qui ont eu un impact sur le génome des gens bien vivants actuellement, que les chercheurs peuvent détecter et étudier.

DES ATOLLS À LA DÉRIVE

Nous sommes sur l'atoll micronésien de Pingelap. Le soleil illumine le lagon qui relie trois îles. Une seule d'entre elles est habitée par quelque 300 habitants, dont le cadre de vie est une explosion de couleurs : le vert tendre des plantes tropicales, le bleu électrique du lagon, le jaune du sable. Et, ironiquement, une partie des habitants voient en noir et blanc. Les locaux appellent cette affection le *maskun*, les « yeux éteints ». D'origine génétique, elle résulte d'une absence totale de cônes sur la rétine : elle ne comporte que des bâtonnets, qui n'ont pas de rôle dans la perception des couleurs.

Le maskun n'est pas que synonyme d'une vie monochrome, elle rend également ses porteurs très sensibles à la lumière (ce qui est plutôt gênant quand on habite sur une île tropicale) et dotés d'une acuité visuelle plutôt mauvaise. Cette pathologie, l'achromatopsie, est très rare en temps normal : elle concerne une personne sur 33 000. Mais, sur Pingelap, elle est 3 000 fois plus courante et touche plus de 10 % de la population. Et cette particularité trouve son origine dans une force évolutive, la dérive génétique.

En 1775, le cyclone Lengkieki tua 90 % des habitants de l'île, et la famine qui s'ensuivit acheva de décimer la population. Quelques semaines après la catastrophe, il ne restait plus qu'une poignée de survivants sur l'atoll... les ancêtres de la plupart des habitants actuels. Ce type de catastrophe change complètement la transmission des gènes à la génération suivante : les personnes qui ont eu la chance de survivre à ces événements sont en quelque sorte « tirées au hasard », et, s'ils possèdent des allèles un peu rares, ceux-ci peuvent devenir surreprésentés au fil des générations suivantes. C'est ce qui s'est passé sur cette île : parmi la poignée de survivants, l'un

des hommes possédait une mutation unique sur l'un de ses chromosomes. De ce goulot d'étranglement génétique a découlé la prévalence actuelle de l'allèle : lui-même porteur sain, il transmit sa particularité à ses enfants, et, de nombreux mariages consanguins plus tard, les habitants devenaient aveugles aux somptueuses couleurs de l'île.

Les petites populations isolées sont particulièrement sensibles à ce tirage au sort génétique, que l'on appelle « dérive ». Un coup du sort comme une catastrophe naturelle a toutes les chances d'avoir un impact monumental sur la trajectoire génétique des descendants, et, si ceux-ci se reproduisent entre eux, cet impact est amplifié sur le long terme. Cette mécanique n'est donc en rien spécifique à Pingelap : on trouve des cas de dérive génétique un peu partout dans l'humanité !

LA FAMILLE DES PEAU BLEUE

Un autre exemple se trouve dans le Kentucky, un endroit certes moins exotique, mais où vivait une famille exceptionnelle.

Dans les collines qui bordent les Appalaches, sur les berges du ruisseau Troublesome, vivaient les Fugate, une famille connue dans la région pour son incroyable couleur de peau. En effet, les Fugate étaient bleus. Enfin, d'une couleur plus proche d'un violet cadavérique tirant sur le bleu, mais ne chipotons pas trop, c'est suffisamment exceptionnel comme cela ! Atteint d'une méthémoglobinémie[1] héréditaire, le sang de cette famille était plus riche en ions fer III (Fe^{3+}) que la normale, d'où cette couleur de peau si rare.

L'origine de cette dynastie azurée remonte aux débuts du XIXe siècle, lorsque deux personnes porteuses

1 Mot hélas invalide au Scrabble.

d'un allèle responsable de cette maladie firent des enfants ensemble. Le Kentucky des années 1800 n'est pas aussi mouvementé qu'on aimerait le croire, il y a relativement peu de passage dans les vallées, et on se marie beaucoup entre cousins et voisins. Comme dans l'exemple polynésien, le goulot d'étranglement génétique de départ, cumulé avec des mariages consanguins, finit par créer toute une famille céruléenne. Cette particularité disparut avec le brassage génétique qui survint lors de la création de routes dans la région.

Citons aussi la prévalence de jumeaux, cinq fois plus élevée à Cândido Godói, au Brésil, que n'importe où dans le monde, le nombre important de sourds congénitaux dans le village de Bengkala, sur l'île de Bali (ce qui a amené les villageois à apprendre le langage des signes), le nombre élevé d'habitants d'Araras, au Brésil, atteints de *Xeroderma pigmentosum*, une maladie qui les rend extrêmement sensibles aux ultraviolets, et les jeunes garçons de Guevedoces, en République dominicaine, qui peuvent présenter une déficience en une enzyme nommée 5-alpha-reductase, ce qui leur donne une apparence féminine et repousse à la puberté la croissance de leurs organes génitaux.

Ces évolutions en vase clos ne sont pas toujours très avantageuses pour les gens qui en subissent les conséquences. Pour comprendre pourquoi, il faut s'intéresser à la dernière force évolutive de cette longue liste, la sélection naturelle.

Obésité utile et cérumen sec

Les Austronésiens ont accompli un haut fait dans l'histoire de l'humanité : l'une des plus grandes migrations de tous les temps. Partis de Taïwan autour de 3000 avant notre ère, les membres de ce peuple étendent leur aire de répartition sur les Philippines et les îles indonésiennes à l'aide de bateaux très avancés pour l'époque. Des équivalents rudimentaires des *waʻa kaulua*, ces pirogues à deux coques et à voiles grâce auxquelles ils affrontent la haute mer et explorent les îles qui constellent la région.

Ils ne s'arrêtent pas en si bon chemin et, génération après génération, les descendants poussent un peu plus loin que leurs ancêtres les limites de l'expansion austronésienne. Bien sûr, tout ne se fait pas dans la douceur : des populations habitent certaines de ces îles depuis des dizaines de milliers d'années, et elles vivent moyennement bien l'arrivée de ces explorateurs un peu envahissants, que rien n'arrête.

D'ailleurs, en 1000 avant notre ère, ils s'installent en Polynésie, et traversent également l'océan Indien pour coloniser Madagascar.

Ce n'est que plus de 2 000 ans plus tard, en 1200, que l'expansion parvient à son terme, avec l'arrivée à Rapa Nui, l'île de Pâques. Au moment où la cinquième croisade avait lieu et où Gengis Khan constituait son empire, une migration commencée 4 000 ans plus tôt arrivait à sa destination finale dans l'océan Pacifique ! Ces migrations incroyables ont dû être très éprouvantes, en particulier les longues traversées qui ont causé la mort de beaucoup de ces familles exploratrices. Et, si on le sait aujourd'hui, c'est grâce à une concordance entre les résultats de l'archéologie, de la génétique et… de la santé publique.

OBÉSITÉ D'ORIGINE ÉVOLUTIVE

Les îles polynésiennes sont impactées par un grave problème : une grande partie des insulaires sont obèses. Selon le World Factbook de la CIA en 2016, la prévalence de cette maladie chronique était la suivante :

Rang mondial	**Pays**	**Pourcentage d'obèses**
1	Nauru	61,00
2	Îles Cook	55,90
3	Palau	55,30
4	Îles Marshall	52,90
5	Tuvalu	51,60
6	Niue	50,00
7	Tonga	48,20
8	États fédérés de Micronésie	47,30
9	Kiribati	46,00
10	Samoa	47,30

À titre de comparaison, il y a environ 15 % d'obèses en France.

D'autres données complètent le tableau : ces îles sont fortement impactées par les maladies cardiovasculaires et le diabète de type 2. Une partie de la responsabilité incombe à l'alimentation, composée de beaucoup d'aliments transformés, riches en calories et issus de l'importation. Elle est accompagnée d'un style de vie assez sédentaire qui n'arrange rien, mais l'histoire évolutive de ces Austronésiens participe également à l'état sanitaire de ces pays.

Dans un article de 2016 paru dans la revue *Nature*, des chercheurs américains ont mis en évidence la présence d'une version particulière du gène *CREBRF* dans les îles

Samoa. Cet allèle, extrêmement rare dans les autres populations de la planète, est là-bas très fréquent. Ils ont pu montrer que cette version du gène accélérait le stockage des graisses dans les cellules et diminuait la dépense d'énergie. En d'autres termes, c'est un gène « économe », il améliore la conservation des ressources chez les Samoans. Le scénario est donc le suivant : les Austronésiens prennent la mer. Ils ont faim pendant les traversées. Très faim. Beaucoup de gens meurent. Les quelques personnes qui survivent à ces épreuves sont ceux qui ont des versions de gènes qui leur ont permis de garder de l'énergie, sous forme de graisse. Ceux-ci atteignent les îles et se reproduisent, propageant ces allèles. Rincer et répéter à chaque traversée d'île en île. Depuis le départ de Taïwan (3000 avant notre ère) jusqu'à l'arrivée aux Samoa (environ 800 avant notre ère), il y aurait donc eu plusieurs épisodes de ce type. Du point de vue d'un biologiste, ce sont des épisodes de sélection naturelle.

Ces allèles « économes » conféraient à leurs porteurs un avantage reproducteur : survivre pour faire plus de bébés. Les mêmes bébés, une fois adultes, l'ont eux aussi transmis à leurs descendants, qui en ont de même tiré un avantage, et ainsi de suite. Dans le jargon, on dit que l'allèle confère une meilleure valeur sélective (ou *fitness*) que l'alternative non économe. Les Samoans sont donc extrêmement optimisés par l'évolution, car leurs ancêtres ont beaucoup souffert lors de voyages périlleux. Les biologistes parlent d'adaptation locale pour décrire les changements qui se font en réponse à la sélection, et on peut dire que les Polynésiens étaient adaptés localement à la pénurie de ressources ! Aujourd'hui, cet avantage historique se retourne contre eux. Dans un nouveau contexte environnemental, leur faculté à conserver les ressources sous forme de graisse est trop poussée, ce qui cause toutes ces maladies dites « de civilisation ».

L'ADAPTATION, TOUT UN ART

L'humanité offre énormément d'exemples de telles adaptations locales, et les généticiens en découvrent encore beaucoup aujourd'hui. La plupart ne sont toutefois pas aussi visibles que l'efficacité énergétique des Polynésiens, et il faut donc plonger dans les génomes pour les détecter. En regardant une séquence d'ADN, les chercheurs repèrent les morceaux les moins variables, ceux dont la distribution dans la population ne semble pas être due au hasard. À l'aide de modèles statistiques avancés (et aujourd'hui d'une pincée d'intelligence artificielle), il leur est ainsi possible de détecter le signal unique de la sélection dans le bruit des mutations aléatoires neutres. Comme ces méthodes se raffinent et qu'on obtient de plus en plus de séquences génétiques chez des populations mal connues, il est possible que la liste qui suit soit largement incomplète le jour où vous lirez ce livre. C'est plutôt une bonne nouvelle, cela veut dire que la science avance ! Toujours est-il qu'on peut regrouper ces adaptations en plusieurs catégories[1].

LA RÉPONSE À L'ENVIRONNEMENT

D'abord, il y a les traits qui sont apparus en réponse à un environnement particulier. Un exemple spectaculaire est celui de la *capacité à résister à de hauts taux d'arsenic.* Dans le village minier de San Antonio de los Cobres, sur le haut plateau argentin, à plus de 3 700 m d'altitude, les

1 Pour dresser cette liste, je me suis lourdement appuyé sur un article de revue, « The Genomics of Human Local Adaptation », rédigé par Aida M. Andrés et ses collègues en 2020.

habitants ont développé une résistance à l'arsenic. Ce poison est présent en concentration élevée dans les sols, de sorte que l'eau qu'ils boivent en est contaminée. L'un des habitants du passé a dû naître avec une mutation du gène *AS3MT*, qui permet la détoxification de l'arsenic, et il se portait probablement un peu mieux que ses compatriotes, ce qui lui a permis de faire légèrement plus d'enfants ; ces derniers ont également profité de cet avantage et, au fil des générations, l'allèle s'est répandu dans toute cette population du plateau andin.

Un autre exemple, plus putatif celui-là, est la *capacité à résister au froid* des Yaghans.

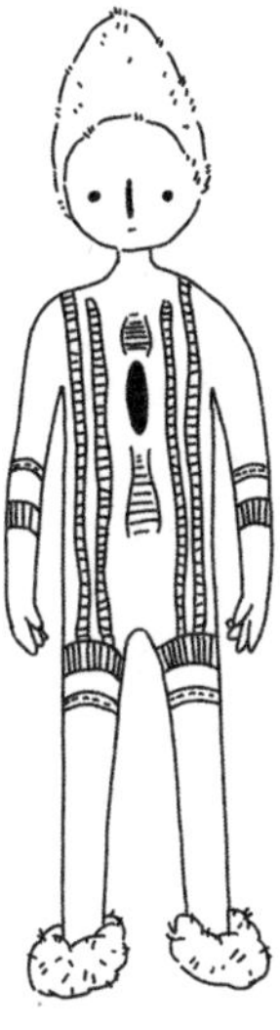

Ce peuple vivait à la pointe de l'Amérique du Sud, en Terre de Feu, l'archipel le plus au sud du monde. Leur vie entière se déroulait dans la région du Cap Horn, pas nécessairement connue pour sa météo paradisiaque. Les explorateurs, dont Darwin, notèrent quelque chose de surprenant : les Yaghans ne portaient presque pas de vêtements. À la place, ils s'enduisaient de graisses animales, ou bien se regroupaient près des très nombreux feux qui ont donné son nom à leur pays. Tout cela semble un peu léger dans une région où la température moyenne est de 5 °C, d'autant qu'ils plongeaient fréquemment pour récupérer des fruits de mer...

On a donc depuis longtemps supposé qu'au cours de l'évolution, les Yaghans avaient acquis une capacité à résister au froid, fruit d'un métabolisme très élevé par exemple. Aucune observation biologique ne permet d'en être sûr, car la plupart d'entre eux ont disparu. Si je parle de ce peuple alors que l'on n'a aucune preuve d'aucune sorte de sélection génétique, c'est à cause de... Darwin. Lorsqu'il rencontre pour la première fois les Yaghans, lors du second voyage du *HMS Beagle*, sa réaction nous rappelle que cet affable savant barbu était aussi un pur produit de son époque : « [...] je n'aurais jamais pu penser combien était grande la différence entre un homme sauvage et un homme civilisé : elle est plus grande que celle entre un animal sauvage et un animal domestique, dans la mesure où, chez l'homme, il existe une capacité d'amélioration bien plus grande », écrit-il dans son journal.

Un commentaire tout ce qu'il y a de raciste, bien sûr, mais cette rencontre provoquera paradoxalement une intuition assez fertile : ses réflexions sur les Yaghans l'amèneront à écrire *La Filiation de l'homme et la sélection liée au sexe* près de quarante ans plus tard, l'ouvrage où il développera sa théorie de l'évolution appliquée à l'espèce humaine. Sans ce monument de la science, ce chapitre entier n'existerait sûrement pas, donc... merci les Yaghans. Mais on voit également que, lorsqu'une population disparaît, ce sont non seulement sa langue et sa culture qui s'évaporent, mais également des traces de milliers d'années d'adaptation génétique à des conditions locales particulières. Autrement dit, une information accumulée sur des siècles, preuve biologique de l'adéquation de ce peuple à son environnement.

L'altitude a été un défi assez difficile à surmonter pour de nombreuses populations montagnardes, à cause du manque d'oxygène. Celles-ci s'y sont confrontées indépendamment au cours de leurs histoires respectives et, fait intéressant, les solutions biologiques trouvées pour surmonter cet obstacle ont été très différentes à chaque fois. L'adaptation à l'altitude est apparue plusieurs fois de façon indépendante chez les Tibétains, les Andins et les Éthiopiens des hauts plateaux notamment, dans un

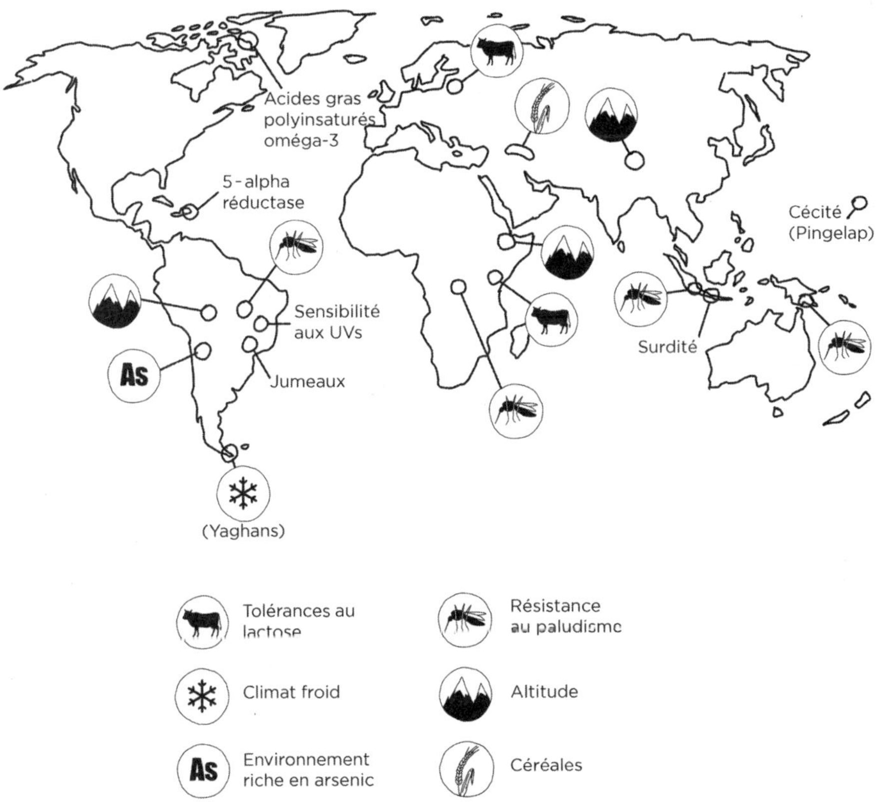

très bel exemple de convergence évolutive. Celle-ci est la preuve de l'importance de cette adaptation : quelle que soit la façon d'y parvenir, la pression de sélection est telle que la mutation qui va dans le bon sens sera sélectionnée. Plus intéressant encore, dans le cas des Tibétains, les gènes mutés qui facilitent l'adaptation en altitude (*EGLN1* et *EPAS1*) proviennent d'une hybridation avec l'homme de Denisova. C'est donc un cas où il y a d'abord eu hybridation, PUIS sélection.

De nombreux autres exemples d'adaptation à l'environnement sont aujourd'hui bien connus. La couleur de peau varie selon un gradient de latitude qui correspond à l'exposition aux ultraviolets : les peaux claires favorisent la synthèse de la précieuse vitamine D sous l'effet des UV-B. Notre pigmentation a d'ailleurs évolué de façon convergente en Asie et en Europe. De la Sibérie au Groenland, des populations présentent des adaptations au froid, grâce notamment à un métabolisme qui brûle des graisses plus efficacement pour produire de la chaleur, et ainsi de suite. L'ampleur de l'expansion humaine a été l'occasion d'un nombre incalculable d'événements de sélection pour les populations qui repoussaient les frontières, qui exploraient toujours plus loin cette planète.

MALADIE ET ALIMENTATION

Les maladies représentent également une grosse pression de sélection. On retrouve des formes génétiques de résistance au paludisme, à la trypanosomiase, au choléra, à l'hépatite C, au VIH, et à de nombreuses autres affections ! Ce sont peut-être les adaptations les moins surprenantes. Le paludisme fait, à lui tout seul, plus d'un demi-million de morts par an[1], principalement

1 Les estimations varient, entre 438 000 morts en 2015 pour l'OMS et 662 000 pour l'Institute for Health Metrics and Evaluation.

des enfants. On imagine assez bien comment une mutation, même très légèrement susceptible de conférer une résistance à un tel fléau, peut rapidement se répandre dans la population concernée[1].

Ensuite, il y a les adaptations à l'alimentation. La tolérance au lactose à l'âge adulte est l'exemple le mieux étudié d'adaptation locale, et il concerne plusieurs populations qui ont développé l'élevage comme source de protéines depuis des milliers d'années. Chez les mammifères, la capacité à digérer le lactose disparaît dans l'enfance, ce qui se manifeste par la disparition de l'enzyme lactase. Mais, chez des peuples d'Europe du Nord, d'Afrique subsaharienne ou du Moyen-Orient, cette lactase est conservée à l'âge adulte après une mutation du gène *LCT*. Encore plus intéressant : il y a plusieurs mutations indépendantes qui ont abouti à la même capacité dans des populations distinctes. Cette évolution convergente est, comme pour l'altitude, une superbe preuve de l'importance de ce trait dans les populations d'éleveurs du Néolithique. Cette source de calories et de protéines devait être particulièrement avantageuse en période de disette, d'autant que le lait pouvait être moins contaminé que l'eau dans les temps anciens.

Vous en voulez encore ? Les peuples qui ont cultivé très tôt des plantes comme le riz ou les céréales ont acquis de façon indépendante plus de copies du gène produisant les enzymes de la salive qui découpent l'amidon de ces aliments de base, les amylases salivaires. De leur côté, les Inuits ont une adaptation à une alimentation extrêmement riche en acides gras polyinsaturés oméga-3. Les individus qui disposaient d'une version spéciale du gène *FADS* pouvaient consommer

1 On parle en détail de la relation entre l'humanité et ses maladies au chapitre 9.

de la graisse de phoque sans développer des problèmes vasculaires et avaient une meilleure valeur sélective.

Si les adaptations locales aux macronutriments (ceux dont on tire de l'énergie) comme l'amidon, le lactose ou la graisse sont de mieux en mieux comprises, on commence à peine à découvrir les adaptations locales liées aux micronutriments. Le fer, le sélénium, l'iode, le calcium et le zinc sont nécessaires à la physiologie humaine, mais leur concentration dans l'environnement varie largement entre les zones géographiques. Les carences en sélénium sont par exemple dangereuses pour la santé, et provoquent des pathologies des os et du cœur. Or il n'est disponible qu'en très faible concentration dans les sols de Chine, si bien qu'une sélection très forte a eu lieu sur les gènes responsables de sa régulation et de la fabrication des sélénoprotéines qui en contiennent. Le même scénario s'est répété pour d'autres micronutriments, en fonction des différents contextes locaux de la planète. Au moment où j'écris ces lignes, c'est un sujet de recherche très actif, et il est bien possible que l'on découvre d'autres adaptations locales d'ici peu.

L'IMPACT DE LA CULTURE

La génétique humaine a également la particularité de dépendre de la culture. Cette coévolution est très bien connue dans le cas de l'agriculture, puisque les pratiques agricoles ont déterminé le sens de la sélection sur les gènes de l'intolérance au lactose ou de la digestion de l'amidon, donc, mais on en retrouve aussi des exemples en dehors de l'alimentation. L'exemple le plus frappant se retrouve chez les Bajau, un peuple nomade des mers que l'on retrouve entre l'Indonésie, la Malaisie et les Philippines. Traditionnellement, ils vivent de la chasse et de la cueillette sous-marine, et ils peuvent passer plus de

5 heures par jour sous l'eau, lors d'apnées qui atteignent chacune facilement 3 minutes. Ce mode de vie dure depuis au moins 1 000 ans, et une étude de 2018 s'est penchée sur leurs adaptations physiologiques et génétiques.

Les résultats ont été particulièrement frappants : les Bajau ont des adaptations que l'on retrouve uniquement chez les mammifères marins ! Lors d'une immersion, le corps s'adapte en effet de plusieurs façons : le rythme cardiaque baisse, le sang se redistribue vers les organes vitaux, tandis que la rate, ce recycleur des globules rouges, se contracte. La contraction permet d'injecter plus de globules rouges dans le système sanguin, et donc *a priori* plus d'oxygène. Chez des mammifères comme les phoques, le temps d'apnée est corrélé à la taille de la rate, qui est ainsi un organe essentiel. Eh bien, chez les Bajau, elle est 50 % plus grosse que chez les peuples voisins qui ne plongent pas. Même les Bajau qui n'ont pas l'habitude de pratiquer l'apnée possèdent cette rate surdimensionnée, ce qui suggère fortement une origine génétique à ce trait biologique (à l'inverse de l'accommodation du flou aquatique chez les Moken !).

Pour en avoir le cœur net, les auteurs de l'étude ont analysé l'ADN de quelques membres de ce peuple. Ils ont trouvé deux allèles uniques : un variant du gène *PDE10A*, qui est associé à une plus grosse rate et à un nombre plus important de globules rouges, et une mutation sur le gène *BDKRB2*, qui relève du réflexe de plongée, en améliorant la redistribution du sang vers les organes vitaux. Grands-parents, parents, enfants, petits-enfants, etc., les Bajau ont plongé pour récupérer leur nourriture, et une sélection forte a conservé les mutants qui le faisaient légèrement mieux que les autres.

DE SAVANTS MÉLANGES

Parfois, c'est l'interaction entre plusieurs choses différentes qui explique l'apparition d'un trait. Revenons sur la question de la couleur de la peau, qui en est un excellent exemple. La peau noire confère une protection contre les ultraviolets qui provoquent des cancers, et elle est donc répandue sous les tropiques. Mais, avec l'expansion hors d'Afrique, ce trait devenait moins avantageux, car ces rayons sont alors moins agressifs. On a longtemps cru que c'était ce relâchement sélectif qui expliquait l'évolution de la peau claire chez les Européens, les Asiatiques, mais aussi les Khoïsan d'Afrique australe de façon convergente.

Le scénario actuel est plus riche : la peau blanche améliore la synthèse de vitamine D par la lumière solaire, mais les chasseurs-cueilleurs récupéraient des apports en vitamine D grâce à une alimentation très diversifiée et riche, de sorte que le teint clair ne leur conférait alors pas vraiment d'avantage. Les Européens du Paléolithique supérieur étaient donc plutôt de peau foncée. En revanche, le trait « peau claire » devient très intéressant lorsque la nourriture que l'on mange n'en offre plus assez... ce qui est exactement arrivé avec l'adoption d'une agriculture riche en céréales, qui offrait moins de vitamine D que l'alimentation issue de la chasse et de la cueillette. La peau blanche a envahi l'Europe car elle permettait de pallier des carences alimentaires !

ET TOUT CE QUE NOUS NE SAVONS PAS ENCORE

Enfin, l'origine de certains traits est encore mal comprise et débattue. Par exemple, il semble que de nombreuses populations de chasseurs-cueilleurs qui vivent dans les forêts d'Amérique, d'Asie du Sud-Est ou d'Afrique (comme les Pygmées Aka) ont acquis indépendamment une petite stature à cause d'une forte pression de sélection. De très nombreuses populations pygmées sont devenues petites de façon indépendante, et les gènes associés à la taille sont indéniablement sous forte sélection. Mais la raison véritable derrière cette sélection reste méconnue. Plusieurs scénarios coexistent : être petit permet d'économiser les ressources, rares dans les écosystèmes des forêts tropicales [1], ou alors il s'agirait d'une réponse au manque d'ultraviolets sous la canopée, qui limite la synthèse de la vitamine D, elle-même reliée à l'abondance en calcium utile pour construire le squelette. Moins d'ultraviolets, moins de matière pour bâtir une grande stature !

Une autre option est que les habitants des forêts tropicales ont plus de risques de mourir prématurément : maladies tropicales, absence de nourriture, prédateurs, etc., les raisons ne manquent pas. Dans ce contexte, les individus qui se reproduiront le plus vite seront sélectionnés, et se reproduire le plus vite possible peut impliquer de privilégier la maturité sexuelle sur la construction d'un corps de grande taille. Bref, de nombreuses hypothèses coexistent, et rien ne permet de trancher pour le moment.

Le même questionnement existe pour le gradient de taille que l'on observe entre le sud et le nord de l'Europe. Divers variants génétiques semblent liés à cette taille qui grandit avec la latitude, mais un débat persiste sur l'explication de ce phénomène.

Et, bien sûr, l'existence des variantes du cérumen est une autre question scientifique en suspens !

On sait que le variant « cérumen sec » a été sélectionné dans les populations est-asiatiques, mais... quel scénario pourrait expliquer *pourquoi* ? Eh bien, on ne sait pas trop. Le cérumen sec est associé à une odeur

---

1 C'est peut-être contre-intuitif, mais il y a moins de nourriture pour les humains dans les forêts tropicales que dans des habitats plus ouverts.

corporelle beaucoup moins forte, donc il pourrait s'agir de sélection sexuelle. Certains auteurs avaient suggéré qu'il était également associé à une prévalence moins forte de cancer du sein, mais les preuves sont ténues. Pour l'instant, rien ne permet d'être vraiment certain de l'explication derrière cette cire si particulière.

En bref, l'humanité offre une multitude d'exemples des mécanismes de l'évolution à l'œuvre. Mutation, flux de gènes entre populations ou entre espèces, dérive dans des environnements clos, sélection naturelle liée à l'environnement, à l'alimentation, à la culture, à des interactions inattendues entre tout ça... L'évolution est un gigantesque bordel créatif et complexe.

Avec toutes ces informations, on comprend donc pourquoi notre espèce fournit l'un des meilleurs exemples qui soit pour expliquer l'évolution ! En outre, la diversité des populations, la convergence évolutive de certains traits comme l'adaptation à l'altitude et l'origine commune de tous les Eurasiens sont du pain béni pour les biologistes évolutifs. Nous sommes une espèce à longue durée de vie, sur laquelle il existe des jeux de données regroupant des millions d'individus, une véritable aubaine.

Mais on entend souvent une objection : s'il est facile d'admettre que notre espèce a pu continuer d'évoluer génétiquement depuis l'invention de l'agriculture, il est néanmoins plus difficile d'accepter que nous continuons de le faire aujourd'hui – « L'hygiène, la technologie et tout ça doivent avoir arrêté la sélection naturelle, non ? ».

Nous allons voir maintenant que ce n'est absolument pas le cas, et que nous évoluons encore sous l'effet de la sélection naturelle et sexuelle !

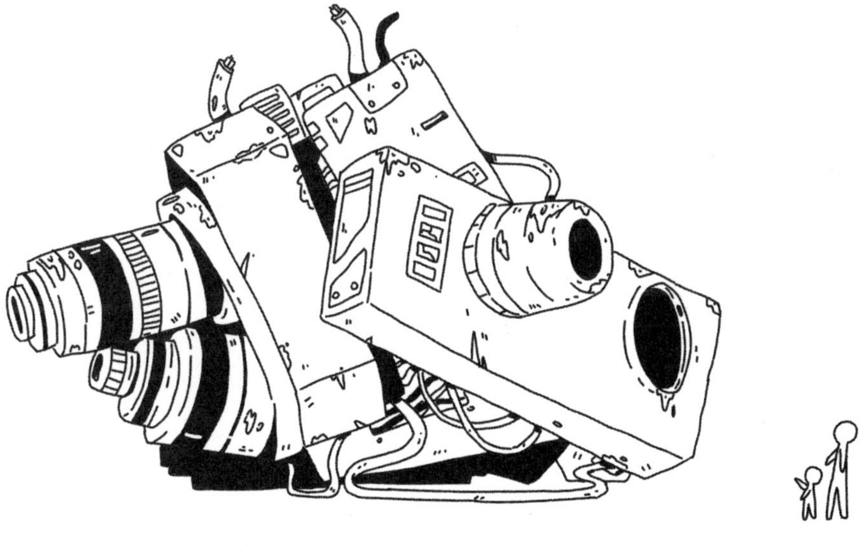

13

Les humains évoluent-ils encore ?

Est-ce que notre espèce évolue encore ? Cette question, si populaire dans les revues de vulgarisation scientifique et sur les sites Internet de questions-réponses, reçoit en général des réponses aussi variées que contradictoires.

Pour certains, l'humanité semble promise à évoluer vers une morphologie façonnée par sa technologie et les scénarios ne manquent pas. Selon l'artiste Nickolay Lamm, nos descendants auront des yeux dignes des animations japonaises, un front large et une peau bronzée. Un autre modèle suggère que notre main prendra une forme de Lego par l'usage des smartphones, que nous aurons une couche protectrice en plus sur la cornée pour protéger de la lumière bleue des écrans, un cou brisé par la posture de bureau, et ainsi de suite.

Pour d'autres, l'efficacité de la médecine moderne, qui permet au plus grand nombre de vivre et de se reproduire, serait contraire aux principes de l'évolution darwinienne – tels qu'ils sont compris par le grand public en tout cas. La mortalité infantile des pays chute aussitôt qu'ils se développent économiquement, de sorte que de nombreuses personnes, qui n'auraient pas survécu jusqu'à l'âge adulte il y a quelques siècles, sont aujourd'hui tout à fait capables de vivre une vie normale et de transmettre leurs gènes. Or, si n'importe qui – y compris les porteurs de gènes désavantageux – peut faire des enfants, alors il n'y a plus de sélection naturelle ; et, s'il n'y a plus de sélection naturelle, alors il n'y a plus d'évolution : CQFD.

Ainsi, nous serions parvenus à la fin de l'évolution biologique par la force de notre technologie. *Homo sapiens* serait devenu en quelque sorte une singularité évolutive, l'aboutissement de 3,8 milliards d'années d'évolution, grâce aux antibiotiques, à la césarienne et à la neurochirurgie.

Ce serait incroyable, si seulement c'était plausible. Hélas, ces deux scénarios sont faux[1].

Il ne faut en aucun cas blâmer le grand public pour cette confusion, qui est aussi parfois commise par des

1 En même temps, j'imagine que vous vous en doutiez, sinon le chapitre s'arrêterait là.

humain du futur (cursed)

professionnels du milieu. Je pense notamment à David Attenborough, célèbre présentateur de documentaires animaliers de la BBC, qui a déclaré un jour : « Nous avons mis un terme à la sélection naturelle dès que nous avons été capables d'élever 90 à 95 % de nos bébés. Nous sommes la seule espèce à avoir interrompu la sélection naturelle, de notre plein gré pour ainsi dire[1]. » Des chercheurs[2] plus ou moins illustres ont aussi tenté des déclarations dans ce sens un jour ou l'autre de leur carrière – c'est le signe qu'il y a quelque chose de fondamentalement déroutant dans l'évolution biologique humaine contemporaine pour que chacun puisse donner son opinion au doigt mouillé, comme ça, hop.

---

1 « *We stopped natural selection as soon as we started being able to rear 90-95 % of our babies that are born. We are the only species to have put a halt to natural selection, of its own free will, as it were* » – Radio Times, septembre 2013.

2 J'aime pas balancer, mais bon, en voilà une petite liste, que les plus sagaces de mes lecteurs reconnaîtront peut-être : Stephen Jay Gould, John Tooby, Leda Cosmides, Ernst Mayr, Ashley Montagu, Luca Cavalli-Sforza, et tous ceux que j'oublie.

Pourtant, en apparence, le problème est résolu simplement : comme tout être vivant, l'espèce humaine évolue encore, et, tant qu'elle existera, elle ne pourra jamais arrêter de le faire, pour la bonne et simple raison que c'est comme ça que fonctionne l'évolution. Par définition, il y a évolution si les versions de gènes, les allèles, changent de fréquence d'une génération à l'autre.

Lorsque, par hasard, un individu décède, migre en dehors de sa population d'origine, ou que certains individus se reproduisent un tout petit peu plus que d'autres, il y a évolution tout simplement parce que ces processus font varier les fréquences des allèles. Comme on l'observe ailleurs dans ce livre - dans un chapitre qui parle de baume à lèvres fabriqué à partir de cérumen —, de nombreuses forces évolutives différentes agissent sur ces fréquences de gènes d'une génération à l'autre, et réduire la mortalité infantile ou augmenter la qualité de la médecine jusqu'à l'infini n'y changera pas grand-chose. On ne peut être sûr de rien en ce bas monde, sinon qu'il existera toujours la mort, les impôts - et l'évolution.

Nous sommes donc condamnés à évoluer, mais je vous entends murmurer d'ici, tout avides d'une réponse[1] : « La sélection naturelle s'est pourtant arrêtée avec la technologie, non ? » Car c'est cette force évolutive qui donne une direction à ce processus, qui façonne les caractères biologiques comme les becs des pinsons dont Darwin rêvait la nuit ou les pouces opposables des primates. Et, effectivement, la question de la place de la sélection naturelle dans notre évolution est une question scientifique en soi, et elle est beaucoup plus pertinente : changeons le titre de ce chapitre.

---

1 Écrire un livre est une activité solitaire difficile, alors laissez-moi imaginer ce que je veux, svp.

« L'humanité est-elle encore sous sélection ? »

Voilà, c'est mieux. Maintenant, essayons d'y voir plus clair et rafraîchissons-nous les esprits en allant faire un petit tour dans un des pays les moins tropicaux au monde : le Canada.

Nous sommes en plein hiver 2016, et mon frère Colas et moi marchons sur une couche de neige gelée. Il fait 10 °C, et nos doigts s'engourdissent sur les boutons de la caméra. Nous sommes venus pour filmer un documentaire sur l'Isle-aux-Coudres, une petite goutte de terre sur le fleuve Saint-Laurent.

J'énonce des noms de famille à voix haute : « Tremblay, Harvey, Dufour... » Ces patronymes, je les lis sur des pierres tombales : nous sommes dans le cimetière du coin, où les stèles dépassent à peine de l'épaisse couche de neige. Ce n'est pas tant le pittoresque moulin de l'île ou son passé lié à la pêche au béluga qui nous intéresse, mais sa population. Plus précisément, l'évolution biologique de sa population.

Dès 1535, l'explorateur Jacques Cartier découvre les rives du Saint-Laurent et, sur sa route vers Hochelaga – qui deviendra plus tard Montréal –, il tombe sur l'Isle-aux-Coudres. Il faudra attendre le début du XVIIIe siècle pour qu'une petite population s'installe sur l'île. Les colons construisirent des fermes, le fameux moulin et, évidemment, une paroisse. Qui dit paroisse dit curé, et qui dit curé dit registre paroissial pour enregistrer les naissances, les décès, les mariages.

Deux siècles durant, cette communauté a vécu dans une quasi-isolation génétique de l'extérieur, les générations successives trouvant toutes leurs racines généalogiques dans la courte période de colonisation de l'île. Seules quelques familles peuplèrent l'île, comme l'atteste le peu de diversité des patronymes du cimetière enneigé.

Pendant tout ce temps, l'Église catholique a consigné des données extrêmement détaillées de la vie de cette petite population isolée. Ce seront ces registres qui seront le point de départ d'études de chercheurs en biologie évolutive humaine, 250 ans plus tard. Du véritable pain béni scientifique, en quelque sorte.

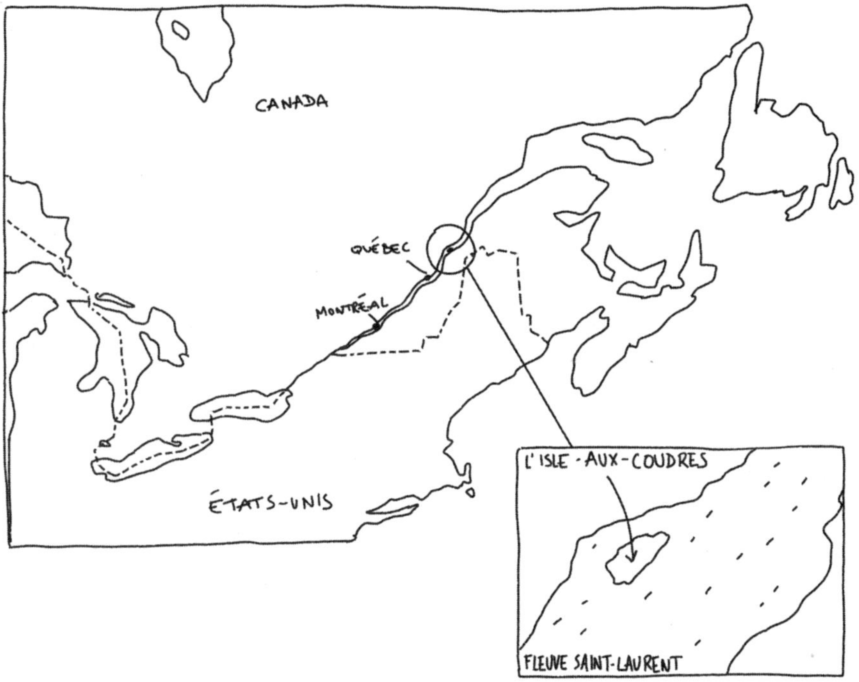

LA SÉLECTION QUÉBÉCOISE

Une population homogène, peu de contacts génétiques avec l'extérieur[1], des registres d'Église détaillés, et des chercheurs pas loin : autant de conditions qu'on retrouve dans d'autres parties du monde. La Finlande, la Suisse ou l'Islande possèdent aussi leurs propres laboratoires naturels d'évolution humaine, et tous les travaux qui y sont menés convergent vers une réponse unique à notre question précédente : oui, la sélection était encore à l'œuvre dans ces populations au siècle dernier.

Reprenons notre exemple québécois : en relevant l'âge auquel les femmes faisaient des enfants, et l'âge auquel leurs filles faisaient des enfants, et leurs petites filles, et ainsi de suite, les chercheurs sont capables d'estimer la part héréditaire et biologique du caractère « Âge à la naissance du premier enfant ». Cela peut paraître absurde que ce trait soit biologique, puisqu'il est le résultat d'un choix conscient, de contraintes économiques, sociales, etc. Cependant, de nombreux facteurs biologiques interviennent, comme la maturité du corps pour enfanter, et diverses études ont prouvé qu'il était héritable génétiquement.

En bref, on peut étudier l'évolution de ce trait comme on le ferait pour un caractère morphologique, la taille du fémur par exemple. Les chercheurs ont ainsi montré que, pendant 140 ans, ce trait était sous sélection : les femmes qui faisaient des enfants plus tôt en avaient un peu plus que les autres et transmettaient ce caractère à leurs filles, qui enfantaient également un peu plus tôt, et ainsi de suite. Quelques générations plus tard, les femmes de l'île faisaient en moyenne des enfants quatre ans plus tôt que leurs ancêtres. À partir d'une variation

1 Une façon polie de dire qu'ils faisaient des bébés entre voisins.

biologique préexistante, une légère différence dans la reproduction amène à une modification des caractères dans la population. De la sélection naturelle en bonne et due forme dans une petite population humaine, donc.

D'autres recherches ont tiré parti des informations génétiques apparues avec la révolution du séquençage de l'ADN à bas coût et ont confirmé les informations obtenues sur la petite île du Saint-Laurent : un peu partout sur la planète, plusieurs traits biologiques sont bien sous sélection en ce moment même. Voici quelques effets que les chercheurs ont pu mettre en évidence : diminution de l'âge au premier enfant, augmentation de l'âge à la ménopause, de la durée de vie, diminution du taux de cholestérol basal, etc. Certains chercheurs australiens ont même montré qu'une artère médiane de l'avant-bras, présente chez seulement 10 % de la population en 1880, est devenue plus fréquente en seulement un siècle. En 2016, 33 % des personnes étudiées la possédaient ! Une véritable micro-évolution à l'échelle anatomique.

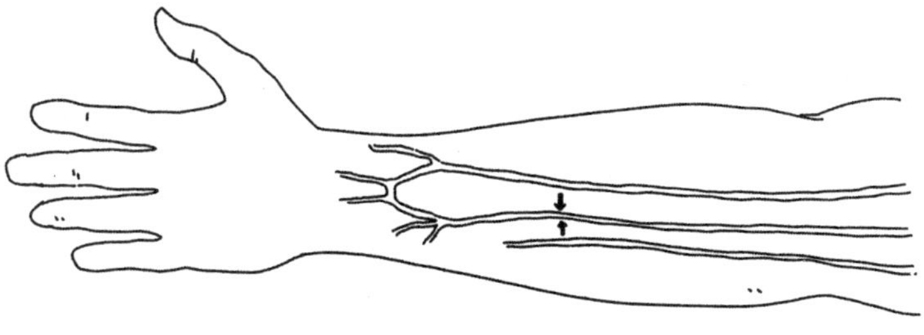

RETROUVER UNE MUTATION DANS UNE BOTTE D'ADN

Toutefois, pour l'instant, détecter ces traces de sélection revient à chercher une aiguille dans une botte de foin génétique. De nombreux allèles, tels ceux liés à la maladie d'Alzheimer ou à l'addiction au tabac, n'apparaissent comme étant sous sélection qu'après des analyses statistiques sur des jeux de données massifs, contenant des dizaines de milliers d'individus. Par exemple, la base de données anglaise UK Biobank recense les informations médicales et génétiques de près d'un demi-million de volontaires. C'est ainsi qu'on parvient parfois à relier des phénotypes (taille, masse, maladies, etc.) à de petites variations d'ADN dans le génome, les SNPs[1].

Si on a une idée du phénotype auquel sont liés ces SNPs et que l'on arrive à voir qu'ils sont sélectionnés au cours des générations, il demeure plus dur de connaître leur rôle exact sur ces traits. Des milliers de petites variations sont sous sélection. Elles semblent pointer vers un trait, mais constituent souvent une boîte noire dont on ne comprend pas encore bien les mécaniques internes. L'accumulation de données médicales et génétiques, conjointement avec l'élaboration de méthodes toujours plus sophistiquées pour retrouver le signal des forces évolutives, devrait nous offrir dans quelques années une meilleure compréhension des grandes tendances qui gouvernent la trajectoire biologique actuelle de l'humanité. Après tout, c'est un champ de recherche qui n'a vraiment pris son essor qu'après 2010... Balbutiant, mais très prometteur !

---

1 Ou *single-nucleotide polymorphism*, une « variation d'un seul nucléotide », impossible de faire moins !

DARWIN SAUCE LIEBIG

En quelques générations, nous avons brutalement changé nos modes de vie et nos environnements, et, si la médecine ne va pas arrêter l'évolution, elle a tout du moins la faculté de modifier le paysage dans lequel celle-ci s'exprime. Et ce nouvel environnement évolutif nous réserve probablement des surprises. Prenons un exemple, celui de l'effet de la transition démographique sur notre futur biologique.

À la fin du XIXe siècle, le chimiste polymathe Justus von Liebig enchaîne les idées de génie. Il fonde la chimie organique en découvrant les composés organiques, travaille sur la nutrition des plantes, crée les fondations de ce qui deviendra l'industrie des fertilisants, découvre que l'on peut concentrer les levures, ce qui permettra plus tard l'invention du « Marmite »[1].

Dans la foulée, il promeut l'usage de la levure chimique, invente les bouillons cubes et... les substituts alimentaires pour bébé, une mixture qui contient du lait de vache, de la farine de blé, de la farine de malt et du bicarbonate de potassium. Parmi toutes les inventions de l'illustre Allemand, c'est peut-être cette dernière qui aura eu le plus grand impact sur l'humanité. Bien sûr, les fertilisants azotés seront l'un des piliers de la productivité agricole, l'origine de la croissance démographique exceptionnelle qu'a connue notre espèce dans le siècle qui a suivi les découvertes de Justus. Mais les substituts alimentaires ont contribué à régler un problème séculaire : la mort en bas âge.

Jusqu'à la fin du XIXe siècle, près d'un tiers des enfants mouraient avant de souffler leur première bougie, un

1 Une pâte à tartiner britannique très prisée dans les pays du Commonwealth. Ne me demandez pas mon opinion sur son goût, je risque d'être un stéréotype de Français.

drame en partie dû à la malnutrition. Une large proportion des femmes mouraient en couche, ou n'avaient pas assez de ressources pour allaiter correctement les nouveau-nés, si bien que la mixture du savant teuton a permis à de nombreux bébés européens de survivre aux premières années difficiles de leur vie.

Taux de mortalité infantile (moins d'un an) en France de 1830 à 2020

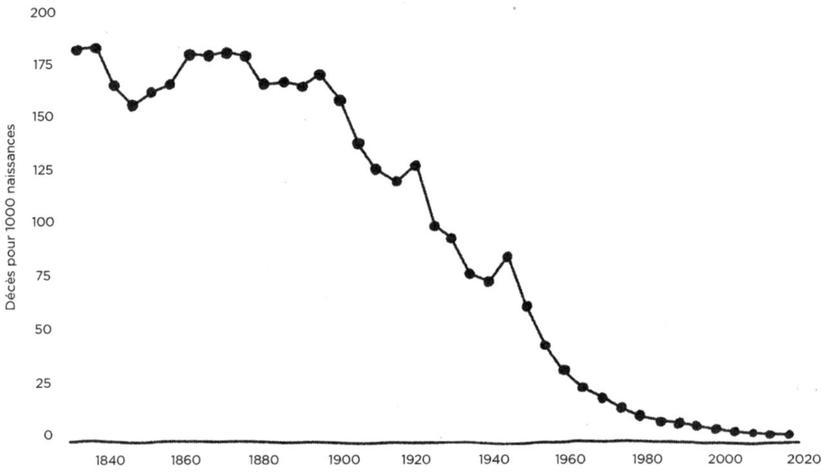

LES FUTURS DE L'HUMANITÉ

Tout le XXe siècle a apporté d'autres progrès dans l'hygiène, l'obstétrique et la nutrition qui ont significativement amélioré le quotidien des humains et diminué fortement leur mortalité. Dans la foulée, le taux de fertilité a chuté, si bien que nous sommes passés de l'état de « beaucoup de morts, beaucoup d'enfants » à celui de « peu de morts, peu d'enfants » : c'est la transition démographique. Ce phénomène a été observé dans la grande majorité des sociétés qui se sont industrialisées... avec un impact sur notre évolution !

Depuis les années 1980, une série de publications révèlent une tendance étonnante : la transition démographique a changé l'objet de la sélection naturelle. Comme les gens vivent plus longtemps, la sélection s'effectue *via* une différence non de mortalité, mais plutôt de fertilité.

Pour le résumer rapidement, la sélection sexuelle a gagné de l'importance avec la qualité de vie, et la transition démographique a changé la trajectoire évolutive de traits liés à la santé ou à la forme du corps. En Gambie, par exemple, il semblerait que les femmes grandes et minces aient eu une meilleure valeur adaptative après la transition démographique, c'est-à-dire qu'elles faisaient plus d'enfants et qu'eux-mêmes feront plus d'enfants, et ainsi de suite – alors que les femmes petites et avec un indice de masse corporelle plus élevé étaient favorisées avant. Les exemples ne sont pas très nombreux – rappelez-vous que le domaine est encore tout récent –, mais il est fort probable que le futur de la recherche dans ce domaine apporte des révélations assez étonnantes sur notre trajectoire biologique actuelle.

L'évolution est souvent comprise comme l'apparition de caractères biologiques au cours de millions d'années : la bipédie, le crâne qui s'agrandit, et ainsi de suite. Cependant, c'est oublier qu'elle a également lieu sur une échelle de temps beaucoup plus courte. Des chercheurs essaient de la détecter sur des intervalles de quelques dizaines d'années à peine. C'est sans doute moins impressionnant que l'apparition d'un nouvel organe, mais il y a quelque chose de renversant à se dire que l'évolution, cette grande course de relais d'allèles entre les générations, continue aujourd'hui dans notre espèce, et qu'elle est toujours soumise à la sélection naturelle.

14

My anaconda don't, my anaconda don't
My anaconda don't want none unless you got buns, hun
Nicki Minaj

Pourquoi les organes génitaux évoluent-ils si vite ?

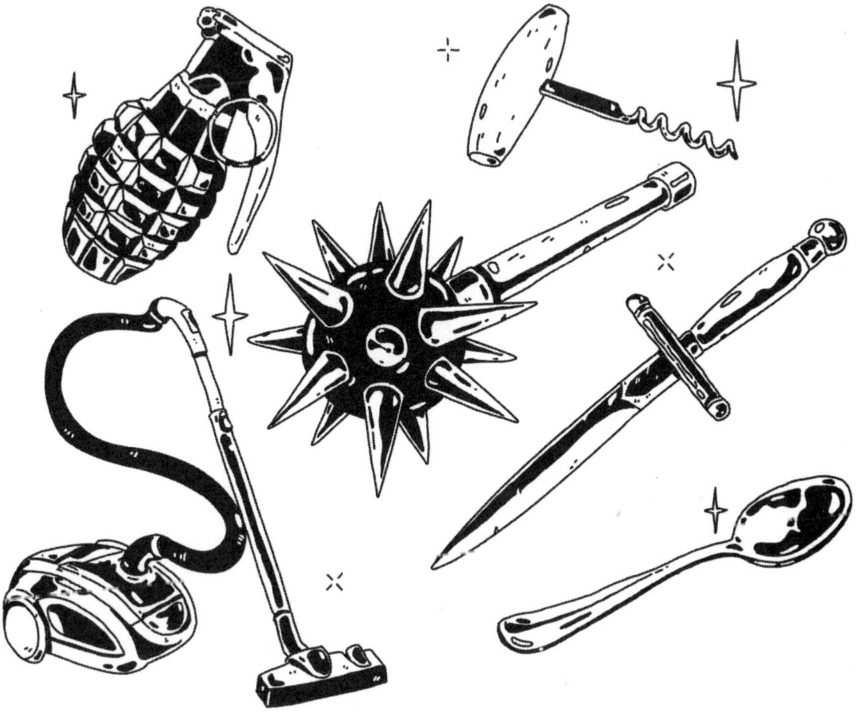

Canard au pénis et vagin en tire-bouchon, femelle kangourou aux trois vagins, calmar aux grenades à sperme… les organes sexuels présentent une diversité dingue et semblent échapper aux lois qui pilotent l'évolution des autres organes. Petite rando dans les curiosités génitales du règne animal !

Sur l'un des îlots de l'atoll de Rangiroa, en Polynésie française, le malacologue[1] Benoît Fontaine est à genoux. Le regard concentré, il gratte le sol de ses mains et scrute les organismes qui vivent dans la très fine couche d'humus du sous-bois, à l'aide d'une petite loupe pliable.

Principalement peuplé d'oiseaux marins comme la gygis blanche (*Gygis alba*) ou le noddi brun (*Anous stolidus*), le sol du motu[2] est jonché de feuilles mortes mêlées de guano, un habitat qui ne semble pas particulièrement propice à la diversité des petits escargots insulaires. Benoît et moi participons à une expédition dans l'archipel des Tuamotu, qui vise à poser des balises GPS sur des oiseaux migrateurs. Pendant les périodes creuses, les membres du périple se reposent, profitent du paysage paradisiaque ou, plus généralement, assouvissent leurs pulsions naturalistes… comme la recherche de mollusques !

GYMNASTIQUE DE LIMACES CORSES

Tout en fouillant les couches de terre, Benoît raconte des anecdotes sur ces organismes au commandant du bateau qui nous a conduits là et à moi-même. Le groupe

1 Spécialiste des mollusques.
2 Les motus sont les îlots des atolls.

des mollusques recense plus de 80 000 espèces, soit autant d'histoires de vie plutôt improbables qu'il tient absolument à nous confier, ventre à terre en quête de coquilles. Il nous explique qu'il existe par exemple des limaces corses qui se pendent la tête en bas pour pouvoir copuler. Elles doivent trouver une branche, s'y attacher et laisser dérouler leur gigantesque organe reproducteur par gravité. Certaines ont un pénis de plus de 90 cm, plus de 10 fois la taille de la bestiole elle-même ! Le partenaire tenté par la copulation fera la même chose juste à côté, et les extrémités de leurs organes se retrouveront, loin en dessous de leurs propriétaires, en se joignant pour procéder à l'échange des gamètes (voir p. 268).

Benoît nous raconte cette anecdote avec une profusion de détails que la décence m'interdit de relater ici, tout en ayant le nez à 2 cm du sol, identifiant les coquilles qui se présentent sous sa loupe, afin de trouver des variants inconnus de la science. Il a toutes les chances d'en dénicher, d'ailleurs : les populations de mollusques vivent sur des îles séparées les unes des autres par des centaines de kilomètres d'océan, de sorte qu'elles accumulent des mutations vouées à les éloigner peu à peu génétiquement.

ISTHME ET CREVETTES

Ce phénomène dit de spéciation a lieu partout sur la planète et est responsable de l'endémisme[1] typique des îles. Une biodiversité cachée que Benoît traque activement, donc. Allez, un exemple impressionnant de ce genre d'événement de spéciation : la fermeture de l'isthme de Panama, il y a environ 3 millions d'années.

1 Le fait de trouver une espèce ou un groupe d'espèces uniquement à un endroit donné.

Bien que la création de cet isthme ne se soit pas faite en un jour[1], son parachèvement a eu énormément d'effets écologiques : premièrement, il a mené au grand échange faunique interaméricain, de nombreuses espèces ayant pu librement circuler à pied entre les deux moitiés d'Amérique. Deuxièmement, il a séparé les organismes marins peuplant la mer des Caraïbes de ceux du Pacifique. Aujourd'hui, ce bouleversement géologique est ainsi inscrit dans le génome de crevettes du genre *Alpheus*, présentes de part et d'autre du bras de terre. Depuis 3 millions d'années, ces populations, incapables de se reproduire entre elles, ont accumulé des différences génétiques et sont devenues des espèces indépendantes.

Mais la création des espèces peut se faire d'autres façons. En effet, il existe des objets dont l'impact sur la spéciation est aussi important que les puissances géologiques qui modèlent notre planète, des forces sous-estimées mais fondamentales : les organes génitaux.

DES ORGANES GÉNITAUX GÉOLOGIQUES

Revenons à nos limaces corses. Lorsque deux individus se retrouvent la tête en bas, ils joignent les bouts de leurs phallus respectifs et s'échangent des gamètes. OK, très bien. Mais, parfois, il y a un problème : les phallus ne font pas toujours la même longueur, empêchant les partenaires d'emboîter leurs orifices respectifs. Un problème de taille... qui peut mener à la création de deux espèces distinctes. En effet, les limaces un peu courtes

1 Ni en quelques millions d'années, d'ailleurs : diverses analyses pointent vers un premier pont transitoire dès 13 millions d'années avant notre ère. À cette époque, c'était une chaîne d'îles reliées entre elles par des bras de mer assez peu profonds, qui s'asséchaient périodiquement. Plusieurs cycles de montée des eaux ont noyé ce passage à pied sec, avant que l'isthme ne soit complètement formé, une bonne dizaine de millions d'années plus tard.

ne pouvant plus se reproduire avec leurs congénères mieux dotées, leurs lignées vont s'isoler génétiquement avec le temps, dans un processus de spéciation aux conséquences identiques à celles qui découlèrent de la création de l'isthme de Panama.

Parue en 2010, l'étude à l'origine de l'anecdote a même identifié différentes espèces en comparant l'anatomie génitale de ces représentants du genre *Limax* – les chercheurs ont littéralement utilisé les organes sexuels comme des outils de classification qui permettent de savoir à quel organisme on a affaire. C'est une méthode couramment utilisée par les naturalistes, car ces appendices sont souvent beaucoup plus éclairants que la morphologie extérieure de l'animal. Surtout, ces organes sont également en première ligne de l'évolution, ils en constituent les témoins les plus éminents. Il n'y a rien d'exagéré à affirmer que vagins et pénis sont le fleuron de 3,8 milliards d'années de sélection darwinienne, les exemples les plus vifs des processus qui gouvernent le reste des caractères biologiques. En effet, s'il est difficile d'énoncer de grandes lois générales en biologie, une au moins est gravée dans le marbre : « Les organes sexuels sont la partie du corps qui évolue le plus vite. »

En première approche, on peut se rappeler que la sélection naturelle a besoin de variations pour agir et, à terme, provoquer l'évolution d'un trait. C'est lorsqu'il y a plein de versions un peu différentes d'un caractère biologique et que chacune de ces versions confère un avantage un peu différent à son porteur ou sa porteuse que s'opérera, génération après génération, une sélection des traits biologiques.

Mais certains traits présentent beaucoup moins de variations que d'autres, tout simplement parce qu'ils sont plus contraints. Un cœur, par exemple, ne peut pas avoir une forme trop éloignée de celle qui lui permet d'envoyer du sang partout dans le corps. En revanche,

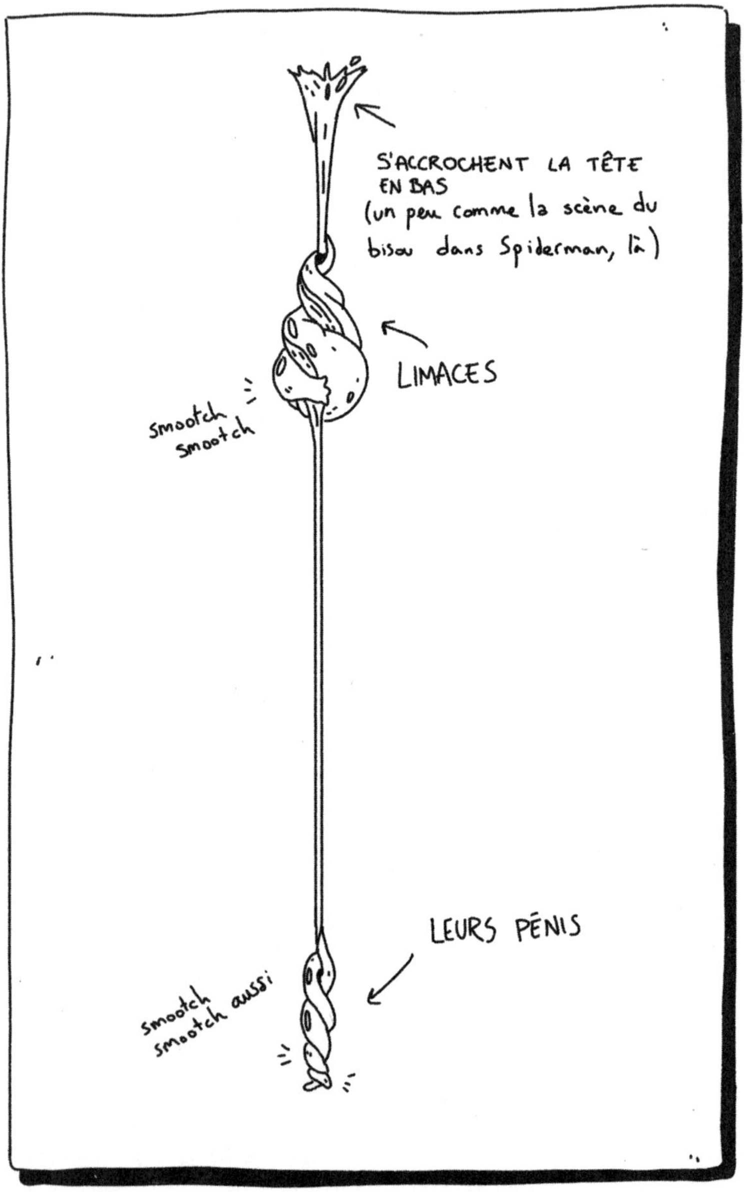
S'ACCROCHENT LA TÊTE EN BAS
(un peu comme la scène du bisou dans Spiderman, là)
LIMACES
smootch smootch
LEURS PÉNIS
smootch smootch aussi

on peut tout à fait survivre avec des organes sexuels un peu différents de la moyenne, et même se reproduire. Les allèles de ces organes sexuels plutôt originaux se propageront assez facilement aux générations suivantes, et la variation sera conservée, formant un terreau fertile pour l'évolution. Cette explication intuitive est puissante, mais elle est loin d'être suffisante pour expliquer l'incroyable diversité que la nature présente dans ces régions du corps.

Voici une longue, longue, loooongue liste égrillarde d'ityphalles burlesques pour vous en convaincre.

TOP 20 DES ORGANES GÉNITAUX LES PLUS ÉTONNANTS DU MONDE ANIMAL

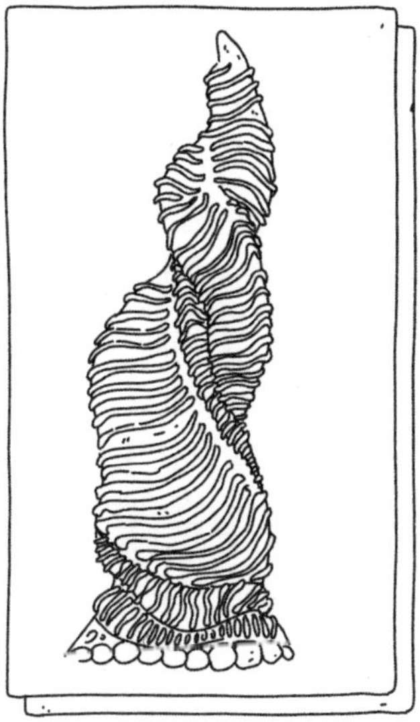

1. Le pénis des canards est en forme de tire-bouchon, et il tourne dans le sens inverse des aiguilles d'une montre. Chez certaines espèces, ce sac mou de 20 cm de long se remplit brutalement de lymphe (et non pas de sang, comme tous les autres amniotes) dans ce qui est nommé une « éversion explosive ». Si on pouvait reproduire une vidéo, vous pourriez voir ici un magnifique ralenti du phénomène, que vous pourrez retrouver n'importe où sur Internet à la place.

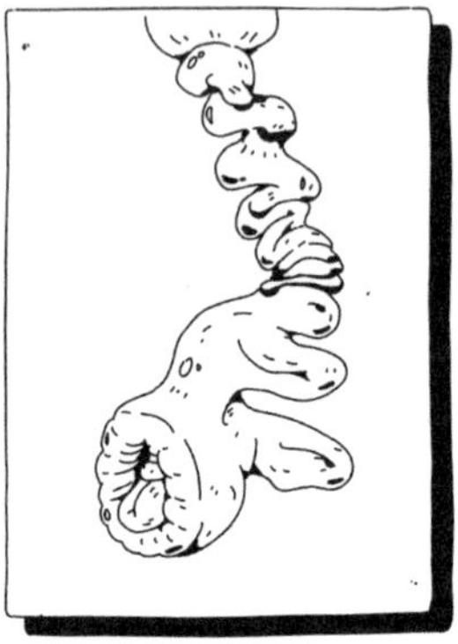

2. Le vagin des femelles canards est également en forme de tire-bouchon... mais il tourne dans le sens inverse, lui. Lorsqu'elles resserrent les muscles de cet organe, les femelles empêchent l'organe d'intromission des mâles d'y pénétrer de force, ce qui leur permet de décider de qui fécondera leurs ovules... Cette lutte entre mâles et femelles est très importante dans l'évolution des organes sexuels.

3. Les serpents ont deux hémipénis symétriques, chacun relié à un testicule, et ils utilisent l'un ou l'autre en fonction de leur humeur.

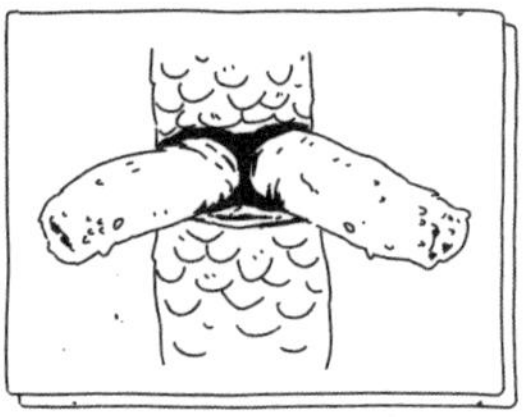

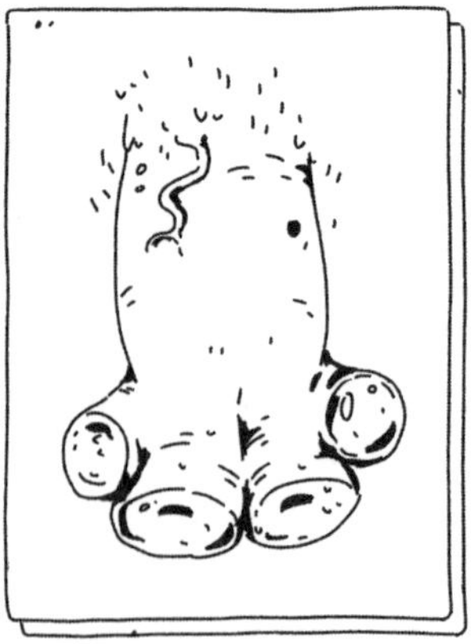

4. Le pénis à 4 glands des monotrèmes, ces mammifères qui pondent des œufs, a une moitié qui se dégonfle lors de l'éjaculation. Le sperme ne sort ainsi que par deux glands à la fois. Comparer ce système et celui des serpents offre un aperçu de la tendance évolutive qui a lieu depuis nos ancêtres avec ces lointains cousins. On observe ainsi une fusion de plus en plus aboutie des organes sexuels, qui étaient en double chez nos ancêtres. Cette fusion est encore partielle chez l'échinoderme.

5. Les trois vagins des femelles kangourous ont chacun leur fonction : les deux vagins latéraux acheminent le sperme vers les deux utérus, tandis que le vagin central sert à faire descendre le nouveau-né vers la sortie. Notez encore une fois le processus de fusion qui s'est déroulé au cours de l'évolution, depuis notre ancêtre commun avec ces marsupiaux : dans notre espèce, il y a un seul vagin, un seul utérus, mais encore deux trompes de Fallope et deux ovaires.

6. L'organe sexuel des libellules mâles a une forme de cuillère. Sa fonction est de nettoyer, de la manière la plus efficace possible, les voies génitales de la femelle avant d'y envoyer sa propre mixture, et d'éviter ainsi que son sperme se mélange à celui d'autres prétendants. L'évitement de la compétition spermatique est une force très importante dans l'évolution des organes génitaux !

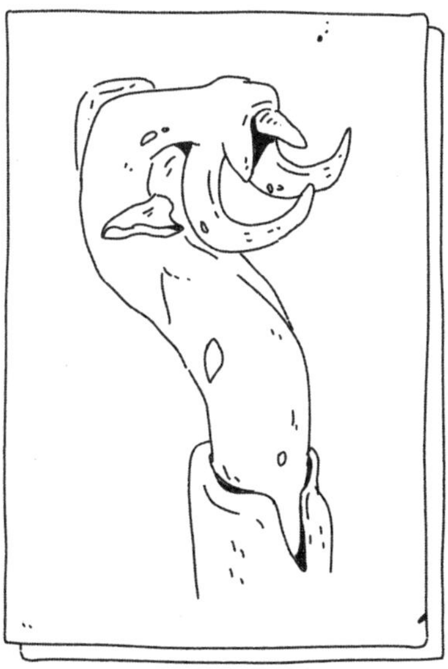

Certains chercheurs ont ainsi fait l'hypothèse que la forme du gland humain avait pour fonction d'écoper le vagin de la femme, et ils ont testé leur hypothèse à grand renfort d'expériences plus ou moins loufoques, recourant à divers moulages pour mesurer la performance de l'organe à évacuer un liquide pâteux d'un tube souple. Même si l'hypothèse ne convainc pas grand monde, on peut quand même admirer la poésie qui se niche parfois dans les protocoles scientifiques.

Chez les requins, on pense que le mâle karchérise les voies génitales de la femelle en y envoyant de l'eau de mer grâce à un siphon, un organe enfoui dans son corps qui agit comme une poire à lavement puissante, en vue d'éliminer le sperme des concurrents.

7. Le vagin des femelles dauphins a une architecture compliquée et tortueuse, avec des culs-de-sac et des clapets divers. Les experts estiment que la fonction de cet organe labyrinthique est d'éviter la fécondation lors d'accouplements forcés. La femelle se réserve ainsi la décision finale de qui sera le père de sa progéniture, par un choix interne cryptique.

8. Le pénis rétractable des coléoptères *Aleochara tristis* (ci-contre) a tout du système de rembobinage des

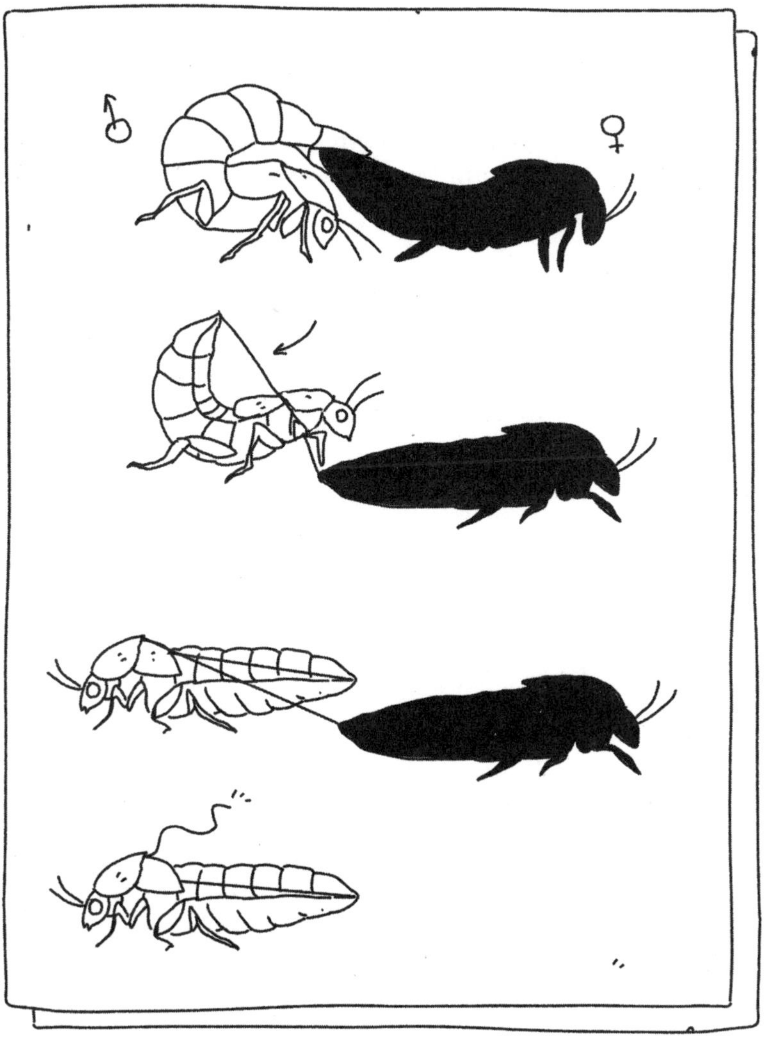

câbles d'aspirateur. Lorsque le mâle s'accouple avec la femelle, il fixe son flagelle à l'intérieur d'elle, puis il tire sur son abdomen, en déroulant progressivement son organe sur toute sa longueur. Pour rembobiner le pénis de façon contrôlée, et éviter qu'il ne se détache d'un coup en faisant un sac de nœud, cet insecte adopte une gestuelle où il fait littéralement glisser son phallus sur son épaule. Qui aimerait entortiller son organe et ne plus pouvoir l'utiliser ?

9. Les femelles gerris (*Gerris gracilicornis*) ont un clapet qui ferme l'entrée de leur utérus. Elles peuvent ainsi radicalement choisir si la copulation se fera ou non. Simple, efficace.

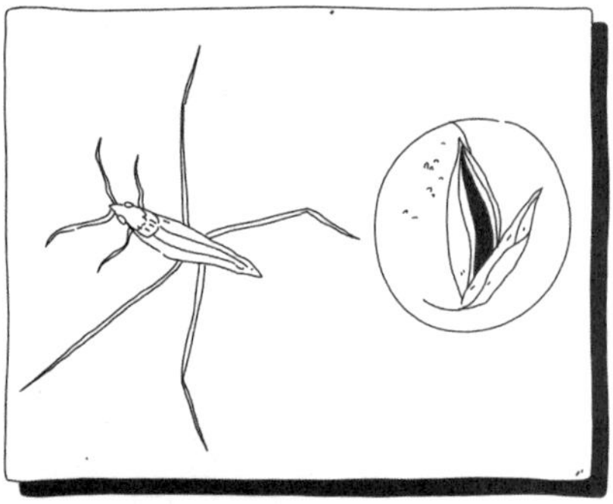

10. L'édéage des punaises de lit est un organe reproducteur qui ne s'embarrasse pas de subtilités. Pour éviter de subir le « choix cryptique » des femelles, le mâle plante directement son organe d'intromission dans l'abdomen de la femelle. Les spermatozoïdes libérés directement dans le corps nageront dans l'hémolymphe de la femelle, jusqu'à atteindre l'ovaire. Ces inséminations traumatiques provoquent des infections chez les femelles, qui en meurent parfois.

11. Chez certaines espèces où l'insémination traumatique est la norme, les femelles ont développé **un organe génital diffus sur l'ensemble du corps : le spermalège**. Étendu sous la carapace, cet organe collecte les spermatozoïdes et diminue le risque d'infection. Il est aussi probable qu'il permette à la femelle de choisir si les spermatozoïdes du mâle fertiliseront ses ovules… ou non.

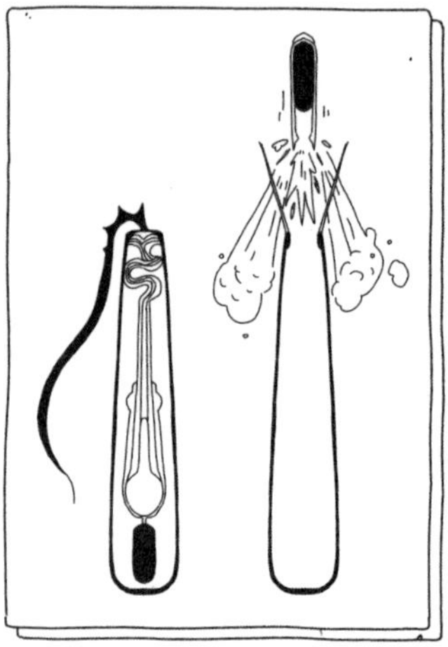

12. Les calmars éjaculent des « grenades à sperme », qui elles-mêmes éjaculent le liquide séminal. Le mâle dépose des spermatophores sur la femelle. Ces fioles, qui peuvent aller jusqu'à 20 cm chez les calmars géants, sont dotées d'un étrange système de « ressorts ». Lorsqu'ils se déclenchent, ils éjectent brutalement le sperme à l'intérieur de la promise.

Ce système incroyable a plusieurs fois défrayé la chronique en Corée ou au Japon, où ces calmars sont souvent consommés à peine cuits : des gourmands se sont retrouvés avec un spermatophore planté dans les gencives ou dans la joue, après avoir croqué dans un animal mort, mais dont l'éjaculation fonctionnait encore de toute évidence...

13. Les mouches *Neotrogla* femelles ont un organe en forme de pénis[1]. Ce gynosome entre dans les voies génitales du mâle pour récupérer son sperme. Le pseudo-pénis gonfle et est même muni d'épines pour maintenir solidement le mâle lors de l'accouplement, qui dure entre 40 et 70 heures ! Cette inversion dans la fonction classique des organes génitaux est encore assez mal comprise ; elle pourrait avoir un lien avec la

1 Les chercheurs à l'origine de cette découverte ont d'ailleurs reçu un Ig-Nobel en 2017. Ce prix Nobel parodique récompense les travaux qui font d'abord rire puis réfléchir. Parmi les lauréats de l'année, le prix d'économie a été décerné à une étude qui analysait la propension des personnes vivant avec un crocodile à faire des paris, le prix d'anatomie à une étude qui cherchait à comprendre pourquoi les hommes vieux ont des grandes oreilles, et le prix de cognition à un travail montrant que les jumeaux n'arrivent pas à se distinguer l'un de l'autre visuellement. L'équipe ayant démontré l'existence d'un pseudo-pénis féminin chez les mouches a tenu à faire un discours... dans une grotte.

compétition importante pour les ressources que subissent ces mouches.

De fait, les mâles mélangent leurs spermatozoïdes avec un « cadeau nuptial », une mixture riche en nutriments qui nourrira la femelle. Preuve de la robustesse de cette explication, une autre étude a montré que ce système de gynosome-pénis a évolué indépendamment chez des mouches africaines du genre *Afrotrogla*, à des milliers de kilomètres de là ! L'environnement joue donc un rôle dans les formes génitales... Un sujet à creuser.

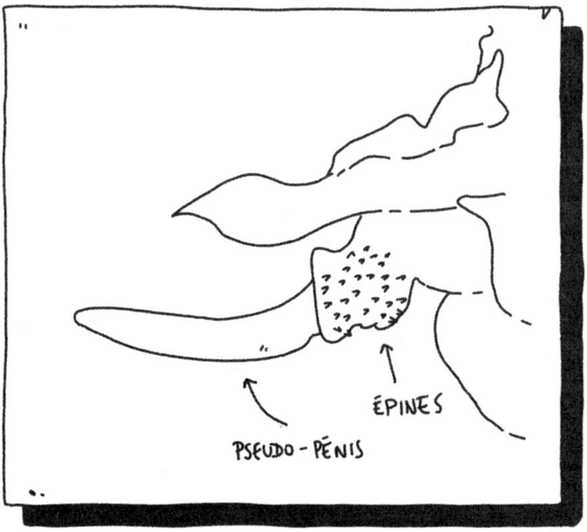

14. Le pénis des béliers (*Ovis aries*) possède une drôle d'extension de l'urètre, qui forme une sorte de fouet de quelques centimètres au bout du gland. Présente chez la plupart des ongulés, cette excroissance a une fonction encore mal connue.

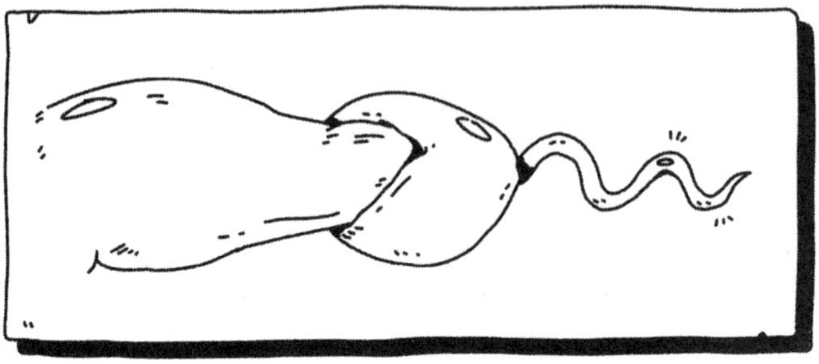

De façon générale, la plupart des verges du monde animal présentent des « décorations » de toutes sortes : épines, arêtes, excroissances diverses. Chez les félins, le raclement des épines dans les voies génitales de la femelle est nécessaire pour déclencher l'ovulation chez la femelle. Chez les insectes, les organes génitaux (ou paramères) présentent une diversité très importante. Les mâles bruches, par exemple, ont l'équivalent d'une masse d'arme médiévale en guise d'édéage, qu'ils manipulent pour blesser la femelle et l'inciter à repousser les futures copulations avec d'autres mâles. Quel monde charmant !

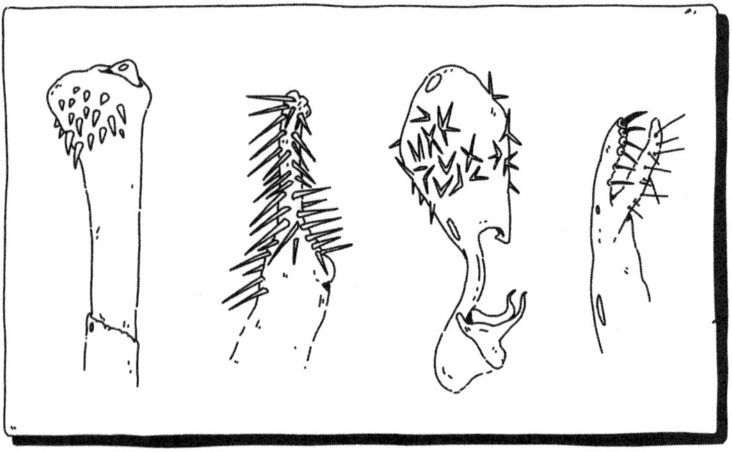

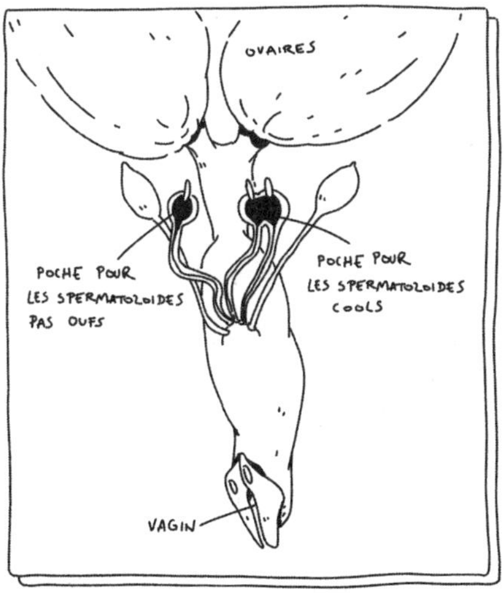

15. Les femelles scatophages du fumier (*Scathophaga stercoraria*) ont des **poches à sperme** différentes en fonction de la qualité du mâle. Les moins sexy verront leur sperme isolé du reste… à n'utiliser qu'en dernier recours ! Chez les papillons, la *bursa copulatrix* est un organe de stockage et de digestion du sperme. Les spermatozoïdes des mâles considérés comme de mauvais partenaires finiront en goûter, rien n'est perdu.

16. Le pénis des corises (*Micronecta scholtzi*) produit un son lorsqu'il est raclé contre des crêtes durcies de son abdomen. Grâce à cet organe, les punaises d'eau aquatiques émettent alors un signal sonore très puissant destiné à appeler les femelles. De nombreuses espèces d'insectes font sonner leurs organes génitaux : lors de la copulation, les tipules (ou « cousins ») font vibrer leur édéage contre une structure anatomique striée, ce qui produit un *do* apte à faire résonner la femelle. Il semble que cette partie du corps soit particulièrement pratique pour faire du bruit, car les papillons de nuit (*Sphingidae*) ont également recours à leurs appendices pour émettre des ultrasons qui désorientent leurs prédateurs, les chauves-souris.

17. Les voies génitales alambiquées des araignées à toile en hamac (*Lepthyphantes sp.*) égarent les spermatozoïdes non désirés lors de leur périple vers l'ovule. Chez cette espèce, le mâle doit se plier à un rituel s'il veut avoir le bénéfice de la paternité : la copulation « sèche ». Il plaque ses pédipalpes – des appendices situés près de la bouche – contre l'entrée de l'utérus de la femelle, dans un mouvement répété uniquement entrecoupé de quelques pauses (peut-être bien méritées ? Qui sommes-nous pour en juger ?). Ce n'est qu'après cette stimulation sans fécondation, qui peut durer plusieurs heures, que le mâle sécrète enfin une goutte de sperme, la prend dans ses pédipalpes et l'introduit dans les voies génitales de la femelle.

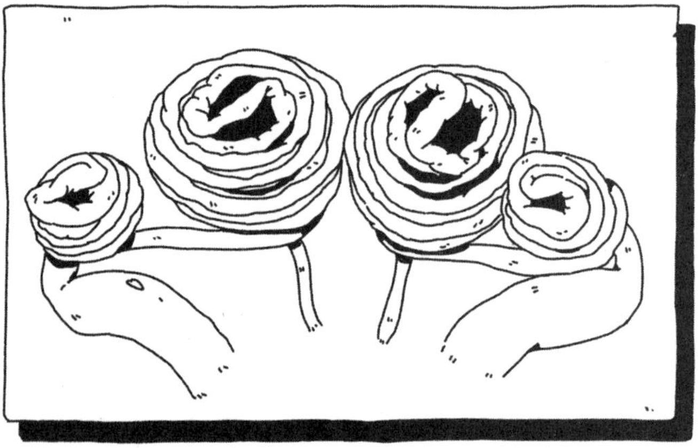

18. Chez les éléphants, les dauphins et les tapirs, **le pénis est préhensile** et capable de mouvements plus ou moins précis qui lui permettent de trouver l'entrée de la femelle de façon autonome. Combinée à une taille assez importante, cette capacité est utile dans les situations où les individus ne peuvent pas se déplacer librement à cause de leur poids ou parce qu'ils flottent l'un autour

de l'autre. On retrouve également ces propriétés chez les espèces fixées à un substrat, comme les crustacés pouces-pieds (*Pollicipes pollicipes*), qui parviennent ainsi à féconder les femelles à distance grâce à leur pénis, le plus long du règne animal... relativement au reste du corps.

19. Chez les insectes ou les rongeurs, le mâle bouche parfois l'entrée des voies génitales de la femelle avec un **bouchon copulatoire.** Cette sécrétion cireuse et dure empêche pendant quelques jours les autres mâles de féconder la femelle, ce qui évite aux spermatozoïdes du premier mâle de se retrouver en compétition avec ceux des suivants. Le faux-bourdon laisse carrément son édéage dans la femelle après une éjaculation explosive, si intense qu'elle arrache littéralement l'organe de son corps. Le pauvre n'y survit pas, mais il est possible que l'édéage serve à empêcher le sperme de s'écouler, en assurant que ce sacrifice épique n'a pas été vain. Chez les papillons piérides

du navet (*Pieris napi*), les mâles déposent sur la femelle un anti-aphrodisiaque qui repousse les futurs concurrents. Autant de stratégies qui visent à limiter la compétition spermatique, et donc à s'assurer la paternité des futurs petits.

Voilà, cette belle galerie de membres exotiques aurait manqué à ce livre ! La réponse à notre question de départ, « Pourquoi les organes génitaux évoluent-ils aussi vite ? », est contenue en filigrane dans ces exemples. Enfin, LES réponses car le nombre de facteurs qui influencent l'évolution de ces appendices paraît si important que tout se passe comme si ces derniers étaient des mondes miniatures, où tous les processus évolutifs se retrouvent. Compétition entre mâles ? ✓ Compétition entre mâles et femelles ? ✓ Sélection pour montrer à quel point on représente un bon parti génétique ? ✓ Éviter les prédateurs ? ✓ Digérer du sperme ? ✓

C'est exactement pour cela que les organes sexuels me passionnent... en tant qu'objet intellectuel. Ils satisfont le biologiste que je suis, car ils sont le rappel constant que la biodiversité est magnifiquement sale, violente, amorale, sans limite créatrice. Et, en tant que vulgarisateur, j'y vois un modèle idéal pour expliquer les mécanismes de l'évolution à une échelle réduite, très rapide et surtout automatiquement intéressante pour les amateurs d'anecdotes - ceux qui cherchent à comprendre où leur organe se situe dans la grande fresque des millions d'espèces de la biosphère.

D'ailleurs, à ce propos, avons-nous les organes sexuels les moins intéressants du monde vivant ? Eh bien, pas du tout, car...

20. Les formations osseuses sont très répandues dans les organes génitaux des mammifères. Chez le mâle, c'est le *baculum*, qui atteint plusieurs dizaines de centimètres ; chez la femelle, on l'appelle *baubellum*. Ces os servent à maintenir la rigidité des organes respectifs pendant l'accouplement. Dans notre lignée évolutive, ils ont progressivement disparu. Chez les chimpanzés, ils sont réduits à de minuscules pilules osseuses de quelques millimètres à la base de l'organe, et chez nous... plus rien, hormis quelques étonnantes anecdotes médicales qui ont l'air tout à fait douloureuses. Ainsi, l'érection des mâles de notre espèce dépend d'une rigidité toute hydraulique, entièrement dépendante d'un bon système cardiovasculaire. Exit également les épines péniennes, encore à l'état de traces chez les chimpanzés et absentes chez *H. sapiens*[1]. En bref, ces deux caractères disparus sont une spécificité méconnue de notre espèce, qui nous distingue plus efficacement du reste du règne animal que la conscience ou la culture.

Mais que penser de l'évolution de ces traits ? Ils indiquent probablement une pression de sélection, mais... difficile de savoir laquelle. Les individus capables de montrer leur vigueur vasculaire par une solide érection pourraient avoir été avantagés, et ce trait constituerait un

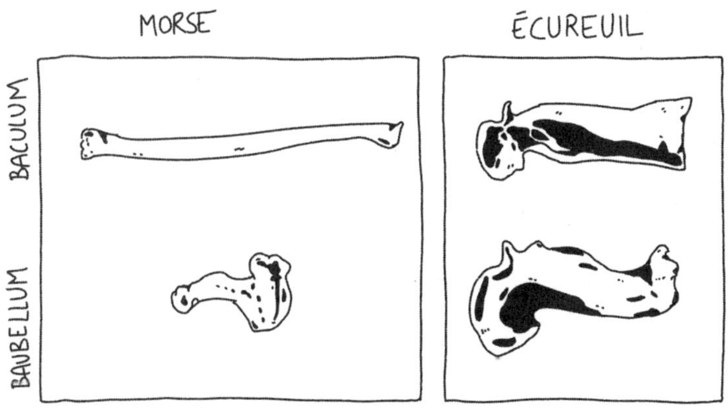

1 Il existe quand même la couronne perlée du gland, de petites excroissances de chair d'un millimètre ou deux, disposées tout autour de l'extrémité de la verge. Présentes chez 10 à 40 % de la population en fonction des études, elles seraient un atavisme, la réapparition d'un trait ancestral : celle des épines péniennes.

signal à destination des femelles. Ou peut-être qu'au contraire, la transition vers la monogamie a diminué la pression de sélection dans la copulation, et donc réduit le besoin d'un baculum, qui a donc fait ses valises à l'instar des yeux des taupes ou des jambes des baleines.

Les biologistes de l'évolution ne sont jamais avares d'hypothèses et de jolies histoires, ou *just-so-stories*, en particulier lorsque cela concerne l'humanité... et encore plus quand l'évolution de notre sexualité est en jeu[1] ! Bref, suspendons notre jugement et attendons qu'un consensus scientifique sérieux émerge d'études solides avant de glisser des erreurs dans un livre de vulgarisation[2].

POURQUOI SI PEU D'ÉTUDES SUR LES VAGINS

À la fin de l'année 2014, je commençais tout juste à m'investir à temps plein dans l'activité que je pratique encore aujourd'hui : vulgarisateur, youtubeur de sciences. Une vidéo que j'ai publiée en décembre de cette année-là m'a particulièrement convaincu de l'intérêt du grand public pour les questions de biologie évolutive. Elle s'intitulait « À quoi sert un pénis ? ». Après trois épisodes autour de ces thèmes et des mois de lecture pour me documenter, j'ai l'impression d'en avoir à peine gratté la surface, mais j'ai acquis au moins une certitude :

---

1 La liste est hélas longue. *Le Singe nu*, de Desmond Morris (Le Livre de Poche, 1971) a été largement critiqué pour avoir propagé des thèses anthropologiques infondées, en particulier celles qui concernaient la sexualité dite « naturelle » de nos ancêtres... et celles qui discutaient de la place des femmes dans cette sexualité. Tiens. Même polémique pour *Le Viol. Comprendre les causes biologiques pour le surmonter* de Randy Thornhill et Craig T. Palmer (Favre, 2002). La psychologie évolutive a beaucoup de travail devant elle pour dépasser ces débuts chaotiques.

2 J'espère d'ailleurs qu'il n'y en a pas trop, mais n'hésitez pas à laisser un message dans la zone commentaire si vous en voyez un ! Ah, oui... c'est vrai. C'est si *old school*, le livre.

le sujet est beaucoup moins léger qu'il n'y paraît. En plus d'être un excellent moyen de faire comprendre la biologie évolutive et ses mécanismes, il représente également un cas d'école pour étudier la façon dont les chercheurs travaillent. Car, oui, les organes génitaux révèlent de nombreuses choses sur nos amis scientifiques.

En 2016, lors d'une interview de Patricia Brennan – la biologiste qui a découvert l'anatomie en spirale du vagin des femelles canards –, celle-ci me confiait que, comme la plupart des laboratoires étaient dirigés par des hommes, de nombreuses questions étaient simplement sous-étudiées. En première ligne de ces mystères irrésolus, sans surprise, les organes génitaux femelles. Patricia a d'ailleurs été une pionnière des travaux sur leur anatomie, en réalisant des moulages en silicone sur des animaux décédés [1].

De fait, en 2014, une analyse menée sur des articles de recherche publiés sur le thème des organes génitaux a montré qu'il existe bien un biais scientifique en faveur des organes génitaux mâles. Est-ce parce qu'ils sont protubérants, et donc plus faciles à observer ? Les auteurs ne le pensent pas. Les techniques simples comme le silicone fonctionnent très bien pour les gros animaux, et l'imagerie médicale, la microtomographie notamment, permet de visualiser les régions les plus enfouies de l'anatomie des femelles d'espèces, celles qui ne dépassent pas le centimètre... ou moins.

C'est donc un problème culturel : des stéréotypes de genre ont percolé jusqu'aux problématiques de recherche. On notera que, très souvent, le vocabulaire des biologistes décrit les mâles comme développant des adaptations, les femelles réagissant en développant des contre-adaptations. Ce vocabulaire actif/réactif traduit

1 Le glamour, toujours.

une façon de penser qui pose question. D'ailleurs, l'évolution du baubellum, le pendant féminin de l'os pénien qu'est le baculum, est toujours extrêmement mal connue. En cherchant « baubellum » sur Google scholar, on obtient 178 résultats, alors qu'il y en a plus de 22 000 en tapant « baculum »... et il a fallu attendre 2017 pour bénéficier d'une analyse de sa diversité chez les mammifères.

Bref, quand je vous disais que les organes génitaux sont des objets intellectuels fascinants !

15

Pourquoi les femmes ont-elles des orgasmes ?

Le constat est désolant mais sans appel : les femmes ont moins souvent d'orgasmes au cours d'une relation sexuelle que les hommes. Pourtant, cela ne compromet pas leur capacité à se reproduire. Alors, à quoi peut bien rimer cette étrange fonction du point de vue évolutif ? Et si l'on considérait l'orgasme féminin pour lui-même ?

En 2005, une analyse de la littérature scientifique a révélé un fait franchement effrayant : calculée sur 27 études différentes, la moyenne des femmes qui rapportaient ne *jamais* avoir d'orgasme lors d'un rapport hétérosexuel était de 12,4 %. Dans certaines études, ce taux allait même jusqu'à 43 % des femmes ! En d'autres termes, en moyenne, une femme hétéro sur dix ne peut pas attendre d'*happy ending* lors d'un coït. Parmi ces dernières, beaucoup ont des enfants, et il semble tout à fait évident que l'orgasme féminin est complètement déconnecté de l'acte reproductif, contrairement à celui des hommes[1]. Dit autrement, on peut ne jamais avoir d'orgasme de sa vie et être une maman accomplie, comme c'est le cas de beaucoup de femmes atteintes d'anorgasmie.

DE L'INTÉRÊT D'AVOIR DES ORGASMES

Dans une perspective évolutionniste que l'on appelle le « fonctionnalisme », l'existence de ce trait semble alors étrange. Je m'explique : s'il n'est en aucun cas relié au succès reproducteur et qu'il n'apporte aucun avantage évolutif à ses porteuses (comprendre : il ne leur

1 J'ai pas trop envie de vous faire un dessin pour vous montrer en quoi l'orgasme masculin est lié à la reproduction, demandez à vos parents de vous expliquer.

permet pas de faire davantage de bébés que leurs voisines), le trait n'est pas soumis à la sélection naturelle. Il ne possède alors aucune **fonction**[1] : qu'il soit présent ou absent, les gènes de l'organisme se transmettront de la même façon.

Dans un tel contexte, rien ne viendra empêcher ce trait coûteux de disparaître : des mutations apparues aléatoirement sont en théorie susceptibles de détruire les gènes responsables de ce caractère si plaisant, sans conséquence néfaste pour la descendance. Au contraire, celle-ci n'aura plus à fournir les ressources nécessaires pour qu'il existe : adieu neurones, cellules sensorielles et organe du plaisir. Comme ces mutations peuvent surgir à chaque génération, et que les générations s'enchaînent depuis la nuit des temps et jusqu'à l'extinction de l'espèce, la probabilité que le gène en arrive à être rendu non fonctionnel par une mutation inopinée finit forcément par approcher 100 %. En d'autres termes, si la sélection n'est pas là pour conserver ce caractère, il disparaîtra.

Si l'on suit cette logique, l'orgasme féminin aurait donc dû suivre le même chemin que les yeux des taupes ou les ailes des kiwis : devenir un vestige de l'évolution, disparaître dans les oubliettes des traits biologiques. Pourtant, bien que déconnecté d'avec la reproduction, il est bel et bien là, et sa présence constitue une énigme tout à fait sérieuse, qui inspire à elle seule un programme de recherche très sérieux, de nombreux experts et expertes planchant en ce moment même pour y répondre de la façon la plus complète possible. Pourquoi les femmes ont-elles des orgasmes, donc ?

1 Le mot est en gras parce qu'il est au cœur du débat, on va y revenir.

LE CONTINENT IGNORÉ

Première observation, les hommes et les femmes appartiennent à la même espèce. Cela implique notamment que nous partageons le même plan d'organisation, ce qui vaut également pour les organes sexuels. L'embryon de moins de 7 semaines présente un tubercule génital, un renflement indifférencié. En fonction des chromosomes qu'il possède, différentes hormones vont être sécrétées jusqu'à ce que ce tubercule devienne un pénis pour les détenteurs de XY et un clitoris pour les détentrices de XX. Les tissus de départ sont donc les mêmes, et on le voit d'autant mieux lorsqu'on compare les anatomies des organes une fois qu'ils sont bien différenciés. Le clitoris est en grande partie caché à l'intérieur du corps. Sa partie émergée, le gland, est homologue au gland du pénis, les corps caverneux du pénis correspondent aux corps caverneux du clitoris, les bulbes ci-contre correspondent au corps spongieux, et ainsi de suite.

En théorie, rien de bien étonnant à tout ça, me direz-vous : nous sommes fabriqués à partir de la même matière première, qui suit simplement un développement différent jusqu'à la puberté. Il n'empêche qu'il a fallu attendre 1998[1] pour avoir une description anatomique moderne de cet organe (pourtant porté par la moitié de la population) par l'urologue Helen O'Connell. Des années durant, à partir de dissections de cadavres et de techniques d'imagerie médicale, elle s'est employée à détailler les tissus, les ligaments et les vaisseaux sanguins qui forment ce qu'elle a désigné du nom de « complexe clitoridien ». Avec ses collègues, elle a ainsi lancé un grand chantier de description de cet

---

1 Champions du moooonde.

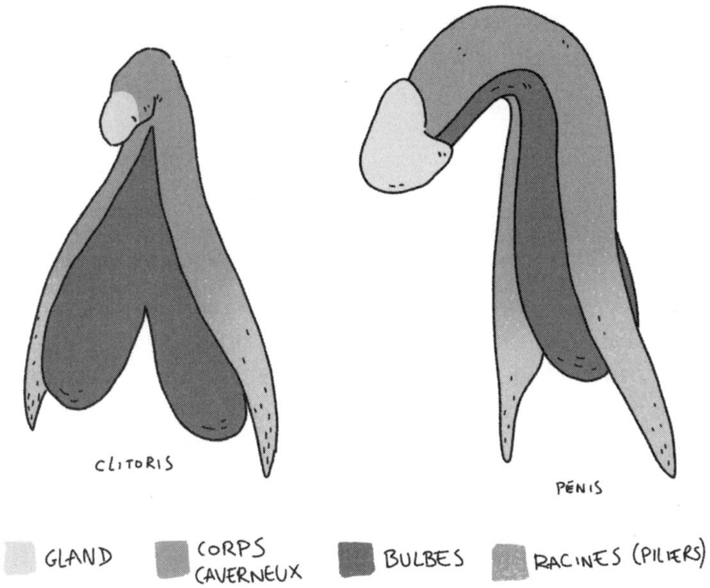

organe, tout en en profitant pour mettre des coups de tête balayette aux générations de médecins qui l'ont précédée et qui ont oublié, dans un moment d'égarement sans doute[1], de s'y intéresser.

La conclusion de son article précurseur se résume en une phrase qui laisse peu la place au débat : « Une série de dissections détaillées suggère que les descriptions anatomiques actuelles de l'anatomie génitale et urétrale sont erronées[2]. » Point. Ah là, tout de suite, ça calme. Par la suite, d'autres auteurs ont affiné ces recherches, en étudiant comment tout cela s'irrigue lors de l'excitation, bouge lors de la pénétration, etc. Non contents de faire avancer les connaissances sur un sujet qui

1 Un moment d'égarement de quelques centaines d'années, certes. Ça peut arriver à tout le monde.
2 « A series of detailed dissections suggest that current anatomical descriptions of female human urethral and genital anatomy are inaccurate. »

concerne la moitié de la population, ces travaux ont également permis d'améliorer énormément la qualité de la chirurgie reconstructrice nécessaire après des mutilations génitales.

UN SOUS-PRODUIT DE L'ÉVOLUTION ?

La « redécouverte » du clitoris s'est accompagnée de plusieurs révélations tout à fait applicables à un usage privé, dans ce qui a été un cas spectaculaire de transition entre science fondamentale et exercice pratique. Allez, un petit exemple : le point G, cette zone ventrale, à quelques centimètres de l'entrée du vagin, correspond finalement au point de contact entre les parties internes du clitoris et la paroi du vagin. Lorsque l'on stimule cette zone d'une certaine façon, on peut donc titiller le clitoris lui-même.

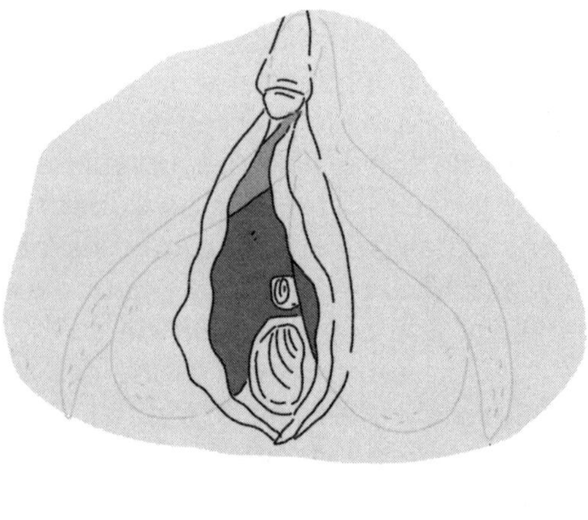

Aux oubliettes, les théories freudiennes de sexualité vaginale mature et de sexualité clitoridienne immature, l'anatomie fait le ménage. En France, c'est finalement en 2017 que le clitoris sera pour la première fois représenté correctement dans un manuel scolaire[1], illustrant enfin à quel point les anatomies femelle et mâle sont homologues. Et si ces anatomies sont semblables, alors il ne paraît pas si absurde que les réflexes tels que l'orgasme le soient aussi. Dans ce scénario, l'orgasme féminin, tout dénué de fonction reproductrice qu'il soit, serait un dérivé de l'orgasme masculin, un sous-produit évolutif, un bagage biologique conservé au fil des générations parce que l'autre moitié de la population en a besoin. Le plaisir féminin serait alors l'équivalent des tétons des hommes, mais en un peu plus cool quand même.

Quelques observations soutiennent ce scénario, et la plus triste d'entre elles se présente sous la forme de statistiques : seules 65 % des femmes hétérosexuelles disent avoir couramment des orgasmes lors des ébats avec leur partenaire, alors que ce chiffre monte à 95 % chez les hommes hétéros. Il y a donc 30 % d'orgasmes de différence d'un côté à l'autre du lit !

Ces statistiques semblent à première vue plutôt suggérer un grave problème d'éducation sexuelle chez les partenaires masculins, qui ne prennent pas les dispositions nécessaires pour renvoyer l'ascenseur du plaisir. Le fait que 86 % des femmes lesbiennes déclarent avoir un orgasme dans la plupart de leurs étreintes confirme cette intuition, et il est bien possible qu'un double standard dans le sexe soit à l'œuvre : la pression exercée sur les femmes pour les empêcher de découvrir sereinement leur sexualité et celle exercée sur les hommes pour être “performatifs” mènent probablement à l'écart observé avec les couples lesbiens, où on peut s'attendre à ce qu'il y ait un partage sur un pied d'égalité et une connaissance plus évidente de comment donner du plaisir au même sexe.

1 Gloire aux Éditions Magnard, qui seront les premières à faire ce pas, mieux vaut tard que jamais !

CONTRÔLE QUALITÉ

Cependant, si ces facteurs socioculturels fournissent une grille de lecture précieuse, ils ne suffisent pas à dépeindre l'ensemble du tableau. Car une chose reste intrigante : pourquoi le pénis est-il l'outil le moins adapté pour aboutir au climax ? En effet, les différentes études publiées sur le sujet s'accordent sur un point : la probabilité qu'une femme jouisse est extrêmement corrélée à des pratiques qui ne consistent PAS en l'intromission d'un tube en viande dans leurs voies génitales[1]. Le sexe oral, la communication, la stimulation manuelle, etc., toutes ces choses sont beaucoup plus efficaces pour déclencher un orgasme[2]. À l'inverse, l'organe qui semble pourtant être l'aboutissement de millions d'années d'évolution, afin d'être compatible avec celui du sexe opposé, s'avère être un ustensile peu efficace.

Selon Elisabeth Lloyd, une philosophe des sciences qui a publié un livre de référence sur le sujet, tout s'éclaire en observant l'anatomie féminine. Et, plus précisément, l'anatomie de beaucoup, beaucoup de femmes différentes, de façon à pouvoir en tirer des statistiques. Le résultat se résume à un mot : variabilité. En effet, il existe chez les femmes une grande variabilité anatomique dans la distance entre l'entrée du vagin et le clitoris. Une distance trop grande aboutirait à un orgasme plus difficile à atteindre, tout simplement parce que le clitoris n'est pas suffisamment stimulé lors de la pénétration. Cette variabilité, que l'on retrouve également lorsque l'on mesure la taille des clitoris dans une

---

1 Désolé pour ce moment poétique.

2 On discute ici beaucoup de l'orgasme féminin par le prisme de l'évolution du clitoris, mais il est évident que le plaisir est le résultat de très nombreux facteurs. Cet organe est tout simplement le départ de la réflexion scientifique sur le sujet, mais ne doit pas nécessairement être son arrivée.

population, est un argument très solide pour montrer que cet organe n'est pas fortement soumis à l'action de la sélection naturelle.

En effet, la sélection naturelle a tendance à réduire la variance des traits sur lesquels elle agit. Par exemple, la taille du crâne humain est fortement sélectionnée pour accueillir un gros cerveau (ce qui permet d'être très intelligent et d'éviter de faire des métiers tels que youtubeur ou, pire, youtubeur scientifique), mais elle est en même temps contrainte par la taille du passage dans le bassin de la maman, que le crâne devra traverser lors de la naissance. La sélection naturelle, pendant des centaines de milliers d'années, a ainsi optimisé ce trait, de sorte qu'il n'y a pas de rapport du simple au double dans notre espèce sur la taille des crânes.

La taille des clitoris a un coefficient de variation qui est trois fois plus grand que celui des pénis, ce qui laisse penser à un relâchement de la sélection sur ce trait.

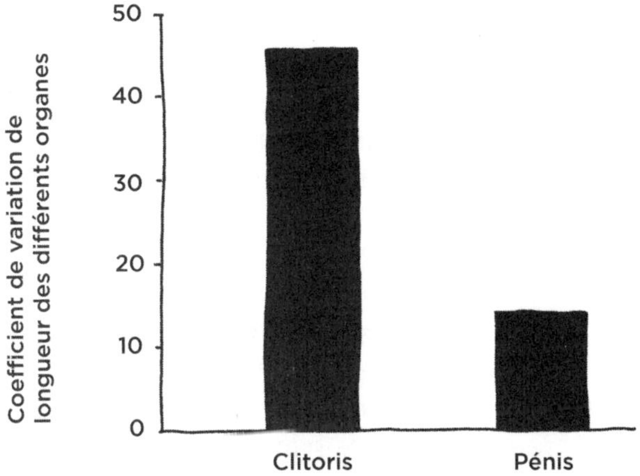

Pour le dire autrement, d'un point de vue biologique, ce n'est pas si étonnant que l'orgasme féminin soit moins systématique et facile à obtenir que l'orgasme masculin : l'organe même qui s'en charge n'est plus soumis au contrôle qualité de la sélection depuis bien longtemps. L'organe est moins « fiable », et il n'y a pas que le patriarcat qui explique le déficit en orgasmes : l'histoire évolutive de ce caractère est aussi en cause.

L'ORIGINE DE L'ORIGINE DU MONDE

Cette histoire évolutive s'est un peu éclairée il y a seulement quelques années grâce au travail de deux biologistes, Mihaela Pavličev et Günter Wagner. Elle se résume à une phrase : l'orgasme féminin aurait bien EU une fonction, qu'il a perdue depuis. Pour comprendre, il faut regarder un arbre phylogénétique des espèces de vertébrés, car notre histoire commence il y a plus de 300 millions d'années. À cette époque, nos ancêtres expérimentent quelque chose de nouveau : la fécondation interne. Avant l'apparition de ce trait, les femelles déposaient leurs œufs quelque part et les mâles venaient les enduire généreusement de leur semence pour les fertiliser, comme le font encore aujourd'hui les grenouilles. La fécondation interne est avantageuse sur la terre ferme, car elle permet de protéger les œufs de l'environnement sec et dangereux, mais elle demande également que les ovules et les spermatozoïdes se rencontrent dans les voies génitales de la femelle.

Cette adaptation impose une contrainte de timing : il faut que les gamètes se croisent au bon moment. Et, comme les mâles ont tendance à être prêts à fournir leur part du gâteau[1] à peu près n'importe quand, c'est donc chez les femelles que sont apparues des innovations biologiques pour synchroniser tout ça. Chez ces

1 J'avais très envie de faire une blague-là, mais on va peut-être éviter. Une sombre histoire de nappage. Bref.

ancêtres très, très lointains, cet obstacle a sans doute été contourné en se synchronisant à des signaux environnementaux - la température, l'ensoleillement -, mais chez leurs descendants, les premiers mammifères, on penche plutôt pour une stimulation par le mâle. Comme c'est encore le cas aujourd'hui pour les chats, les lapins, les koalas ou les chameaux de Bactriane, l'introduction du phallus masculin dans les voies génitales de la femelle déclenchait l'ovulation chez nos arrière-arrière...-arrière-grands-mères, et permettait que les deux gamètes se rencontrent au bon endroit, au bon moment.

Là où ça devient intéressant pour notre énigme, c'est que la décharge d'hormones qui sont libérées juste après l'intromission est un cocktail d'ocytocine et de prolactine ; un cocktail que l'on retrouve aujourd'hui dans... l'orgasme féminin.

Cet indice a lancé Mihaela Pavličev et Günter Wagner sur une piste. Et si, supposèrent-ils en 2016, l'origine évolutive du climax se trouvait dans l'ovulation ? Nos ancêtres recevaient une décharge hormonale lors de l'accouplement, ce qui autorisait alors la reproduction, mais, il y a environ 90 millions d'années, l'ovulation est devenue cyclique. Plus besoin de stimulus extérieur : les ovules maturent et se déplacent pour rencontrer le sperme des mâles à intervalles réguliers. Inutile, le réflexe de l'orgasme est pourtant conservé et dérive de génération en génération, jusqu'à nous.

Plusieurs arguments coïncident : au fil des générations, les espèces à ovulation cyclique ont vu leur clitoris sortir progressivement des voies génitales. Situé bien à l'intérieur pour recevoir la stimulation masculine chez nos ancêtres, ce dernier finit par arriver au bord du vagin, ce qui pointe vers une déconnexion entre l'orgasme et l'ovulation.

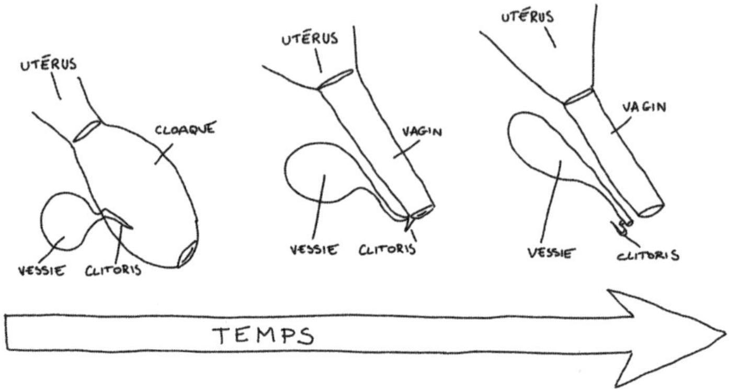

Un autre test vient consolider leur scénario en 2019, et il fait intervenir… du Prozac, administré à des lapins ! La logique est la suivante : les inhibiteurs sélectifs de la recapture de la sérotonine comme l'antidépresseur Prozac ont un effet bien connu : souvent, ils privent les personnes de leurs orgasmes bien mérités. Si la décharge hormonale de ces orgasmes et celle de l'ovulation sont de fait les mêmes, alors on peut s'attendre à ce que le Prozac empêche l'ovulation. Les auteurs ont donc fait en sorte que des lapins prennent cet antidépresseur et bingo ! Ils ont observé une diminution des ovulations d'un bon tiers. Ovulation et orgasme partagent donc des points communs, qui ne peuvent s'expliquer que par l'histoire évolutive de ces traits.

En bref, l'orgasme serait un caractère biologique très ancien, un reliquat qui aurait perdu sa fonction originale (ovuler) et qui resterait comme par un heureux accident.

LE MEILLEUR ACCIDENT QUI SOIT

Il est toujours possible que ce réflexe ait acquis une fonction *a posteriori*, des millions d'années plus tard, parce que, après tout, l'évolution est un gigantesque bricolage permanent. Ce type de trajectoire évolutive s'appelle une *exaptation*, ou cooptation, ou co-option – s'il y a une chose que les biologistes aiment encore plus que nommer des espèces, c'est donner des noms à des concepts. Un exemple typique est celui des plumes d'oiseaux : sélectionnées chez les dinosaures non aviens pour l'isolation thermique qu'elles confèrent, ou pour leurs couleurs chatoyantes permettant des parades sexuelles, elles ont par la suite été utiles au vol chez leurs descendants, les oiseaux.

Quel rapport avec l'orgasme féminin ? Eh bien, lui aussi pourrait avoir acquis par la suite d'autres *fonctions adaptatives*, c'est-à-dire qu'il faciliterait la reproduction de l'individu... autrement. Et, pour trouver ce que peut être cet « autrement », les biologistes ne manquent pas d'idées. Le livre de référence d'Elisabeth Lloyd ne recense pas moins d'une vingtaine d'hypothèses qui tentent de trouver une fonction à ce réflexe.

Par exemple, et contrairement à ce qu'a un jour tweeté J.K. Rowling, créatrice de l'univers de Harry Potter et utilisatrice intensive de ce réseau social, l'orgasme féminin n'a probablement pas pour fonction de fournir une motivation à pousser un objet de 3,5 kg hors de son vagin[1]. Premièrement, il est peu probable qu'il y ait une sélection importante sur la fréquence de copulation chez une espèce où chaque fécondation réussie occupe la femelle pendant des mois, sinon des années. D'autre part, pour démontrer que l'orgasme a une fonction de motivation, il faudrait prouver le lien entre le plaisir ressenti et le nombre de copulations, et un lien entre ce dernier et le nombre de bébés... et c'est d'ailleurs là que le bât blesse.

1 J.K. a tweeté en août 2016 : « *Yes, the prospect of pushing an 8 pound object out of your vagina should be more than enough incentive for sex* », en réponse à un article du *New York Times* qui discutait du travail de Mihaela Pavličev. Celle-ci a tout simplement suggéré à l'autrice à succès de s'intéresser vraiment au travail des biologistes de l'évolution... certes assez éloigné des punchlines de Twitter, mais pas moins intéressant.

Parmi les 21 hypothèses étudiées par Lloyd, les preuves sont toujours légères, trop légères en tout cas pour affirmer que cet orgasme influence de façon quelconque le succès reproducteur. Et il faut admettre que les hypothèses sont parfois... créatives, à défaut d'être solidement enracinées dans la réalité.

Ainsi, selon les chercheurs David P. Bernds et William P. Barash, l'orgasme serait une adaptation qui sert à avorter spontanément lorsque les ressources sont maigres et que la grossesse est dangereuse pour la mère. Un scénario relativement alambiqué et pour lequel on a un peu de mal à voir la valeur adaptative, mais l'important, c'est de participer. Selon Desmond Morris, la puissance du climax force la femme à rester allongée et évite ainsi que le sperme descende des voies génitales, améliorant ainsi la fécondation. Un tranquillisant naturel pour éviter les dommages collatéraux de la bipédie, en somme. Pour H.L. Allen et W.B. Lemmon, il sert à déclencher l'orgasme du mâle grâce aux contractions du vagin qui y sont associées. De nombreuses autres hypothèses tournent autour de l'idée que les contractions de l'utérus aspirent littéralement le sperme jusque dans les trompes de Fallope, à la façon d'une poire à lavement, et qu'un coït agréable est, mécaniquement[1], un coït fertile.

Pour tester ces hypothèses, certains chercheurs ont redoublé de créativité.

PROTOCOLES AU DOIGT MOUILLÉ

Dans une étude menée en 1969, quelques scientifiques ont inséré un capteur de pression radiocommandé de 15 mm de long dans l'utérus d'une femme, juste avant

1 Voire pneumatiquement.

qu'elle ne fasse l'amour. Nous ne connaissons pas l'identité de cette personne, mais l'un des coauteurs, C.A. Fox, remercie chaleureusement le Dr Beatrice Fox, « sans qui cette étude n'aurait pas été possible »... Dans tous les cas, les chercheurs ont bien mesuré des variations de pression – tout à fait attendues vu que l'utérus se contracte. D'autres ont essayé une approche plus directe : injecter du liquide *via* une seringue dans le vagin, demander à un échantillon de participantes de se masturber jusqu'à l'orgasme, et mesurer le volume du liquide qui parvient dans l'utérus. Comparer avec les femmes qui n'ont pas eu d'orgasme. En déduire... pas grand-chose.

En effet, ces études ne se caractérisent pas juste par leurs méthodes originales et moyennement poétiques, mais aussi et surtout par un protocole éclaté au sous-sol. Que déduire d'une enquête faite sur un seul individu ? Peut-on tirer des conclusions sur la fonction évolutive de l'orgasme comme aspirateur à sperme dans toute une espèce juste parce que l'utérus de la femme d'un chercheur palpite[1] ? Évidemment, la réponse est

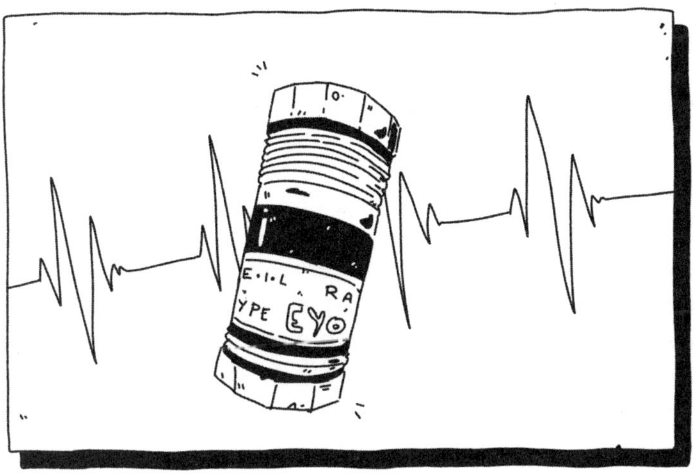

1 Voilà donc la phrase la plus classe de ce bouquin.

non, et il manque de nombreux éléments pour l'établir comme une théorie sérieuse : montrer que l'aspiration est corrélée à une meilleure fécondation des ovules est essentiel, par exemple.

Enfin, le reste des hypothèses s'attarde principalement sur le fait que l'orgasme féminin pourrait aider à choisir un partenaire de bonne qualité : un partenaire qui a un cœur suffisamment solide pour fournir l'effort nécessaire et donner du plaisir (et donc en bonne santé, et donc capable de survivre longtemps, etc.), ou qui est suffisamment attentif aux besoins de sa moitié et qui sera probablement une personne attentionnée dans la vie de couple, l'éducation des enfants – bref, un bon gendre comme on les aime. Et, là aussi, les données disponibles pour soutenir ces hypothèses sont, au mieux, anecdotiques.

En 2013, deux chercheurs ont demandé, sur un échantillon de 8 000 jumelles et sœurs, à quelle fréquence ces femmes avaient des orgasmes. Ils ont regardé la corrélation avec leur nombre d'enfants, et... elle était inexistante.

VOIR L'ORGASME COMME UN ART

Bref, au moment où j'écris ce livre, aucune hypothèse pour expliquer la fonction de l'orgasme féminin n'a accumulé suffisamment de preuves pour être convaincante. Et c'est là où l'orgasme féminin devient un cas très intéressant du point de vue épistémologique. Elisabeth Lloyd, l'experte dont on mentionne le nom depuis le début du chapitre, est en fait philosophe des sciences et a longuement questionné la démarche de ses collègues biologistes sur le sujet. Pourquoi, en effet, chercher à tout prix à raconter des histoires sur mesure pour expliquer la présence de ce trait[1] ? Pourquoi considérer par défaut que le trait *devrait* avoir une fonction adaptative, c'est-à-dire contribuer à la valeur reproductive de l'individu ? Tous les caractères biologiques doivent-ils nécessairement avoir un sens, un but, une raison d'être ? Et qu'est-ce qui pousse ces générations de chercheurs dans cette entreprise infructueuse, comme s'ils voulaient légitimer l'utilité du climax féminin ?

Voilà en résumé quelques-unes des questions que pose Lloyd et qui, on le voit, dépassent largement le cadre de l'orgasme féminin pour toucher à la logique scientifique elle-même. Selon elle, il est plus parcimonieux de travailler avec comme hypothèse de base qu'un trait n'a pas de fonction. Comme dans d'autres domaines scientifiques, pour prouver l'existence d'un phénomène particulier, ici d'une adaptation, il faut réussir à réfuter l'hypothèse nulle que ce phénomène n'existe pas. Et, dans le cas de l'orgasme féminin, personne n'a encore réussi à réfuter l'hypothèse nulle.

À quoi sert l'orgasme féminin, alors ? Aujourd'hui, rien ne nous permet d'affirmer autre chose que : « Eh ben... à rien, au sens d'une fonction biologique dont l'effet serait d'augmenter le nombre de bébés. » L'orgasme féminin est parfaitement inutile, gratuit, un chouette cadeau de l'évolution, peut-être même un rééquilibrage karmique après l'invention des règles, sait-on jamais.

Mihaela Pavličev a ainsi écrit, dans un article sur le sujet, ce qui sera un mot de la fin idéal :

« [...] Les humains ont la capacité d'apprécier l'art. Cette capacité est sans aucun doute enracinée dans les structures profondes de nos cerveaux. Nous ne savons pas quelles sont ces caractéristiques ni comment elles sont apparues dans l'évolution, mais aucun de ces faits

1 On appelle ça des *just-so-stories* dans la langue de Notorious B.I.G.

ne diminue notre enthousiasme pour l'art, et nous doutons que quiconque trouve que l'art perd sa valeur esthétique, sociétale, et même pragmatique, juste parce qu'il pourrait être le résultat d'une propriété non adaptative de nos cerveaux [...] On peut voir l'orgasme féminin comme une forme d'art, qui ne répond qu'à elle-même plutôt que d'achever un but utilitaire, probablement la forme d'art la plus intime, pour une audience de un ou deux[1]. »

1 G.P. Wagner & M. Pavličev, « What the evolution of female orgasm teaches us », *Journal of Experimental Zoology*, Part B : Molecular and Developmental Evolution, 2016, 326(6), p. 325-325.

16

— Tu veux une glace menthe-chocolat ?
Ma grand-mère.

Pourquoi les grands-mères existent-elles ?

Pourquoi un phénomène qui rend impossible la reproduction a-t-il été sélectionné par l'évolution ? Comment se fait-il que les grands-mères soient si rares dans le monde vivant ? Découvrons l'intérêt de la ménopause et des mamies en général !

La même décennie où le *Titanic* coulait, une orque femelle (*Orcinus orca)* naissait quelque part dans les eaux fraîches du Pacifique Nord. Elle sera nommée *Granny* (« Mamie ») de nombreuses années plus tard par des scientifiques et deviendra une orque star, matriarche d'un groupe très étudié. En 1924, ma grand-mère paternelle voyait le jour et, si elle n'a pas été une superstar[1], elle a néanmoins partagé de nombreux points communs avec Granny : sa vie s'est étendue sur la plus grande partie du XXe siècle, elle a élevé de nombreux enfants juste après la Seconde Guerre mondiale et a été une grand-mère exceptionnelle pour tout un tas de petits-enfants... dont je fais partie. Ces deux mémés révèlent un processus biologique fascinant.

DES MÉMÉS TRÈS RARES

Granny, elle, a eu de nombreux enfants et petits-enfants, qu'elle a élevés puis dirigés dans le groupe d'orques nommé « pod J ». Bien qu'il existe un débat autour de sa véritable année de naissance, il est fort possible que cette femelle épaulard ait battu un record de longévité dans l'espèce, avec ses 104 ans d'existence. Elle est en tout cas devenue mairesse honoraire de l'île Orcas, dans l'État de Washington[2]. Ces deux mamies

1 Sauf à mes yeux, évidemment.

2 En même temps, élire un animal est une tradition locale, là-bas. Au moment où j'écris ces lignes, le maire honoraire est Ricky the Lizard Wizard, un lézard affublé d'un déguisement de magicien très mignon.

sont décédées à un an d'intervalle entre 2016 et 2017, et leurs vies bien chargées racontent quelque chose de fascinant sur la biologie des familles... et sur l'apparition des grands-mères dans l'évolution.

En effet, la grand-mère telle qu'on la connaît chez les humains est une exception biologique, une innovation apparue seulement une poignée de fois chez les mammifères. Bien sûr, toutes les espèces qui pratiquent la reproduction sexuée ont des femelles qui ont des filles et des petites-filles, ce qui les qualifie donc pour la définition de « grand-mère » au sens large. Toutefois, il existe une différence importante avec les nôtres ou celles des orques : chez *Sapiens*, les mémés ne se reproduisent pas.

Les hommes, eux se reproduisent jusqu'à leur mort. Et, de fait, un homme est devenu père à 96 ans, le record à l'heure actuelle. L'aïeule *sapiens*, en revanche, subit la ménopause, l'arrêt de son cycle de reproduction, et c'est ce qui la distingue de la très grande majorité des mammifères. Ailleurs, lorsqu'on ne se reproduit plus, on meurt. La ménopause est une bizarrerie évolutive qui n'existe que chez cinq espèces de mammifères : les humains, les orques, les narvals[1] (*Monodon monoceros*), les bélugas (*Delphinapterus leucas*) et les globicéphales du Pacifique (*Globicephala macrorhynchus*, ou « dauphins-pilotes »).

1 Hélas, on ne dit pas des narvaux.

Une espèce de pucerons (*Quadrartus yoshinomiyai*) semble également avoir des femelles capables de survivre après la fin de leur fertilité[1], mais en l'état actuel des connaissances c'est une capacité extrêmement rare dans le monde vivant. Face à un tel caractère, les biologistes se posent automatiquement toutes sortes de questions : pourquoi ce trait se trouve-t-il chez les humains ? Sous quelles conditions un caractère biologique tel que la ménopause peut-il apparaître et être sélectionné, et qu'est-ce qui fait que nous sommes les seuls primates à l'avoir ?

MÉNOPAUSE ET LONGÉVITÉ

En première approche, tentons l'hypothèse suivante : la ménopause est une conséquence logique et accidentelle de l'apparition de l'hygiène et de la médecine dans notre espèce. Ces nouvelles technologies prolongent artificiellement notre durée de vie, mais on peut imaginer que nos aïeules du Paléolithique n'atteignaient jamais l'âge de la ménopause. Un tigre à dents de sabre affamé ou une salmonellose un peu taquine auraient tôt fait de mettre un terme à l'existence des grands-mères en devenir, et la vie post-reproductive telle que ma

---

1 La vie de ces pucerons est assez fascinante et mérite une note de bas de page conséquente, au risque d'éclater la mise en pages. Ces pucerons japonais forment des galles dans des arbres du genre *Distylium*. Il s'agit d'une grosse excroissance en forme de boule faite dans une feuille, qui possède une entrée et dans laquelle vivront plusieurs générations de ces pucerons. La fondatrice formera la galle et y pondra ses filles, sans ailes. Celles-ci feront d'autres filles, avec des ailes, qui vivront une vie de puceron tout à fait normale. Pendant ce temps, cette première génération de filles va se transformer. Leur corps se modifie : l'abdomen qui portait auparavant les œufs va se remplir d'une substance cireuse et collante, de défense. Ces mères (qui deviendront rapidement des grands-mères, au rythme où leurs filles se reproduisent) se posteront à l'ouverture de la galle et se prépareront à la défendre en cas d'attaque par des prédateurs éventuels, fortes de leurs nouveaux organes de défense. Elles troquent la reproduction pour la protection de leur progéniture étendue, comme nos propres mamies. On peut parier qu'il existe d'autres espèces avec des histoires de vie originales de ce type, qui restent encore à découvrir !

mamie l'a connue n'était pas à la portée des chasseuses-cueilleuses d'il y a 40 000 ans.

Dans ce scénario, le stock d'ovocytes des femmes est fixé et adapté à l'espérance de vie d'alors. Si on rallonge cette vie, les ovaires ne peuvent plus suivre, ce qui provoque la ménopause. Celle-ci ne serait donc pas un produit de la sélection naturelle, mais juste une conséquence de l'accroissement de la durée de vie dans les temps modernes.

Cependant, ce scénario se confronte à un problème de taille : tout porte à croire que nos ancêtres du Paléolithique vivaient assez longtemps – largement assez – pour faire l'expérience de la ménopause en tout cas. Un premier indice vient de l'étude des dents fossiles. Les dents se développent de façon assez prévisible chez les enfants, puis elles s'usent chez les adultes, et il est possible d'estimer l'âge des personnes qui les portaient. Bien sûr, les conditions de vieillissement de ces dents dépendent du mode de vie, de l'alimentation et de nombreux autres facteurs qui ne peuvent pas être contrôlés par les chercheurs, et les estimations sont donc plutôt grossières... tellement grossières qu'ils ne préfèrent pas prendre de risque, et tout simplement diviser les adultes en deux groupes, « jeunes adultes » et « vieux adultes ».

L'intérêt des dents, c'est que nous ne sommes pas la seule espèce de primate à en posséder[1], si bien que les chercheurs ont pu comparer les dents d'australopithèques, d'*Homo erectus*, de Neandertals[2], et d'*Homo sapiens* ayant vécu à différentes époques. Qu'ont-ils constaté ? Eh bien, au fur et à mesure de l'évolution, de plus en plus de dents appartenaient à des « vieux adultes », démontrant l'existence d'un troisième âge paléolithique en bonne et due forme.

---

1 Vu la taille des canines des chimpanzés, on pourrait même dire que notre espèce est insignifiante dans le *game* dentaire.

2 On ne dit pas Néandertaux non plus, c'est vraiment n'importe quoi.

GRAND-MÈRE CHASSEUSE-CUEILLEUSE

Une autre approche soutient ces résultats. Elle consiste à étudier les populations de l'humanité qui vivent encore aujourd'hui avec le niveau technologique du Paléolithique supérieur : les différentes tribus de chasseurs-cueilleurs de la planète peuvent servir de proxy, un modèle d'étude pour avoir une vision de ce qu'était la vie avant l'invention de l'agriculture. Une étude effectuée sur une vingtaine de peuples chasseurs-cueilleurs et horticulteurs a pu prouver que les personnes qui survivent jusqu'à 15 ans (ce qui représente, hélas, la moitié seulement des naissances) réussissent dans deux tiers des cas à jouir de 70 ans de vie sur Terre. Formulé de façon plus statistique, le mode de la distribution des âges au décès chez les chasseurs-cueilleurs adultes actuels est de 72 ans... ce

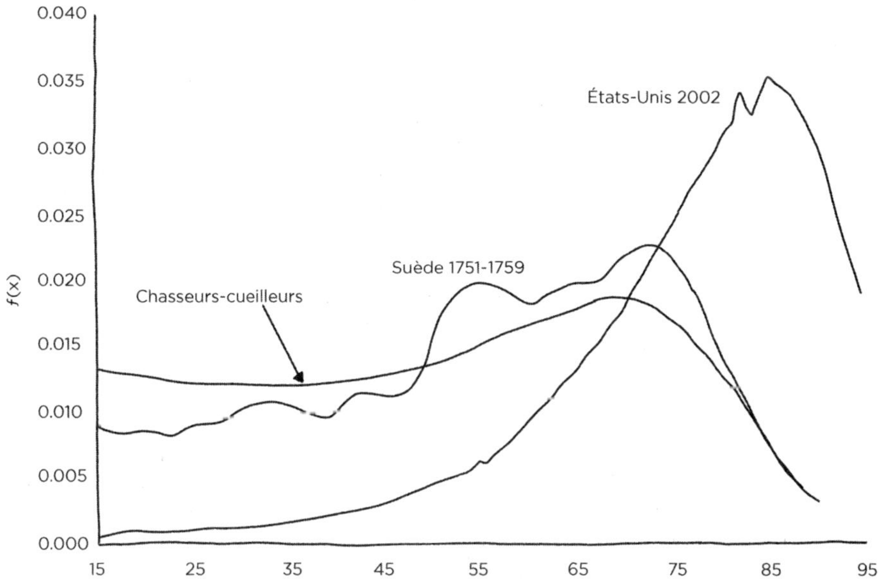

qui correspond plus ou moins à celui de la Suède préindustrielle[1].

Ces données sont d'autant plus impressionnantes que ces peuples vivent souvent dans des zones refuges, où ils ont été repoussés par des générations d'agriculteurs - je pense par exemple aux San dans le désert du Kalahari. Cette zone particulièrement aride et *a priori* plutôt éprouvante impose un mode de vie potentiellement différent de celui des chasseurs-cueilleurs qui gambadaient dans des lieux un peu plus sympathiques. L'espérance de la vie à la naissance de ces peuples est très faible, car la mortalité infantile massive tire cette moyenne vers le bas, mais, une fois qu'une personne a réussi à survivre aux quinze premières années de son existence, il semble qu'elle ait toutes les chances d'atteindre au moins 50 ans... et donc la ménopause.

En d'autres termes, ces études montrent que la vie post-reproductive des humaines n'est pas un simple effet secondaire de l'augmentation de la durée de vie apparue avec la modernité, mais bien quelque chose qui avait déjà cours dans les temps préhistoriques, pendant les centaines de milliers d'années qui ont constitué l'environnement évolutif de nos ancêtres.

TROUVER L'HISTOIRE ÉVOLUTIVE

Il faut donc se tourner du côté de la biologie évolutive pour comprendre le comment du pourquoi de la ménopause, et, comme d'habitude, les hypothèses ne manquent pas.

1 Il se trouve que la Suède est un des pays où l'on a des données précises de mortalité pour une grosse partie de la population, et ce très tôt dans l'histoire. Loués soient les registres paroissiaux de l'Église, tenus avec soin par les ecclésiastiques locaux. Ces mêmes registres ont fourni d'innombrables données sur notre évolution récente, comme on le voit au chapitre 13

Une première suggère que la ménopause est le résultat de gènes favorables en début de vie et sélectionnés par l'évolution, qui se révèlent défavorables en fin d'existence. Ce scénario de la « pléiotropie antagoniste » a été imaginé au milieu des années 1950 par un biologiste de l'évolution nommé George C. Williams. Ce chercheur américain a été très important dans la construction de la théorie moderne de l'évolution, en s'intéressant à des questions comme « Pourquoi les individus vieillissent-ils ? », « Pourquoi les organismes font-ils du sexe ? » ou encore « Pourquoi la ménopause existe ? », aux côtés d'autres biologistes non moins illustres comme Richard Dawkins, John Maynard Smith, Ernst Mayr, etc.

Dans la théorie de la pléiotropie antagoniste, la ménopause serait due à un trait avantageux en début de vie… mais lequel ? Des chercheurs ont observé que la maturation des ovocytes et leur disparition graduelle sont au cœur d'un système hormonal complexe très important pour la santé des femmes, un processus dont le coût est l'épuisement de ces ovocytes. La ménopause serait donc la conséquence accidentelle de l'importance de la maturation des ovocytes dans les cycles hormonaux féminins. Mouais.

Bon, soyons francs, cette hypothèse ne suffit pas à tout expliquer. Par exemple, si les hormones libérées pendant la maturation des ovocytes sont si importantes pour la physiologie des femmes, pourquoi la sélection naturelle n'a-t-elle pas allongé leur effet jusqu'en fin de vie ? Et pourquoi seulement cinq espèces subiraient l'effet de cette pléiotropie antagoniste, sur des millions qui auraient l'opportunité de le faire ?

En d'autres termes, ce scénario est modérément satisfaisant, et il n'est pas vraiment celui qui est favorisé pour expliquer l'existence des mamies-gâteaux. Il en existe un autre, beaucoup plus étudié et qui rassemble davantage d'observations et d'arguments solides, d'autant que son nom est largement plus sympa à articuler que *pléiotropie antagoniste*.

Voici donc le moment de présenter l'hypothèse des grands-mères.

OÙ L'ON REVIENT À GRANNY

Souvenez-vous de Granny, l'orque centenaire qui nageait dans les fjords de la côte du Pacifique Nord avec sa progéniture. Elle appartient à la population d'orques résidentes du Sud qui vit dans la mer de Salish, une gigantesque zone de détroits et de golfes qui connecte Vancouver et Seattle. Cette population est l'une des plus étudiées de la planète, et aussi l'une des plus menacées : le trafic maritime et la pollution engendrée par les agglomérations qui s'étalent sur le littoral rendent ses conditions de vie périlleuses.

Grâce aux données assemblées patiemment par des générations de cétologues - les gens qui étudient les cétacés -, en croisant des milliers d'observations faites aux jumelles dans des zodiacs sillonnant une eau à 10 °C, les chercheurs ont fini par avoir une idée de comment fonctionnaient les systèmes sociaux de ces sympathiques odontocètes. Les femelles de cette espèce arrêtent de faire des enfants entre leur trentaine et leur quarantaine, mais peuvent vivre 60 ans de plus. Tout ce temps, elles dirigent un groupe composé de leurs filles et de leurs fils [1], et des enfants de leurs filles, et ainsi de suite. Leur longévité est si grande que jusqu'à quatre générations vivent parfois ensemble, dans des groupes où les individus ne s'éloignent que pour se reproduire.

Un fait intrigant a notamment été observé : les deux années qui suivent la disparition d'une grand-mère, les

1 On dit des "veaux" pour parler des enfants de cétacés. Bravo l'originalité.

petits-enfants ont 4,5 fois plus de risques de mourir qu'en temps normal. Cet effet s'applique également aux enfants, et est d'autant plus fort les années difficiles, lorsque le saumon qui constitue la base de leur alimentation vient à manquer. Les grands-mères orques partagent probablement le fruit de leurs chasses avec leur descendance, même éloignée, et elles transmettent leur expérience des meilleures zones où trouver leurs proies. En bref, elles prennent soin de leur famille étendue.

MALIN COMME UNE ORQUE !

Ce type de comportement demande un certain nombre de conditions bien spécifiques pour émerger et être sélectionné. La longue durée de vie et le temps qu'il faut à un bébé orque pour acquérir toutes les compétences et être autonome y sont pour quelque chose. On sait par exemple que cette espèce possède des dialectes locaux qui se transmettent de génération en génération, mais aussi des techniques de chasse qui varient en fonction des groupes. Les orques ont ainsi appris à produire des vagues pour faire tomber les phoques des icebergs sur lesquels ils se perchent, ou régurgitent de la nourriture en surface pour attirer les oiseaux marins qu'elles attrapent ensuite.

Plus stupéfiant encore : lorsqu'elles s'approchent d'une plage peuplée de phoques, elles nagent penchées sur le côté pour cacher leur nageoire dorsale à leurs futures proies. Elles chassent même collaborativement en « carrousel », une méthode complexe où les individus se relaient à tourner autour d'un banc de poissons à grande vitesse jusqu'à ce que le banc adopte la forme d'une boule… et que l'une des orques aille taper dans le tas avec sa nageoire caudale pour assommer les poissons et se rassasier. Bref, devenir adulte dans cette

RECORD SCRATCH

ARRÊT SUR IMAGE

OUAIP, C'EST MOI. VOUS VOUS DEMANDEZ SÛREMENT COMMENT JE ME SUIS RETROUVÉ DANS CETTE SITUATION.

espèce demande d'acquérir toutes ces compétences, et les grands-mères ont un rôle clé dans cette éducation.

POUR COMBIEN DE COUSINS TU SACRIFIES TA SŒUR ?

Les mamies ont intérêt à aider leurs petits-enfants, car ceux-ci portent également leurs gènes. Chaque enfant possède la moitié des allèles, et chaque petit-enfant en possède un quart, et chaque arrière-petit-enfant un huitième, et ainsi de suite. Le bilan total de la valeur sélective d'un individu (son « succès évolutif », si on peut dire) dépend de la somme de tous ces gènes qu'il aura disséminés dans la nature. Or, selon cette métrique génétique, il est aussi intéressant d'aider sa fille ou son fils à faire deux enfants en plus que de donner soi-même naissance à un enfant supplémentaire. Comme l'aurait déclaré un jour le biologiste J.B.S. Haldane, « Je pourrais me sacrifier pour 2 frères, ou pour 8 cousins ».

Bien entendu, tout ça ne nécessite pas que l'organisme en ait conscience : imaginons qu'un gène apparaisse et favorise le soin donné aux petits-enfants, de telle sorte qu'il permette d'en augmenter le nombre. Ce gène sera transmis automatiquement aux générations suivantes, puisque ceux qui le porteront seront plus nombreux, conformément à la sélection naturelle classique. Ce type de calcul s'inscrit dans ce qu'on appelle la valeur sélective inclusive. On ne regarde pas juste le succès reproducteur d'un individu, et donc son nombre de bébés qui survivent à l'âge adulte, mais également sa contribution à des degrés d'apparentement plus éloignés : est-ce qu'il aide ses petits-enfants, ses nièces et ses cousins à survivre et transmettre ses gènes, qu'eux aussi possèdent à leurs échelles respectives ?

Et donc, la ménopause ? L'hypothèse des grands-mères propose qu'elle a été sélectionnée parce qu'elle met un point final à leur vie reproductive tout en augmentant les soins qu'elles apportent à leurs petits-enfants. En effet, la grossesse devient plus dangereuse avec l'âge, et, si la naissance arrive tard dans la vie de la mère, il y a plus de chances que celle-ci ne puisse pas pourvoir aux besoins de l'enfant jusqu'à ce qu'il soit autonome... soit parce que ce sera devenu trop difficile à cause de la vieillesse, soit parce qu'elle disparaîtra carrément avant que le petiot ne soit adulte. En résumé, si les petits ont besoin de nombreuses années pour grandir, et qu'il y a des différences importantes dans ce qu'apportent les mères jeunes et les mères âgées à leurs enfants, alors la ménopause sera une innovation évolutive qui aura toutes les chances d'être sélectionnée.

DE L'UTILITÉ PRATIQUE D'UNE MÉMÉ

Il semble que ce soit exactement ce qui se passe chez les orques et dans notre propre espèce. Depuis la formulation de cette hypothèse il y a plus de 60 ans, de nombreuses observations scientifiques ont alimenté le débat et dessinent un tableau complexe.

Une première confirmation empirique est venue du travail de terrain de Kristen Hawkes, anthropologue à l'université de l'Utah, et ses collègues. En étudiant les Hadza en Tanzanie et les Tsimane en Amazonie, ils se sont rendu compte que les grands-mères humaines fournissaient des ressources alimentaires importantes à la communauté par leur cueillette, et qu'elles transmettent un patrimoine culturel important aux nouvelles générations. Ces résultats ont été confirmés récemment par l'analyse des sociétés préindustrielles d'Occident. En étudiant les registres d'Église[1] du Québec et de Finlande, ils ont comparé les familles qui avaient une grand-mère à proximité à celles où elle était éloignée de ses petits-enfants, géographiquement parlant. Pour ce faire, ils ont tout simplement comparé des sœurs entre elles.

À l'époque préindustrielle, la mortalité infantile des pays occidentaux était très élevée et la moitié seulement des enfants survivaient jusqu'à l'âge de 15 ans[2], et les mamans avaient en moyenne 8 enfants. Après analyse, les chercheurs ont trouvé que la présence d'une mamie apportait en moyenne 1,75 enfant de plus à leurs

1 Décidément, on arrive à tout faire avec ces registres.

2 Ce qui met les Québécois à peu près au même niveau que les chasseurs-cueilleurs du Kalahari. Je ne sais pas exactement quoi faire de cette information, mais c'est toujours stylé à sortir en soirée.

filles, ce qui est cohérent avec l'hypothèse des grands-mères. Rappelez-vous, génétiquement parlant, aider à faire grandir deux petits-enfants est équivalent à en faire soi-même un.

DES MAMIES-GÂTEAUX DEPUIS LE PALÉO

Les mémés québécoises arrivaient donc presque à avoir l'équivalent d'un enfant en plus [1], après leur ménopause, juste en aidant leurs filles. L'histoire de ma propre grand-mère, bien qu'anecdotique, correspond assez bien à ce scénario. Après avoir élevé ses six enfants pendant les Trente Glorieuses, elle devient la grand-mère

1 1,75 divisé par deux donne 0,875. Donc, techniquement, les mamies québécoises arrivaient à avoir 87,5 % d'enfant en plus. Je ne sais toujours pas quoi faire de cette information.

d'une vingtaine de petits, nés entre la fin des années 1970 et le début des années 1990. Comme de nombreuses autres mamies, elle les garde quand les parents travaillent et cimente l'esprit familial par son rôle de matriarche, ses gâteaux au chocolat[1] et son légendaire pot de bonbons *Joe la frite* qui ont fait la joie de ses petits-enfants et la fortune de leurs dentistes.

Bien sûr, cette anecdote contemporaine ne constitue pas un bon argument pour un trait biologique apparu au Paléolithique, et, d'ailleurs, d'autres études nuancent l'effet grand-mère, en montrant que l'effet positif tend à diminuer avec l'âge de la mamie, dont la présence peut même faire diminuer l'espérance de vie des petits-enfants lorsque celle-ci est trop vieille.

En fait, si de plus en plus de travaux vont dans le sens de cette hypothèse pour expliquer le maintien de la ménopause dans notre espèce, d'autres explications complémentaires semblent nécessaires pour compléter le tableau. Par exemple, d'autres chercheurs suggèrent que la ménopause permet également de limiter le recouvrement de la reproduction entre générations : les mères ne font plus de bébés en même temps que leurs filles. Pour de nombreuses espèces, ce chevauchement temporel n'est pas un obstacle, mais dans le cas des humains, où les bébés exigent beaucoup d'efforts de toute une famille pour être élevés, il peut devenir problématique. Il est possible que l'arrêt de la reproduction à partir d'un certain âge ait été sélectionné car cela permettait d'éviter un conflit quant aux ressources nécessaires à l'éducation des petits.

Dans tous les cas, le faible nombre d'espèces chez qui on retrouve la survie post-reproductive indique clairement que ce trait biologique demande des conditions

---

1 Une tuerie.

très spécifiques pour exister. Pour une bonne grand-mère, il vous faut... des animaux qui vivent longtemps, dont la cognition poussée permet une collaboration entre les générations, et des enfants qui demandent du temps et des ressources pour se développer.

Mais pourquoi les grands-pères ne subissent-ils pas d'équivalent de la ménopause, alors ? Comme on l'a évoqué en début de chapitre, ils peuvent continuer à se reproduire jusqu'à la fin de leur vie, et c'est cohérent avec la stratégie générale des mâles : investir le moins de ressources possible dans chaque enfant mais essayer d'en faire un maximum[1]. Bien sûr, cela ne veut pas dire que les grands-pères ne contribuent pas à l'éducation de leurs petits-enfants aujourd'hui, mais simplement que les forces évolutives de leur passé n'ont pas tiré leur biologie dans ce sens.

1 On en parle dans le chapitre 16.

Ces hypothèses et études dessinent une idée qui, lorsque l'on y réfléchit un court moment, a tout d'une épiphanie poétique sur notre propre espèce.

Que ce soit dans les eaux froides du Pacifique Nord, dans le désert du Kalahari ou dans une petite maison de campagne au sommet d'une colline, des grands-mères instruisent et prennent soin des enfants de leurs filles et de leurs fils. Elles les éduquent à chasser du poisson, les gardent pendant que les parents sont à la cueillette ou les emmènent regarder des dessins animés Disney au cinéma. Et, lorsque ces mamies attentives glissent un cône menthe-chocolat dans la main de ces enfants qui sont un quart d'elles-mêmes avec un bisou bien sonore en guise de bénédiction, elles contribuent à une longue lignée d'affection qui trouve ses racines aux origines de notre espèce, dans des gestes répétés des millions de fois.

Épilogue

Septembre 2020, au large de la Corse : un bateau s'éloigne tranquillement en dérivant sur une mer d'huile, pendant que mon frère et moi palmons aussi vite que possible. Nous ne sommes pas pourchassés par un requin ou autre menace de ce genre. Non, nous tirons simplement un miroir en acrylique pour le présenter à une raie *Mobula*.

UNE INTELLIGENCE INSOUPÇONNÉE

Ces poissons cartilagineux sont extrêmement différents de nous, et nos lignées évolutives ont divergé il y a plus de 450 millions d'années… une époque où la vie commençait tout juste à découvrir la terre ferme. Bien qu'elles soient très éloignées évolutivement des baleines, les raies partagent plusieurs points communs avec elles : elles s'alimentent en aspirant le plancton par une bouche très large ; elles ont une espérance de vie longue et ne font que très peu de petits – un tous les cinq ans en moyenne ; elles pratiquent des parades nuptiales complexes et sautent parfois hors de l'eau pour des raisons encore méconnues. Mais surtout : elles possèdent un cerveau très développé.

Le contenu de la boîte crânienne des raies *Mobula* est une découverte relativement récente, à l'origine de plusieurs surprises : premièrement, le cerveau n'est pas lisse comme chez d'autres raies et il possède de nombreux replis, ce qui augmente la surface du cortex. D'autre part, un réseau d'artères et de veine, le *rete mirabile*, entoure l'organe et accélère les réactions chimiques qui y ont lieu en le chauffant. Cette innovation a probablement pour effet d'améliorer la cognition. Mais surtout, le cerveau est particulièrement volumineux par rapport à la taille du corps. À titre de comparaison, le cerveau d'espèces cousines qui filtrent également le plancton comme les requins-pèlerins est 50 fois plus petit, relativement à leur corps. Enfin, les *Mobula* sont connues pour leurs comportements complexes, leurs réseaux sociaux (elles ont des meilleures amies !) et leur curiosité vis-à-vis des plongeurs. Bref, nous sommes face à un animal fascinant, incroyablement différent de nous, et qui semble intelligent à sa façon.

TENTATIVE DE RENDRE UNE RAIE ÉGOCENTRIQUE

La raie glisse sans effort juste en dessous de la surface et tourne autour de nous. La scène est étonnante : deux nageurs en combinaison de néoprène qui bougent le moins possible pour ne pas l'effrayer, un miroir suspendu entre deux eaux et un poisson de 2,50 m d'envergure qui les scrute, les évaluent. L'animal fait un tour rapide puis décide que nous ne sommes pas si intéressants et repart... pour finalement revenir et s'approcher du miroir.

Tout le projet de l'expédition se cristallisait dans ce petit moment, très bref. Un miroir fabriqué sur mesure, une semaine d'observation naturaliste pour détecter à la jumelle la présence d'une raie, tout ça uniquement pour qu'elle se regarde dedans, et que nous puissions observer sa réaction. Va-t-elle se reconnaître ? Croire qu'il s'agit d'une autre raie ? Ne pas y faire attention ? Nous retenions – littéralement – notre souffle.

L'idée ne vient pas de nulle part : quelques années avant cette expédition, la biologiste marine Csilla Ari avait posé un miroir dans un aquarium des Bahamas et laissé deux raies *Manta* nager face à la surface réfléchissante. Ces proches cousines des *Mobula* avaient alors présenté des comportements spectaculaires : elles avaient passé beaucoup de temps devant leur reflet, elles avaient émis des bulles, tourné dans tous les sens, et, selon les chercheurs, il était possible qu'elles se soient ainsi inspectées. Mieux : il était très probable qu'elles se soient reconnues dans leur reflet.

MIROIR, MON BEAU MIROIR, DIS-MOI QUI EST CONSCIENT DE SOI

Le test du miroir est un grand classique de la recherche en éthologie. Dans sa version classique, on se débrouille pour laisser une marque sur le front de l'animal (une tache de couleur rouge, par exemple) sans qu'il ne s'en rende compte ni qu'il puisse la sentir. Puis on met le sujet face à un miroir et on observe sa réaction. Les chimpanzés finissent ainsi par faire le lien entre eux-mêmes et leur image et touchent la tache en se guidant grâce à leur reflet. C'est, selon les termes de Gordon Gallup qui a inventé ce test en 1970, le signe que l'animal a conscience de lui-même.

L'expérience a été tentée sur de nombreuses espèces, avec plus ou moins de bonheur. Certains animaux qui ne réussissaient pas le test dans sa version originale ont fini par y arriver lorsque les scientifiques ont adapté l'exercice à leur biologie[1], tandis que d'autres n'y parviennent toujours pas alors qu'on les suspecte très fortement d'être conscients d'eux-mêmes. Chez les poissons, le test a d'ailleurs été un succès. Des labres nettoyeurs – ces poissons de récifs qui mangent les peaux mortes d'autres poissons – ont reçu dans une écaille une injection de colorant, qui par son emplacement leur restait invisible. Les chercheurs leur ont ensuite présenté un miroir et ont observé le petit poisson essayer de gratter la tache colorée sur le fond de l'aquarium en s'aidant du reflet[2]. Mais pour un animal du large... c'est plus compliqué. Impossible de lui apposer une tache rouge, qu'il ne pourrait pas enlever d'ailleurs. En se grattant avec quel membre ? Ou sur quelle surface ?

Néanmoins, il me paraissait intéressant de voir la réaction d'une *Mobula* sauvage devant son reflet, et... je n'ai pas été déçu. Le test du miroir demande une bonne part d'interprétation de la part du chercheur : est-ce que, si on réagit à son reflet, c'est qu'on a conscience de soi ? Et, parce que l'on a conscience de soi, est-on conscient tout court ? Autant de questions que je me suis posées en voyant la raie tourner autour de nous, présenter son ventre au miroir et – *a priori* – se regarder dedans.

LA CONSCIENCE A-T-ELLE ÉVOLUÉ ?

Ce n'était bien sûr qu'une expérience menée à l'occasion d'une vidéo, et en aucun cas un travail de recherche

1 Dans son livre *Sommes-nous trop « bêtes » pour comprendre l'intelligence des animaux ?*, l'éthologue Frans de Waal raconte à quel point le test du miroir est révélateur de la démarche scientifique – et de ses limites. De nombreuses espèces ont ainsi raté le test pour des raisons complètement absurdes, de l'utilisation de miroirs trop petits pour évaluer des éléphants, qui ne pouvaient même pas se voir, à l'emploi de ce test principalement visuel pour évaluer des espèces qui se reconnaissent principalement à l'odeur, comme les chiens. Il existe de nombreuses façons d'échouer.

2 Cette étude a provoqué une discussion importante sur les conclusions que l'on pouvait tirer de ce fameux test, sur l'émergence graduelle de la conscience de soi, et ainsi de suite. Pour certains chercheurs, il était tellement étonnant qu'un simple poisson de récif

rigoureux, mais elle est utile pour discuter de l'apparition de la conscience au cours de l'évolution.

Il n'existe pas de consensus très clair sur ce qu'est réellement la conscience, mais plutôt un ensemble de paradigmes différents qui abordent la question sous autant d'angles. Selon des versions de l'IIT (*Integrated information theory*), tous les systèmes qui intègrent de l'information ont une forme de conscience... ce qui inclut les diodes ou les cactus, à un certain niveau. Une vue plutôt raccord avec le panpsychisme, une conception selon laquelle la conscience est une propriété fondamentale de la matière, donc présente partout et qui se trouve concentrée chez nous, nous permettant d'avoir l'expérience consciente actuelle : moi, d'écrire ces mots et vous, de hausser les sourcils en les lisant.

Selon une perspective plus fonctionnaliste, la conscience est le résultat de l'activité de différents modules du cerveau et serait donc apparue au cours de l'évolution de celui-ci[1]. Et là, bien sûr, les hypothèses abondent. A-t-elle émergé brutalement, dans un flash de lumière digne de celui qu'ont vécu les australopithèques de *2001, L'Odyssée de l'espace* lorsqu'ils ont touché le monolithe ? Ou est-elle apparue progressivement depuis le Précambrien ? Bref, les bactéries sont-elles conscientes, leurs colonies le sont-elles, qu'est-ce que la conscience, où suis-je, où vais-je, les thermomètres sont-ils des compteurs de vitesse pour atomes, les lampes des jeux vidéo utilisent-elles de la véritable électricité ? Et autres questions fondamentales de la vie.

Autant dire que cet épilogue ne pourra pas vous donner de réponse concrète sur l'évolution de la conscience : les chercheurs eux-mêmes ne s'entendent pas sur sa

---

puisse être conscient de lui-même qu'ils étaient prêts à remettre en question la validité même du test !

1 Dont on parle d'ailleurs au premier chapitre. Si jamais vous l'avez loupé, c'est que vous avez commencé le livre par le mauvais bout. #protip

définition, l'étudier chez des animaux est très compliqué, et l'interprétation et la validité des tests sont débattues. Cependant, l'évolution pourrait quand même fournir des pistes pour comprendre comment ce trait est apparu et a changé au cours du temps. Quelle que soit votre école de pensée, il faut bien admettre que notre expérience consciente est très différente de celle d'une bactérie ; or, dans une perspective scientifique, on ne peut l'expliquer qu'en faisant intervenir la biologie évolutive.

« OH... WOW » ← VOUS, PEUT-ÊTRE

La biologie est une discipline très puissante pour expliquer le monde qui nous entoure, et elle est riche en révélations contre-intuitives, en épiphanies de toutes sortes. Wow, nous ne sommes que des véhicules pour des gènes parfois vieux de plusieurs milliards d'années, et tout ce dont on fait l'expérience, des couleurs au goût en passant par nos émotions, sont le fruit de la très lente modification de notre ADN, génération après génération ! *La mort, l'orgasme et les grands-mères* [1], tout cela entre dans le champ d'étude de la biologie évolutive, et plus encore.

On aurait donc pu ajouter de très nombreux chapitres à ce livre. Pourquoi l'évolution a-t-elle inventé la conscience, bien sûr, mais comment le sentiment moral est-il apparu ? Et l'amour ? Le sommeil ? Le plaisir d'écouter de la musique ? L'homosexualité est-elle un produit de l'évolution ? L'attachement familial ? Comment la vie est-elle survenue ? Pourquoi avons-nous des cheveux [2] ? Chacune de ces questions aurait légitimement pu être traitée dans un chapitre à part, car toutes font l'objet de recherches très sérieuses par de nombreux scientifiques tout autour du globe.

1 J'aurais adoré nommer le livre comme ça ; mais l'éditeur n'était pas hyperchaud.
2 C'est quand même très étrange si on y pense.

Mais la concision est une qualité, en particulier dans le domaine de la communication scientifique (et je trouve que certains chapitres sont déjà un peu longuets...). Il ne sert donc à rien de publier un énorme pavé intimidant, qui ne serait lu que par des gens déjà curieux du sujet. J'ai donc préféré couper court et montrer que la biologie évolutive offre une grille de lecture intéressante - et des anecdotes incroyables - sur ces sujets. Maintenant, libre à vous de franchir le seuil de ce livre vers d'autres ouvrages plus détaillés.

D'ici là, lorsque vous verrez votre reflet dans un miroir, n'hésitez pas à vous demander : pourquoi l'évolution de mon espèce m'a-t-elle offert la capacité de me rendre compte que l'image qui est en face de moi est... moi ?

Remerciements

Vous savez, cette partie du livre que personne ne lit, qui est juste là pour faire plaisir aux potes ? Ben voilà, bienvenue. C'est vrai que l'intérêt des remerciements est limité, mais ils permettent quand même d'éclairer le processus d'écriture d'un livre. Surtout quand c'est l'œuvre de quelqu'un d'aussi... hum... chaotique[1] que moi.

Merci donc à Christian Counillon (Flammarion) d'avoir été l'impulsion du projet et aussi, il faut le dire, un peu sa victime. En faisant de l'archéologie dans mes mails, je suis retombé sur les premiers échanges qui évoquent le livre : ils datent de 2016[2]. Je crois qu'ils fabriquaient encore des pyramides, à cette époque. Avec une patience digne d'un moine bouddhiste, il a attendu que j'arrive à me dégager du temps pour écrire entre deux projets de vidéo. Nous avons finalement bouclé ce livre quelques jours à peine avant l'impression... parce que, même quand on a cinq ans devant soi, on se débrouille toujours pour faire 90 % du boulot dans la dernière ligne droite avant la date limite. ¯_(ツ)_/¯

Merci aussi à Alice Mazel, l'illustratrice dont vous avez dévoré les illustrations. Mon frère Colas avait commencé

1 Regardez-moi cet auteur qui essaie d'arrondir les angles. Non, le vrai mot est « complètement bordélique frère, et aussi très brouillon, sérieusement il s'éparpille sur mille projets et n'en finit aucun, on a été obligé de l'enchaîner à une chaise pour qu'il finisse ce bouquin, en vrai qui veut bosser avec un type comme ça ? » ← l'éditeur et l'illustratrice, probablement.

2 2016 était d'ailleurs considérée comme la pire année *ever* car elle avait vu la disparition de David Bowie, Prince, Harambe – autant de figures importantes de la culture mondiale –, mais également la crise des réfugiés syriens, le Brexit, l'épidémie de Zika. Relire les articles de l'époque après avoir vécu 2020 est assez... rigolo.

à travailler dessus en 2018, mais entre-temps sa chaîne YouTube Colas Bim (absolument géniale d'ailleurs) a un tout petit peu explosé, et il est devenu une célébrité très occupée. Alice, qui n'est pas encore une star internationale (mais ça ne devrait pas tarder), a fait un travail incroyable, joli[1] et drôle. Les meilleures blagues en dessin sont de sa création !

Écrire est une activité certes très solitaire, mais qui demande d'être bien entouré, et j'ai de la chance à ce niveau-là. Mes amis venant du monde de la recherche, Paul, Pascal, Camille, Joane et Timothée, ont relu les chapitres, et nos longues discussions ont alimenté ces pages en anecdotes et idées diverses. En fait, l'idée de départ de ce livre vient d'un blog que l'on avait nommé *Dans les testicules de Darwin*, en référence à l'émission de vulgarisation de France Inter. On était étudiants en master d'évolution à l'époque, et on se trouvait super-drôles avec ce titre. OK, objectivement ; on était *hi-larants.* Ils ont par la suite préféré faire un vrai travail au lieu de continuer dans la vulgarisation, mais ils restent des personnes très inspirantes. Bref, ayez des potes comme les miens, ils sont chouettes[2].

Enfin, un soutien psychologique au quotidien est important pour un projet de long terme (surtout quand il traîne autant[3]). Merci donc à une ou deux personnes que je vais éviter de nommer ici parce que j'aime bien garder ma vie privée… ben, privée, justement, mais aussi à mes parents, mes frères et sœur, à mon chien Baïkal, et à – *blablabla*, on connaît le refrain, non mais il se prend pour qui le mec, il reçoit un Oscar ou quoi ?

Fin.

(<3)

---

1 On peut quand même souligner qu'elle est plus à l'aise quand elle dessine des organes génitaux d'insectes que d'humains. Je pose ça là. Pas de jugement.

2 En revanche, je ne les prête pas.

3 La bonne formulation serait : « surtout quand JE traîne autant ».

Bibliographie

La vulgarisation est une porte : lorsqu'on l'ouvre, on se rend compte qu'il existe tout un monde scientifique fascinant à explorer. Ce livre n'est donc qu'un seuil et si vous voulez le franchir pour continuer votre expédition dans les paysages de la biologie évolutive, voici quelques recommandations qui pourront vous faciliter le voyage... ainsi que des références bibliographiques de recherche, pour les plus pointus d'entre vous !

Beaucoup sont en anglais, qui est la langue universelle de la science, mais j'ai tenté de vous mettre quelques références françaises – autant que possible.

PARTIE I – LES GRANDES QUESTIONS

Chapitre I – Le fait le plus incroyable

Livres

Une histoire de tout, ou presque... de Bryson, B., Payot, coll. « Petite bibliothèque », 2011, pour la grande histoire de notre Univers jusqu'à nous

Il était une fois le gène de Mukherjee, S., Flammarion, 2017, pour une vision plus centrée sur les gènes

Références scientifiques

Les bactéries en câble : Pennisi, E., « The mud is electric », *Science*, 2020

La lecture et ses zones : Bell, N., « Comment l'apprentissage de la lecture modifie notre cerveau », *The Conversation*, 2017

Évolution du système nerveux : fr.wikibooks.org/wiki/Neurosciences/L%27anatomie_du_système_nerveux

Chez les éponges : Leys, S. P., « Elements of a "nervous system" in sponges », *Journal of Experimental Biology*, 218(4), 2015, p. 581-591

Combien de neurones dans le cerveau humain ? Herculano-Houzel, S., & Lent, R., « Isotropic fractionator : a simple, rapid method for the quantification of total cell and neuron numbers in the brain », *Journal of Neuroscience*, 25(10), 2005, 2518-2521

Le premier système nerveux :
- Bucher, D., & Anderson, P. A., « Evolution of the first nervous systems – what can we surmise ? », *Journal of Experimental Biology,* 218(4), 2015, p. 501-503
- Kristan Jr, W. B., « Early evolution of neurons », *Current Biology,* 26(20), p. 949-954, 2016
- Jorgensen, E. M., « Animal evolution : looking for the first nervous system », *Current Biology,* 24(14), 2014, p. 655-658

Bactéries et influx électriques :
- Popkin, G., « Bacteria use brainlike bursts of electricity to communicate », *Quanta Magazine,* 2017
- Prindle, A., Liu, J., Asally, M., Garcia-Ojalvo, J., & Süel, G. M., « Ion channels enable electrical communication in bacterial communities », *Nature,* 527(7 576), 2015, p. 59-63

Les nanofils bactériens : en.wikipedia.org/wiki/Bacterial_nanowires

Chapitre 2 – Nous ne savons pas ce qu'est la vie

Livres

Qu'est-ce que la vie ? de Schrödinger E., Seuil, coll. « Points Sciences », 1993

Qu'est-ce que la vie ? Comprendre la biologie en 5 leçons de Nurse P., Alisio, 2021

Références scientifiques

Liste des objets sur la Lune : spacegrant.nmsu.edu/lunarlegacies/artifactlist.html

Pourquoi la protection planétaire est importante : McKay, C. P., & Davis, W. L., « Planetary protection issues in advance of human exploration of Mars », *Advances in Space Research,* 9(6), 1989, p. 197-202

Devrions-nous coloniser Mars ?
- Non : Stoner, I., « Humans should not colonize Mars », *Journal of the American Philosophical Association,* 3(3), 2017, p. 334-353
- Oui : Smith, K. C., « The curious case of the Martian microbes : Mariomania, intrinsic value and the prime directive in the ethics of space exploration », Springer, Cham, p. 195-208

Le programme de recherche de la vie sur Mars : Anton, T., « Life on Mars, from Viking to Curiosity », *Nautilus,* 2018

Le fameux article de Machery sur l'inutilité d'une définition : Machery, E., « Why I stopped worrying about the definition of life... and why you should as well », Synthese 185.1, p. 145-164, 2018

La vie subcellulaire : Baez, J., « Subcellular life forms », 2005 (ressource électronique disponible sur math.ucr.edu/home/baez/subcellular)

Les phospines viennent des volcans : Truong, N., & Lunine, J. I., « Volcanically extruded phosphides as an abiotic source of Venusian phosphine », *Proceedings of the National Academy of Sciences,* 118(29), 2021

La vie a-t-elle une définition ? Cleland, C., & Chyba C., « Does "life" have a definition ? », dans Bedau, M., & Cleland, C., *The Nature of Life : classical and contemporary perspectives from philosophy and science,* Cambridge University Press, 2010

Chapitre 3 – Pourquoi on meurt ?

Livres

Death on Earth : Adventures in Evolution and Mortality de Howard, J., Bloomsbury Sigma, 2016

La Science de la résurrection de Charpier S., Flammarion, 2020

Références scientifiques

La limite de Hayflick : en.wikipedia.org/wiki/Hayflick_limit

Les traces physiologiques du vieillissement : López-Otín, C., Blasco, M. A., Partridge, L., Serrano, M., & Kroemer, G., « The hallmarks of aging », *Cell,* 153(6), 2013, p. 1194-1217

Le travail de Medawar pour comprendre le vieillissement : Medawar, P. B., « An unsolved problem of biology », London : H. K. Lewis, 1952

L'article de Williams : Williams, G.C., « Pleiotropy, natural selection, and the evolution of senescence », *American Institute of Biological Sciences*, 1960, 6, p. 332-337

La thérapie génique pour ne pas vieillir : Regalado, A., « A tale of do-it-yourself gene therapy », *MIT Technologic Review*, 2015

Des startups qui veulent tuer la mort : Regalado, A., « A stealthy Harvard startup vents to reverse aging in dogs, and humans could be next », *MIT Technologic Review*, 2018

Chapitre 4 – Les mâles, les femelles et 2 000 autres catégories

Livres

DirtyBiology : La Grande Aventure du sexe de Grasset, C. & L., Delcourt, coll. « Octopus », 2017

Aux sources de la vie de Karsenti É., Flammarion, 2018

Sur les champignons : *Le Monde caché* de Sheldrake, M., First, 2021

Références scientifiques

Quelques informations sur ces champignons à 20 000 types sexuels : Condon., B., Hodge, K., « A fungus walks into a singles bar », Cornell University, 2010

L'évolution de nouveaux types sexuels : Constable, G. W., & Kokko, H., « The rate of facultative sex governs the number of expected mating types in isogamous species », *Nature Ecology & Evolution*, 2(7), 2018, p. 1168-1175.

Pourquoi on reste à deux sexes différents en taille : Parker, G., « The origin and maintenance of two sexes (anisogamy), and their gamete sizes by gamete competition », dans Togashi T. & Cox P., *The Evolution of Anisogamy : A Fundamental Phenomenon Underlying Sexual Selection*, Cambridge University Press, 2011, p. 17-74

La multicellularité à l'origine des deux sexes : Hanschen, E. R., Herron, M. D., Wiens, J. J., Nozaki, H., & Michod, R. E., « Multicellularity drives the evolution of sexual traits », *The American Naturalist*, 192(3), 2018, p. 93-105

Les mouches drosophiles préfèrent les mâles avec les plus gros spermatozoïdes : podcast de Greenfieldboyce, N., « For female fruit flies, Mr. Right has the biggest sperm » à retrouver sur : www.npr.org/sections/health-shots/2016/05/25/479183334/for-female-fruit-flies-mr-right-has-the-biggest-sperm

Les différents types de spermatozoïdes : en.wikipedia.org/wiki/Sperm_heteromorphism. Et ici aussi : « The many styles of sperm », *Nature*, 469, 2011, p. 269

La coopération entre spermatozoïdes : Pizzari, T., & Foster, K. R., « Sperm sociality : cooperation, altruism, and spite », *PLoS Biology*, 6(5), e130, 2008

Tailles de testicules : Harcourt, A.H., Harvey, P.H., Larson, S.G., & Short, R.V., « Testis weight, body weight and breeding system in primates », *Nature* 293, 1981, p. 55-57

Le ver à trois sexes : Shih, P. Y., Lee, J. S., Shinya, R., Kanzaki, N., Pires-daSilva, A., Badroos, J. M.,... & Sternberg, P. W., « Newly identified nematodes from mono lake exhibit extreme arsenic resistance » *Current Biology*, 29(19), 2019, p. 3 339-3 344

L'algue à trois sexes : Takahashi, K., Kawai-Toyooka, H., Ootsuki, R., Hamaji, T., Tsuchikane, Y., Sekimoto, H., ... & Nozaki, H., « Three sex phenotypes in a haploid algal species give insights into the evolutionary transition to a self-compatible mating system », *Evolution*, 2021

Chapitre 5 – Le sexe est un paradoxe total

Livre

Aux origines de la sexualité sous la direction de Pierre-Henri Gouyon, Fayard, 2009

Références scientifiques

Origine des bananes : De Langhe, E., & de Maret, P., « Tracking the banana :

its significance in early agriculture », dans *The Prehistory of Food*, Routledge, 2004, p. 387-404

Otto, S. P., & Lenormand, T., « Resolving the paradox of sex and recombination », *Nature Reviews Genetics*, 2002, 3(4), p. 252-261

Gorelick, R., & Heng, H. H., « Sex reduces genetic variation : a multidisciplinary review », *Evolution : International Journal of Organic Evolution*, 65(4), 2011, p. 1 088-1 098

Morran, L. T., Schmidt, O. G., Gelarden, I. A., Parrish, R. C., & Lively, C. M., « Running with the Red Queen : host-parasite coevolution selects for biparental sex », *Science*, 333(6 039), 2011, p. 216-218

Les espèces asexuées depuis longtemps

- Les crustacés : Smith, R. J., Kamiya, T., & Horne, D. J., « Living males of the "ancient asexual" Darwinulidae (Ostracoda : Crustacea) », *Proceedings of the Royal Society B : Biological Sciences*, 273(1 593), 2006, p. 1 569-1 578
- Les oribates : Heethoff, M., Norton, R. A., Scheu, S., & Maraun, M., « Parthenogenesis in oribatid mites (Acari, Oribatida) : evolution without sex », dans *Lost Sex*, Springer, Dordrecht, 2009, p. 241-257
- Les rotifères se font emmener par le vent : Wilson, C. G., & Sherman, P. W., « Anciently asexual bdelloid rotifers escape lethal fungal parasites by drying up and blowing away », *Science*, 327(5 965), 2010, p. 574-576.

Quand même de la recombinaison : Vakhrusheva, O. A., Mnatsakanova, E. A., Galimov, Y. R., Neretina, T. V., Gerasimov, E. S., Naumenko, S. A.,... & Kondrashov, A. S., « Genomic signatures of recombination in a natural population of the bdelloid rotifer Adineta vaga », *Nature Communications*, 11(1), 2020, p. 1-17

Chapitre 6 – Pourquoi on est fait de plein de cellules et pas d'une seule ?

Livre

La vie est belle : Les surprises de l'évolution de Gould S. J., Seuil, coll. « Points Sciences », 2004

Références scientifiques

La multicellularité est apparue de nombreuses fois : Parfrey, L. W., & Lahr, D. J., « Multicellularity arose several times in the evolution of eukaryotes (Response to DOI 10.1002/bies.201100187) », *Bioessays*, 35(4), 2013, p. 339-347

On arrive même à la faire apparaître expérimentalement : Herron, M. D., Borin, J. M., Boswell, J. C., Walker, J., Chen, I. C. K., Knox, C. A.,... & Ratcliff, W. C., « De novo origins of multicellularity in response to predation », 2019, *Scientific Reports*, 9(1), p. 1-9

Comment les algues nous aident à comprendre la multicellularité : Miller, S. M., « Volvox, Chlamydomonas, and the Evolution of Multicellularity », *Nature Education* 3(9), 2010, p. 65

L'évolution de la multicellularité est-elle réellement si majeure ? Grosberg, R. K., & Strathmann, R. R., « The evolution of multicellularity : a minor major transition ? », *Annu. Rev. Ecol. Evol. Syst.*, 38, 2007, p. 621-654

Les amibes affamées se mettent en groupe : Kelly, B., Carrizo, G. E., Edwards-Hicks, J., Sanin, D. E., Stanczak, M. A., Priesnitz, C., ... & Pearce, E. L., « Sulfur sequestration promotes multicellularity during nutrient limitation », *Nature*, 591(7 850), 2021, p. 471-476

Comment les bactéries s'organisent en colonies : Claessen, D., Rozen, D. E., Kuipers, O. P., Søgaard-Andersen, L., & Van Wezel, G. P., « Bacterial solutions to multicellularity : a tale of biofilms, filaments and fruiting bodies », *Nature Reviews Microbiology,* 12(2), 2014, p. 115-124

La « vraie » multicellularité demande un nombre de conditions assez difficiles à regrouper : Choi, C. Q., « How did multicellular life evolve ? », *Astrobiology at NASA*, 2017, disponible ici : astrobiology.nasa.gov/news/how-did-multicellular-life-evolve/

Pourquoi certaines formes de multicellularité sont meilleures que d'autres : Ostrowski, E. A., « Evolution of Multicellularity : One from Many or Many from One ? », *Current Biology,* 30(21), 2020, p. 1 306-1 308

Les organismes du bassin de Franceville : El Albani, A., Mangano, M. G.,

Buatois, L. A., Bengtson, S., Riboulleau, A., Bekker, A.,... & Canfield, D. E., « Organism motility in an oxygenated shallow-marine environment 2.1 billion years ago », *Proceedings of the National Academy of Sciences*, 116(9), 2019, p. 3 431-3 436

1er cas de multicellularité avant la nôtre, 2,1 milliards d'années : en.wikipedia.org/wiki/Francevillian_biota

Les fameux Acritarches : Cunningham, J. A., Vargas, K., Yin, Z., Bengtson, S., & Donoghue, P. C., « The Weng'an Biota (Doushantuo Formation) : an Ediacaran window on soft-bodied and multicellular microorganisms », *Journal of the Geological Society*, 174(5), 2017, p. 793-802

Combien de cellules dans un corps humain : Bianconi, E., Piovesan, A., Facchin, F., Beraudi, A., Casadei, R., Frabetti, F., ... & Canaider, S., « An estimation of the number of cells in the human body », *Annals of Human Biology*, 40(6), 2013, p. 463-471

Apparitions indépendantes de la multicellularité : Parfrey, L. W., & Lahr, D. J., « Multicellularity arose several times in the evolution of eukaryotes (Response to DOI 10.1002/bies.201100187) », *Bioessays*, 35(4), 2013, p. 339-347

Multicellularité des bactéries : Claessen, D., Rozen, D. E., Kuipers, O. P., Søgaard-Andersen, L., & Van Wezel, G. P., « Bacterial solutions to multicellularity : a tale of biofilms, filaments and fruiting bodies », *Nature Reviews Microbiology*, 12(2), 2014, p. 115-124

Multicellularité experimentale : Herron, M. D., Borin, J. M., Boswell, J. C., Walker, J., Chen, I. C. K., Knox, C. A.,... & Ratcliff, W. C., « De novo origins of multicellularity in response to predation », 2019, *Scientific Reports*, 9(1), p. 1-9

Chapitre 7 – Le cancer, les rats-taupes et les missiles cubains

Livre

L'Abominable Secret du cancer de Thomas, F., humenSciences, 2019

Références scientifiques

Dialectes de rats-taupes : Barker, A. J., Veviurko, G., Bennett, N. C., Hart, D. W., Mograby, L., & Lewin, G. R., « Cultural transmission of vocal dialect in the naked mole-rat », *Science*, 371(6 528), 2021, p. 503-507.

Podcast par Castle, M., « The mole rat prophecies », daminteresting.com, 2013, disponible sur : www.damninteresting.com/the-mole-rat-prophecies/

Vertébré de l'année : American Association for the Advancement of Science, « Notable Developments », *Science*, 342(6 165), 2013, p. 1 444

Des exemples d'eusocialité : Nowak, M. A., Tarnita, C. E., & Wilson, E. O., « The evolution of eusociality », *Nature*, 466(7 310), 2010, p. 1 057-1 062

Une prédiction réalisée : Braude, S., « The predictive power of evolutionary biology and the discovery of eusociality in the naked mole-rat », *Reports of the National Center for Science Education*, 17(4), 1997, p. 12-15

Eusocialité chez les plantes : Burns, K. C., Hutton, I., & Shepherd, L., « Primitive eusociality in a land plant ? », *Ecology*, e03373, 2021

West, S. A., Fisher, R. M., Gardner, A., & Kiers, E. T., « Major evolutionary transitions in individuality », *Proceedings of the National Academy of Sciences*, 112(33), 2015, p. 10 112-10 119

Hamilton est partout : Bourke, A. F., « Hamilton's rule and the causes of social evolution », *Philosophical Transactions of the Royal Society B : Biological Sciences*, 369(1 642), 20 130 362, 2014

Son testament : Hamilton, W. D., « My intended burial and why », *Ethology Ecology & Evolution*, 12(2), 2000, p. 111-122

Les feuilles des arbres : Hamilton, W. D., & Brown, S. P., « Autumn tree colours as a handicap signal », *Proceedings of the Royal Society of London. Series B : Biological Sciences*, 268(1 475), 2001, p. 1 489-1 493

Les rats-taupes : pourquoi une telle société ? Shah-Simpson, S., « Evolution of eusociality in mole-rats », dans Polyglottus, M., *Mockingbird Tales : Readings in Animal Behavior*, 2011

Hamilton et Axelrod essaient de comprendre la coopération : Axelrod, R., & Hamilton, W. D., « The evolution of cooperation », *Science*, 211(4 489), 1981, p. 1 390-1 396

Le débat sur la sélection de parentèle...

- En fait non : Nowak, M. A., Tarnita, C. E., & Wilson, E. O., « The evolution of eusociality », *Nature*, 466(7 310), 2010, p. 1 057-1 062
- Mais en fait si : Abbot, P., Abe, J., Alcock, J., Alizon, S., Alpedrinha, J. A., Andersson, M., ... & Zink, A., « Inclusive fitness theory and eusociality », *Nature*, 471(7 339), 2011, p. 1-4

Le cancer comme une triche dans la multicellularité :

Aktipis, C. A., Boddy, A. M., Jansen, G., Hibner, U., Hochberg, M. E., Maley, C. C., & Wilkinson, G. S., « Cancer across the tree of life : cooperation and cheating in multicellularity », *Philosophical Transactions of the Royal Society B : Biological Sciences*, 370(1 673), 20 140 219, 2015

- Pennisi, E., « Is cancer a breakdown of multicellularity ? », *Science*, 360(6 396), 2018, p. 1391
- Trigos, A. S., Pearson, R. B., Papenfuss, A. T., & Goode, D. L., « How the evolution of multicellularity set the stage for cancer », *British Journal of Cancer*, 118(2), 2018, p. 145-152

Les cancers infectieux :

- chez les diables de Tasmanie : Pye, R. J., Pemberton, D., Tovar, C., Tubio, J. M., Dun, K. A., Fox, S., ... & Woods, G. M., « A second transmissible cancer in Tasmanian devils », *Proceedings of the National Academy of Sciences*, 113(2), 2016, p. 374-379
- chez les chiens, Murchison : E. P., « Clonally transmissible cancers in dogs and Tasmanian devils », *Oncogene*, 27(2), 2008, p. 19-30
- chez des palourdes : Metzger, M. J., Villalba, A., Carballal, M. J., Iglesias, D., Sherry, J., Reinisch, C., ... & Goff, S. P., « Widespread transmission of independent cancer lineages within multiple bivalve species », *Nature*, 534(7 609), 2016, p. 705-709

Chapitre 8 – L'apparition des premières couleurs

Livres

La Lumière et la Vie, Bardez, E., & Valeur, B., Belin, coll. « Bibliothèque scientifique », 2015

Une belle histoire de la lumière et des couleurs de Valeur B., Flammarion, 2016

Références scientifiques

L'œil des Warnowiacae : en.wikipedia.org/wiki/Warnowiaceae... résumé dans un article du *National Geographic* : Yong, E., « Single-celled creature has eye made of domesticated microbes », *National Geographic,* 2015

Les nématocystes de ces organismes : Gavelis, G. S., Wakeman, K. C., Tillmann, U., Ripken, C., Mitarai, S., Herranz, M., ... & Leander, B. S., « Microbial arms race : Ballistic "nematocysts" in dinoflagellates represent a new extreme in organelle complexity », *Science Advances*, 3(3), e1602552, 2017

Le découvreur des Warnowiacae : en.wikipedia.org/wiki/Oscar_Hertwig

L'ocelloïde : Hayakawa, S., Takaku, Y., Hwang, J. S., Horiguchi, T., Suga, H., Gehring, W., ... & Gojobori, T., « Function and evolutionary origin of unicellular camera-type eye structure », *PLoS One*, 10(3), e0118415, 2015

Origine endosymbiotique : Gavelis, G. S., Hayakawa, S., White III, R. A., Gojobori, T., Suttle, C. A., Keeling, P. J., & Leander, B. S., « Eye-like ocelloids are built from different endosymbiotically acquired components », *Nature*, 523(7 559), 2015, p. 204-207

Darwin, C., *L'Origine des espèces*, Alfred Costes, 1921, disponible en ligne : classiques.uqac.ca/classiques/darwin_charles_robert/origine_especes/darwin_origine_des_especes.pdf, p. 206

Comment les plantes voient-elles ? Baluška, F., & Mancuso, S., « Vision in plants via plant-specific ocelli ? »,

Trends in plant science, 21(9), 2016, p. 727-730
Les chitons ont des yeux qui s'érodent : Speiser, D. I., Eernisse, D. J., & Johnsen, S., « A chiton uses aragonite lenses to form images », *Current Biology*, 21(8), 2011, p. 665-670. Yong, E., « Chitons see with eyes made of rock », *National Geographic*, 2011
Les yeux gigantesques des calmars : Nilsson, D. E., Warrant, E. J., Johnsen, S., Hanlon, R., & Shashar, N., « A unique advantage for giant eyes in giant squid », *Current Biology*, 22(8), 2021, p. 683-688
Ceux des grandes raies guitare : De Marco, E., « Giant guitarfish eye gymnastics », *Science*, 2015
Formes de pupilles : Banks, M. S., Sprague, W. W., Schmoll, J., Parnell, J. A., & Love, G. D., « Why do animal eyes have pupils of different shapes ? », *Science Advances*, 1(7), e1500391, 2015
Yeux des Copilia : Gregory, R. L., Ross, H. E., & Moray, N., « The curious eye of Copilia », *Nature*, 201(4 925), 1964, p. 1 166-1 168.
Yeux des coquilles Saint-Jacques : Palmer, B. A., Taylor, G. J., Brumfeld, V., Gur, D., Shemesh, M., Elad, N., ... & Addadi, L., « The image-forming mirror in the eye of the scallop », *Science*, 358(6 367), 2017, p. 1 172-1 175
Évolution et fonctionnement du stigma : Williams, D. L., « Light and the evolution of vision », *Eye*, 30(2), 2016, p. 173-178
Évolution des yeux : Schwab, I. R., « The evolution of eyes : major steps. The Keeler lecture 2017 : centenary of Keeler Ltd. », *Eye*, 32(2), 2018, p. 302-313
Évolution de l'œil des méduses : Coates, M. M., « Visual ecology and functional morphology of Cubozoa (Cnidaria) », *Integrative and Comparative Biology*, 43(4),, 2003, p. 542-548

Chapitre 9 – L'infinie variation des choses qui nous tueront

Livres

La prochaine peste : Une histoire globale des maladies infectieuses de Morand, S., Fayard, 2016
La folle histoire des virus de Louis, T., humenSciences, 2020

Références scientifiques

L'adaptation des lapins : Alves, J. M., Carneiro, M., Cheng, J. Y., de Matos, A. L., Rahman, M. M., Loog, L., ... & Jiggins, F. M., « Parallel adaptation of rabbit populations to myxoma virus », *Science*, 363(6 433), 2019, p. 1 319-1 326
Miller, I. F., & Metcalf, C. J. E., « Evolving resistance to pathogens », *Science*, 363(6 433), 2019, p. 1 277-1 278
Les lapins australiens : www.rabbitfree-australia.com.au/rabbits/the-rabbit-problem/
Les cartoons australiens de l'époque : en.wikipedia.org/wiki/Darling_Downs %E2 %80 %93Moreton_Rabbit_ Board_fence#/media/File :Stevensons _wire_fence,_1884.tiff
L'évolution du virus Myxoma : Kerr, P. J., Ghedin, E., DePasse, J. V., Fitch, A., Cattadori, I. M., Hudson, P. J.,... & Holmes, E. C., « Evolutionary history and attenuation of myxoma virus on two continents », *PLoS Pathog*, 8(10), e1002950, 2012
Les lapins de Darwin : www.cam.ac.uk/ darwinsrabbit
La sélection naturelle contre les maladies humaines : Karlsson, E. K., Kwiatkowski, D. P., & Sabeti, P. C., « Natural selection and infectious disease in human populations », *Nature Reviews Genetics*, 15(6), 2014, p. 379-393
L'ensemble des covid du monde entier : Sender, R., Bar-On, Y. M., Gleizer, S., Bernshtein, B., Flamholz, A., Phillips, R., & Milo, R., « The total number and mass of SARS-CoV-2 virions », *Proceedings of the National Academy of Sciences*, 118(25), 2021
Dans une canette de Coca : Yates, C., « All the coronavirus in the world could fit inside a Coke can, with plenty of room to spare », *The conversation*, 2021
Chouette explication des variants : Jewel, M., « A primer on coronavirus, variants, mutation and evolution », NC State University, 2021
« Evolution goes viral », *Nat Ecol Evol* 5, 143, 2021
Les patients immunodéprimés : Kupferschmidt, K. U. K., « Variant puts

spotlight on immunocompromised patients' role in the COVID-19 pandemic », *Science* (News), 2020

Gros rapport sur les effets de l'antibio, résistance et projections : O'Neill, J., « Tackling drug-resistant infections globally : final report and recommendations », *The review on antimicrobial resistance,* 2016

Ali Maow Maalin et sa vie incroyable : Doucleff, M., « Last Person To Get Smallpox Dedicated His Life To Ending Polio », npr.org, 2013

Discours qui fait un peu peur : globalnews.ca/news/7545830/corona virus-pandemic-big-one-who/

Voici la citation complète : « This pandemic has been very severe, it has spread around the world extremely quickly and has affected every corner of this planet. But this is not necessarily the big one. This virus is very transmissible and kills people, it has deprived so many people of loved ones. But its current case fatality is reasonably low in comparison to other emerging diseases. This is a wake-up call. »

PARTIE 2 – LES MINDFUCKS HUMAINS

Chapitre 10 – Le presque-propre des humains

Livre

Néandertal, mon frère de Condemi, S. et Savatier, F., Flammarion, coll. « Champs », 2019

Références scientifiques

La citation de Haldane : quoteinvestigator.com/2010/06/23/beetles/

Diversité des champis : www.asmscience.org/content/book/10.1128/9781555819583.chap4

Deuil :

- chez les cétacés : Reggente, M. A., Alves, F., Nicolau, C., Freitas, L., Cagnazzi, D., Baird, R. W., & Galli, P., « Nurturant behavior toward dead conspecifics in free-ranging mammals : new records for odontocetes and a general review », *Journal of Mammalogy*, 97(5), 2016, p. 1428-1434
- chez les pies : Bekoff, M., « Animal emotions, wild justice and why they matter : Grieving magpies, a pissy baboon, and empathic elephants », *Emotion, Space and Society*, 2(2), 2009, p. 82-85
- chez les éléphants : McComb, K., Baker, L., & Moss, C., « African elephants show high levels of interest in the skulls and ivory of their own species », *Biology Letters*, 2(1), 2006, p. 26-28

Anderson, J. R., « Responses to death and dying : primates and other mammals », *Primates*, 61(1), 2020, p. 1-7

Domestication chez les fourmis : Branstetter, M. G., Ješovnik, A., Sosa-Calvo, J., Lloyd, M. W., Faircloth, B. C., Brady, S. G., & Schultz, T. R. « Dry habitats were crucibles of domestication in the evolution of agriculture in ants », *Proceedings of the Royal Society B : Biological Sciences*, 284(1 852), 20170095, 2017

Nygaard, S., Hu, H., Li, C., Schiøtt, M., Chen, Z., Yang, Z., ... & Boomsma, J. J., « Reciprocal genomic evolution in the ant-fungus agricultural symbiosis », *Nature Communications*, 7(1), 2016, p. 1-9

Les outils des primates :

- le craquage de noix archéologique : Mercader, J., Barton, H., Gillespie, J., Harris, J., Kuhn, S., Tyler, R., & Boesch, C., « 4 300-year-old chimpanzee sites and the origins of percussive stone technology », *Proceedings of the National Academy of Sciences*, 104(9), 2007, p. 3 043-3 048
- les éponges : Lamon, N., Neumann, C., Gruber, T., & Zuberbühler, K., « Kin-based cultural transmission of tool use in wild chimpanzees », *Science Advances*, 3(4), e1602750, 2017

Les capucins laissent des traces archéologiques : Haslam, M., Luncz, L. V., Staff, R. A., Bradshaw, F., Ottoni, E. B., & Falótico, T., « Pre-Columbian monkey tools », *Current Biology*, 26(13), 2016, p. 521-522

Les loutres aussi : Haslam, M., Fujii, J., Espinosa, S., Mayer, K., Ralls, K., Tinker, M. T., & Uomini, N., « Wild sea otter mussel pounding leaves archaeological traces », *Scientific Reports*, 9(1), 2019, p. 1-11

Éléphants et boîtes : Foerder, P., Galloway, M., Barthel, T., Moore III, D. E., & Reiss, D., « Insightful problem solving in an Asian elephant », *PLoS One*, 6(8), e23251, 2011

Babouins et rochers : Hamilton, W. J., Buskirk, R. E., & Buskirk, W. H., « Defensive stoning by baboons », *Nature*, 256(5 517), 1975, p. 488-489

Rapaces et feux : Bonta, M., Gosford, R., Eussen, D., Ferguson, N., Loveless, E., & Witwer, M., « Intentional fire-spreading by "Firehawk" raptors in Northern Australia », *Journal of Ethnobiology*, 37(4), 2017, p. 700-718

Chapitre 11 – Êtes-vous juste humain ?

Livres

L'Odyssée des gènes de Heyer, É., Flammarion, 2020

Dernière nouvelles de Sapiens de Condemi, S., & Savatier, F., Flammarion, 2021

Références scientifiques

La date d'apparition des premiers *Sapiens* : Schlebusch, C. M., Malmström, H., Günther, T., Sjödin, P., Coutinho, A., Edlund, H., ... & Jakobsson, M., « Southern African ancient genomes estimate modern human divergence to 350 000 to 260 000 years ago », *Science*, 358(6 363), 2017, p. 652-655

L'homme, un prédateur unique : Darimont, C. T., Fox, C. H., Bryan, H. M., & Reimchen, T. E., « The unique ecology of human predators », *Science*, 349(6 250), 2015, p. 858-860

Extinction de la mégafaune partout : Burney, D. A., & Flannery, T. F., « Fifty millennia of catastrophic extinctions after human contact », *Trends in Ecology & Evolution*, 20(7), 2005, p. 395-401. Sandom, C., Faurby, S., Sandel, B., & Svenning, J. C., « Global late Quaternary megafauna extinctions linked to humans, not climate change », *Proceedings of the Royal Society B : Biological Sciences*, 281(1 787), 20133254, 2014

Sélection des gros animaux : Smith, F. A., Smith, R. E. E., Lyons, S. K., & Payne, J. L., « Body size downgrading of mammals over the late », *Quaternary. Science*, 360(6 386), 2018, p. 310-313

Extinction de la mégafaune en Amérique : Faith, J. T., & Surovell, T. A., « Synchronous extinction of North America's Pleistocene mammals », *Proceedings of the National Academy of Sciences*, 106(49), p. 20 641-20 645, 2009

Extinction des Moas : Holdaway, R. N., Allentoft, M. E., Jacomb, C., Oskam, C. L., Beavan, N. R., & Bunce, M., « An extremely low-density human population exterminated New Zealand moa », *Nature Communications*, 5(1), 2014, p. 1-8

Extinction douce : Degioanni, A., Bonenfant, C., Cabut, S., & Condemi, S., « Living on the edge : Was demographic weakness the cause of Neanderthal demise ? », *PLoS One*, 14(5), e0216742, 2019

Extinction par hybridation de Néandertal : Barton, C. M., Riel-Salvatore, J., Anderies, J. M., & Popescu, G., « Modeling human ecodynamics and biocultural interactions in the late Pleistocene of western Eurasia », *Human Ecology*, 39(6), 2011, p. 705-725

Extinction par hybridation chez d'autres espèces : Todesco, M., Pascual, M. A., Owens, G. L., Ostevik, K. L., Moyers, B. T., Hübner, S., ... & Rieseberg, L. H., « Hybridization and extinction », *Evolutionary Applications*, 9(7), 2016, p. 892-908

Saumons : Karlsson, S., Diserud, O. H., Fiske, P., Hindar, K., & Handling editor : W. Stewart Grant, « Widespread genetic introgression of escaped farmed Atlantic salmon in wild salmon populations », *ICES Journal of Marine Science*, 73(10), 2016, p. 2 488-2 498

Dans la corne de l'Afrique : Mounier, A., & Lahr, M. M., « Deciphering African late middle Pleistocene hominin diversity and the origin of our species », *Nature Communications*, 10(1), 2019, p. 1-13

La sortie d'Afrique en plusieurs fois : Bae, C. J., Douka, K., & Petraglia, M. D., « On the origin of modern

humans : Asian perspectives », *Science*, 358(6 368), 2017
Migrations de l'holocène : en.wikipedia.org/wiki/Early_human_migrations#Holocene_migrations
Plus de 5 000 ans de contact entre Néandertal et *Sapiens* : Hublin, J. J., Sirakov, N., Aldeias, V., Bailey, S., Bard, E., Delvigne, V., ... & Tsanova, T., « Initial Upper Palaeolithic Homo sapiens from Bacho Kiro Cave Bulgaria », *Nature*, 581(7 808), 2020, p. 299-302
ADN de Néandertal, le début : Green, R. E., Krause, J., Briggs, A. W., Maricic, T., Stenzel, U., Kircher, M., ... & Pääbo, S. « A draft sequence of the Neanderthal genome », *Science*, 328(5 979), 2010, p. 710-722
Les nombreuses hybridations : Gokcumen, O., « Archaic hominin introgression into modern human genomes », *American Journal of Physical Anthropology*, 171, 2020, p. 60-73
Callaway, E., « Evidence mounts for interbreeding bonanza in ancient human species », *Nature*, 2016
Hybridation en deux fois : Hubisz, M. J., Williams, A. L., & Siepel, A. « Mapping gene flow between ancient hominins through demography-aware inference of the ancestral recombination graph », *PLoS Genetics*, 16(8), e1008895, 2020
Denisova, plusieurs fois : Browning, S. R., Browning, B. L., Zhou, Y., Tucci, S., & Akey, J. M., « Analysis of human sequence data reveals two pulses of archaic Denisovan admixture », *Cell*, 173(1), 2018, p. 53-61
Les Khoïsan ont aussi leurs ancêtres exotiques : Schlebusch, C. M., Sjödin, P., Breton, G., Günther, T., Naidoo, T., Hollfelder, N., ... & Jakobsson, M., « Khoe-san genomes reveal unique variation and confirm the deepest population divergence in Homo sapiens », *Molecular biology and evolution*, 37(10), 2020, p. 2944-2 954
Homo luzonensis découvert très récemment : Fleming, N., « Unknown human relative discovered in Philippine cave », *Nature*, 2019

Chapitre 12 – Ces peuples qui prouvent la théorie de l'évolution

Références scientifiques

Organismes modèles

La thalidomide : Tantibanchachai, C., & Yang, J., « Studies of Thalidomide's effects on rodent embryos from 1962-2008 », *Embryo Project Encyclopedia*, 2004
Les modèles animaux pas si efficaces : Scarborough, R., « Of mice and men : why animal trial results don't always translate to human », *The Conversation*, 2017 et Perel, P., Roberts, I., Sena, E., Wheble, P., Briscoe, C., Sandercock, P., ... & Khan, K. S., « Comparison of treatment effects between animal experiments and clinical trials : systematic review », *Bmj*, 334(7 586), 2007, p. 197
L'homme comme organisme modèle : FitzGerald, G., Botstein, D., Califf, R., Collins, R., Peters, K., Van Bruggen, N., & Rader, D. « The future of humans as model organisms », *Science*, 361(6 402), 2018, p. 552-553

Plasticité

Les Mokens voient mieux sous l'eau : Gibbens, S., « "Sea Nomads" are first known humans genetically adapted to diving », *National Geographic*, 2018. Gislén, A., Dacke, M., Kröger, R. H., Abrahamsson, M., Nilsson, D. E., & Warrant, E. J., « Superior underwater vision in a human population of sea gypsies », *Current Biology*, 13(10), 2003, p. 833-836
On peut tous apprendre à le faire : Gislén, A., Warrant, E. J., Dacke, M., & Kröger, R. H., « Visual training improves underwater vision in children », *Vision Research*, 46(20), 2006, p. 3 443-3 450
Les Britanniques ont grandi : Hatton, T. J., Bailey, R. E., & Inwood, K., « Health, height and the household at the turn of the 20th century », *Economic History Review*, 69(1), 2016, p. 35-53

Cérumen

Yoshiura, K., *et al.* (39 co-authors), « A SNP in the ABCC11 gene is the determinant of human earwax type », *Nature Genetics* 38, 2006, p. 324-330

Estimer l'âge du cérumen : Ohashi, J., Naka, I., & Tsuchiya, N., « The impact of natural selection on an ABCC11 SNP determining earwax type », *Molecular Biology and Evolution*, 28(1), 2011, p. 849-857

L'étude du cérumen d'Eskimo Bass : E. J., & Jackson, J. F., « Cerumen types in Eskimos », *American Journal of Physical Anthropology*, 47(2), 1977, p. 209-210

Hybridation

Ivanov et ses expériences : Rossiianov, K., « Beyond species : Il'ya Ivanov and his experiments on cross-breeding humans with anthropoid apes », *Science in Context*, 15 (02), 2003

Néandertal et Covid-19 : Zeberg, H., & Pääbo, S., « The major genetic risk factor for severe Covid-19 is inherited from Neanderthals », *Nature*, 587(7 835), 2020, p. 610-612

Dawkins et les chimphumains : Randerson, J., « Richard Dawkins : How would you feel about a half-human half-chimp hybrid ? », *The Guardian*, 2009

Sommes-nous humains ? www.youtube.com/watch ?v=940mJse7H5Q

Hybridation entre ancêtres des chimpanzés et nos ancêtres : Patterson, N., Richter, D. J., Gnerre, S., Lander, E. S., & Reich, D., « Genetic evidence for complex speciation of humans and chimpanzees », *Nature*, 441(7 097), 2006, p. 1 103-1 108

Hybridations entre ours : Cahill, J. A., Heintzman, P. D., Harris, K., Teasdale, M. D., Kapp, J., Soares, A. E.,... & Shapiro, B., « Genomic evidence of widespread admixture from polar bears into brown bears during the last ice age », *Molecular Biology and Evolution*, 35(5), 2018, p. 1 120-1 129

en.wikipedia.org/wiki/Archaic_human_admixture_with_modern_humans

Avec Denisova : Algar, J., « Tibetan "super athlete" gene courtesy of an extinct human species », *Tech Times*, 2014

Le gène : en.wikipedia.org/wiki/EPAS1.

Fan, Z., Ortega-Del Vecchyo, D., & Wayne, R. K., « EPAS1 variants in high altitude Tibetan wolves were selectively introgressed into highland dogs », *PeerJ*, 5, e3522, 2017

Dérive

L'histoire de Pingelap : Sheffield, V. C., « The vision of typhoon Lengkieki », *Nature Medicine*, 6(7), 2000, p. 746-747

Achromatopsie sur l'île Pingelap : en.wikipedia.org/wiki/Pingelap, www.bbc.com/news/magazine-34346428. Morton, N. E., Lew, R., Hussels, I. E., & Little, G. F., « Pingelap and Mokil Atolls : historical genetics », *American Journal of Human Genetics*, 24(3), 1972, p. 277. Hussels, I. E., & Morton, N. E., « Pingelap and Mokil Atolls : achromatopsia », *American Journal of Human Genetics*, 24(3), 1972, p. 304. Sheffield, V. C., « The vision of typhoon Lengkieki », *Nature Medicine*, 6(7), 2000, p. 746-747

Les gens bleus du Kentucky : en.wikipedia.org/wiki/Blue_Fugates et www.nclark.net/BluePeopleofTroublesome Creek. Adams, C., « Is there really a race of blue people ? », *The Straight Dope*, 1998. Donaldson James, S., « Fugates of Kentucky : Skin bluer than Lake Louise », *abcNEWS*, 2012

Autres

Surdité à Bali : podcast « Bengkala, un village de sourds sur l'île de Bali », *France Inter*, « Ailleurs », 20 octobre 2011. Winata, S., Arhya, I. N., Moeljopawiro, S., Hinnant, J. T., Liang, Y., Friedman, T. B., & Asher, J. H., « Congenital non-syndromal autosomal recessive deafness in Bengkala, an isolated Balinese village », *Journal of Medical Genetics*, 32(5), 1995, p. 336-343

Candido Godoi, la ville des jumeaux au Brésil : en.wikipedia.org/wiki/C%C3%A2ndido_God%C3%B3i

Soleil à Araras : www.news.com.au/lifestyle/health/health-problems/residents-of-the-brazilian-village-of-araras-are-melting-away-due-to-rare-skin-condition/news-story/530e2fa5db65c90a3f946c17d0255cba

Pénis tardifs à Guevedoces : www.bbc.com/news/magazine-34290981

Migration

La génétique des esclaves : Micheletti, S. J., Bryc, K., Esselmann, S. G. A., Freyman, W. A., Moreno, M. E., Poznik, G. D.,... & Mountain, J. L.,

« Genetic consequences of the transatlantic slave trade in the Americas » ; *The American Journal of Human Genetics,* 107(2), 2020, p. 265-277

Caspermeyer, J., « New insights and consequences of the transatlantic slave trade on African ancestry in the Americas », *Molecular Biology and Evolution*, 38(9), 2021, p. 4056

Jobling, M. A., « The impact of recent events on human genetic diversity », *Philosophical Transactions of the Royal Society B : Biological Sciences*, 367(1 590), 2012, p. 793-799

Les Malgaches : Wellcome Trust Sanger Institute, « Human inhabitants of Madagascar are genetically unique », *ScienceDaily,* 2005

Creanza, N., & Feldman, M. W., « Worldwide genetic and cultural change in human evolution », *Current Opinion in Genetics & Development*, 41, 2016, p. 85-92

La diversité génétique de l'humanité hors d'Afrique est un échantillon de la diversité africaine : Tishkoff, S. A., Reed, F. A., Friedlaender, F. R., Ehret, C., Ranciaro, A., Froment, A.,... & Williams, S. M., « The genetic structure and history of Africans and African Americans », *Science*, 324(5 930), 2009, p. 1 035-1 044

Sélection

Un gros papier : Rees, J. S., Castellano, S., & Andrés, A. M., « The genomics of human local adaptation », *Trends in Genetics*, 36(6), 2020, p. 415-428

Les Polynésiens et le diabète : www.cia.gov/library/publications/the-world-factbook/fields/367rank.html, en.wikipedia.org/wiki/Obesity_in_the_Pacific. Minster, R. L., Hawley, N. L., Su, C. T., Sun, G., Kershaw, E. E., Cheng, H., ... & McGarvey, S. T., « A thrifty variant in CREBRF strongly influences body mass index in Samoans », *Nature Genetics*, 48(9), 2016, p. 1 049-1 054

Sélénium : White, L., Romagné, F., Müller, E., Erlebach, E., Weihmann, A., Parra, G., ... & Castellano, S., « Genetic adaptation to levels of dietary selenium in recent human history », *Molecular Biology and Evolution,* 32(6), 2015, p. 1 507-1 518

Les Bajau : Ilardo, M. A., Moltke, I., Korneliussen, T. S., Cheng, J., Stern, A. J., Racimo, F., ... & Willerslev, E., « Physiological and genetic adaptations to diving in sea nomads », *Cell*, 173(3), 2018, p. 569-580

Passage en revue des adaptations récentes : Fan, S., Hansen, M. E., Lo, Y., & Tishkoff, S. A., « Going global by adapting local : A review of recent human adaptation », *Science*, 354(6 308), p. 54-59

Argentins résistants à l'arsenic : Schlebusch, C. M., Gattepaille, L. M., Engström, K., Vahter, M., Jakobsson, M., & Broberg, K., « Human adaptation to arsenic-rich environments », *Molecular Biology and Evolution*, 32(6), 2015, p. 1 544-1 555

Petits Pygmées : Perry, G. H., Foll, M., Grenier, J. C., Patin, E., Nédélec, Y., Pacis, A.,... & Barreiro, L. B., « Adaptive, convergent origins of the pygmy phenotype in African rainforest hunter-gatherers », *Proceedings of the National Academy of Sciences*, 111(35), 2014, p. 3 596-3 603

Grands Hollandais : Turchin, M. C., Chiang, C. W., Palmer, C. D., Sankararaman, S., Reich, D., & Hirschhorn, J. N., « Evidence of widespread selection on standing variation in Europe at height-associated SNPs », *Nature Genetics*, 44(9), 2012, p. 1 015-1 019. Stulp, G., Barrett, L., Tropf, F. C., & Mills, M. « Does natural selection favour taller stature among the tallest people on earth ? », *Proceedings of the Royal Society B : Biological Sciences*, 282(1 806), 20150211, 2015

Cheveux plus épais des Asiatiques : Lachance, J., & Tishkoff, S. A. « Population genomics of human adaptation », *Annual Review of Ecology, Evolution, and Systematics*, 44, 2013, p. 123-143

Altitude

Plus gros poumons : Droma, T., McCullough, R. G., McCullough, R. E., Zhuang, J., Cymerman, A., Sun, S., ... & Moore, L. G., « Increased vital and total lung capacities in Tibetan compared to Han residents of Lhasa (3,658 m) », *American Journal of Physical Anthropology*, 86(3), 1991, p. 341-351

evolution.berkeley.edu/evolibrary/news/101001_altitude
La peau noire et la peau blanche : Gibbons, A., « New gene variants reveal the evolution of human skin color », *Science,* 2017
Eskimos : Fumagalli, M., Moltke, I., Grarup, N., Racimo, F., Bjerregaard, P., Jørgensen, M. E.,... & Nielsen, R., « Greenlandic Inuit show genetic signatures of diet and climate adaptation », *Science,* 349(6 254), 2015 p. 1 343-1 347
Adaptation au froid : Overfield, T. *Biological Variation in Health and Illness : Race, Age, and Sex Differences,* CRC Press, 1995, p. 137-141
Meilleure hunting reaction : en.wikipedia.org/wiki/Hunting_reaction
University of California - Berkeley. « Adaptation to high-fat diet, cold had profound effect on Inuit, including shorter height : Greenlanders developed unique mutations to deal with diet high in omega-3 fatty acids », *ScienceDaily,* 2015
Yin, S., « Cold tolerance among Inuit may come from extinct human relatives », *New York Times,* 2016
Carte (déjà à moitié faite) des peuples humains coolos : www.google.com/maps/d/edit?mid=1LsKK3bZQvCJzdbdwslwk8ZRxjEA

Chapitre 13 – Les humains évoluent-ils encore ?

Livres

Future Humans de Solomon, S. E., *Yale University Press,* 2016
L'Odyssée des gènes de Heyer, É., Flammarion, 2020

Références scientifiques

Les humains du futur : Olson, P., « How the human face might look in 100 000 years », *Forbes*, 2013
« From text claw to tech neck : how technology affects our bodies », Toll-FreeForwarding.com, 2019
David Attenborough sur l'évolution : Meikle, J., « Sir David Attenborough warns against large families and predicts things will only get worse », *The Guardian,* 2013
Les autres : Hawks, J., « Did biologists really think that human evolution stopped ? », *john hawks weblog,* 2009
Pour la suite du monde, un documentaire sur l'Isle-aux-Coudres : www.onf.ca/film/pour_la_suite_du_monde/
Population et économie de l'Isle-aux-Coudres : Martin, Y. « L'Isle-aux-Coudres : Population et économie », *Cahiers de géographie du Québec,* 2(2), 1957, p. 167-195
L'étude sur la sélection à l'Isle-aux-Coudres : Milot, E. *et al.* « Evidence for evolution in response to natural selection in a contemporary human population », *Proceedings of the National Academy of Sciences,* 108(41), 2011, p. 17 040-17 045.
L'artère dans l'avant-bras : Lucas, T., Kumaratilake, J., & Henneberg, M., « Recently increased prevalence of the human median artery of the forearm », *A microevolutionary change. Journal of Anatomy,* 237(4), 2020, p. 623-631
Quelques exemples de sélection démontrée récemment : Byars SG., Ewbank D., Govindaraju DR., Stearns SC., « Colloquium papers : Natural selection in a contemporary human population », *Proceedings of the National Academy of Sciences* 107, 2010, p. 1 787-1 792
Tropf FC, *et al.* « Human fertility, molecular genetics, and natural selection in modern societies », *PLoS One* 10 :e0126821, 2015
Beauchamp J.-P., « Genetic evidence for natural selection in humans in the contemporary United States », *Proceedings of the National Academy of Sciences* 113, 2016, p. 7 774-7 779
Moorad, J. A., & Walling, C. A. « Measuring selection for genes that promote long life in a historical human population », *Nature Ecology & Eevolution,* 1(11), 2017, p. 1 773-1 781
Moorad, J. A. « A demographic transition altered the strength of selection for fitness and age-specific survival and fertility in a 19th century American population », *Evolution,* 67(6), 2013, p. 1 622-1 634

Sanjak, J. S., *et al.* « Evidence of directional and stabilizing selection in contemporary humans », *Proceedings of the National Academy of Sciences*, 115(1), 2018, p. 151-156

Nouveaux organes : www.gurumed.org/2020/10/10/evolution-une-majorit-dhumains-profiteront-dune-nouvelle-artre-mdiane-dans-lavant-bras-dici-2100/. Hicks, L., « You may have a new organ lurking in the middle of your head », *Science*, 2020

La mortalité infantile diminue à la fin du XIXe siècle : Roser, M., « Mortality in the past - around half died as children », *Our World in Data*, 2019

La transition démographique dans l'Utah : Moorad, J. A., « A demographic transition altered the strength of selection for fitness and age-specific survival and fertility in a 19th century American population », *Evolution*, 67(6), 2013, p. 1 622-1 634

Impact sur les traits de santé : Corbett, S., Courtiol, A., Lummaa, V., Moorad, J., & Stearns, S., « The transition to modernity and chronic disease : mismatch and natural selection », *Nature Reviews Genetics*, 2018, 19(7), p. 419-430

Impact sur les corps en Gambie : Courtiol, A., Rickard, I. J., Lummaa, V., Prentice, A. M., Fulford, A. J., & Stearns, S. C., « The demographic transition influences variance in fitness and selection on height and BMI in rural Gambia », *Current Biology*, 23(10), 2013, p. 884-889

Coût du séquençage : www.genome.gov/27541954/dna-sequencing-costs-data/

Les pays avec plein de génomes : www.clinicalomics.com/articles/10-countries-in-100k-genome-club/1860

Chouettes articles de vulga : Pennisi, E., « Humans are still evolving and we can watch it happen », *Science*, 2016. Zhang, S., « Huge DNA databases reveal the recent evolution of humans », *The Atlantic*, 2017

2010 - Un précurseur (qui mesurait la sélection) : Stearns, S. C., Byars, S. G., Govindaraju, D. R., & Ewbank, D., « Measuring selection in contemporary human populations », *Nature Reviews Genetics*, 11(9), 2010, p. 611-622

Khan, R., « Natural selection in our time », *Gene Expression*, 2010

2017 - Mostafavi, H., Berisa, T., Day, F. R., Perry, J. R., Przeworski, M., & Pickrell, J. K., « Identifying genetic variants that affect viability in large cohorts », *PLoS Biology*, 15(9), e2002458, 2017

2018 - Sur la base de données UK : Sanjak, J. S., Sidorenko, J., Robinson, M. R., Thornton, K. R., & Visscher, P. M., « Evidence of directional and stabilizing selection in contemporary humans », *Proceedings of the National Academy of Sciences*, 115(1), 2018, p. 151-156

Khan, R., « Natural selection in humans (OK, 375,000 British people) », *Gene Expression*, 2017

Chapitre 14 – Pourquoi les organes génitaux évoluent-ils si vite ?

Livres

Comme les bêtes. Ce que les animaux nous apprennent de notre sexualité de Schilthuizen, M., Flammarion, coll. « Champs sciences », 2018

Sex on Earth : A Journey Through Nature's Most Intimate Moments de Howard, J., Bloomsbury Sigma, 2014

Références scientifiques

L'histoire des limaces corses : Nitz, B., Falkner, G., & Haszprunar, G. « Inferring multiple Corsican Limax (Pulmonata : Limacidae) radiations : a combined approach using morphology and molecules », *In Evolution in Action*, Springer, Berlin, Heidelberg, 2010, p. 405-435

Le pénis des canards : Brennan, P. L., Clark, C. J., & Prum, R. O. « Explosive eversion and functional morphology of the duck penis supports sexual conflict in waterfowl genitalia », *Proceedings of the Royal Society B : Biological Sciences*, 277(1 686), 2010, p. 1 309-1 314

Le pénis humain pour enlever le sperme : Gallup Jr, G. G., Burch, R. L., Zappieri, M. L., Parvez, R. A., Stockwell, M. L., & Davis, J. A., « The human penis as a semen displacement device », *Evolution and Human Behavior,* 24(4), 2003, p. 277-289

Le kärcher des requins : Fitzpatrick, J. L., Kempster, R. M., Daly-Engel, T. S., Collin, S. P., &. Evans, J. P., « Assessing the potential for post-copulatory sexual selection in Elasmobranchs », *Journal of Fish Biology* 80, 2012, p. 1 141-1 158.

Les vagins à clapet des dauphins : Orbach, D. N., Marshall, C. D., Mesnick, S. L., Würsig, B., « Patterns of cetacean vaginal folds yield insights into functionality », *PLoS One* 12(3) : e0175037, 2017

Le pseudo-pénis des femelles mouches : Yoshizawa, K., Ferreira, R. L., Kamimura, Y., & Lienhard, C., « Female penis, male vagina, and their correlated evolution in a cave insect », *Current Biology,* 24(9), 2014, p. 1 006-1 010

Coléoptère avec le pénis débobiné : Gack, C., & Peschke, K., « "Shouldering"exaggerated genitalia : a unique behavioural adaptation for the retraction of the elongate intromittant organ by the male rove beetle (Aleochara tristis Gravenhorst) », *Biological Journal of the Linnean Society,* 84(2), 2005, p. 307-312

Andersson, J., Borg-Karlson, A. K., & Wiklund, C., « Sexual cooperation and conflict in butterflies : a male-transferred anti-aphrodisiac reduces harassment of recently mated femels », *Proceedings of the Royal Society of London. Series B : Biological Sciences,* 267(1 450), 2000, p. 1 271-1 275

Les retours pas très enthousiastes sur le livre de Desmond Morris : Dunbar, R., Saini, A., Garrod, B., Rutherford, A., « The Naked Ape at 50 : "Its central claim has surely stood the test of time" », *The Guardian,* 2017

Pourquoi les organes génitaux femelles sont-ils si peu étudiés ? Ah-King, M., Barron, A. B., & Herberstein, M. E., « Genital evolution : why are females still understudied ? », *PLoS Biology,* 12(5), e1001851, 2014

De l'importance de la diversité dans la recherche : Haines, C. D., Rose, E. M., Odom, K. J., & Omland, K. E., « The role of diversity in science : A case study of women advancing female birdsong research », *Animal Behaviour,* 168, 2020, p. 19-24

Les baubellums présentent plus de diversité que les baculums (et sont donc probablement moins soumis à la pression de sélection) : Lough-Stevens, M., Schultz, N. G., & Dean, M. D., « The baubellum is more developmentally and evolutionarily labile than the baculum », *Ecology and evolution,* 8(2), 2018, p. 1 073-1 083

Chapitre 15 : Pourquoi les femmes ont-elles des orgasmes ?

Livre

The Case of the Female Orgasm : Bias in the Science of Evolution, de Lloyd, E. A., Harvard University Press, 2009

Références scientifiques

Pas de lien entre le nombre d'orgasmes et le nombre d'enfants : Zietsch BP, Santtila P., « No direct relationship between human female orgasm rate and number of offspring », *Animal Behaviour* 86, 2013, p. 253-255

Dissection des premiers clitoris : O'Connell, H. E., Hutson, J. M., Anderson, C. R., & Plenter, R. J., « Anatomical relationship between urethra and clitoris », *The Journal of Urology,* 159(6), 1998, p. 1 892-1 897

Analyse du travail de O'Connell : Cencin, A., « Les différentes versions de la "découverte" du clitoris par Helen O'Connell (1998-2005). Entre restitution scientifique et vulgarisation médiatique », *Genre, sexualité & société,* (Hors-série n° 3), 2018

Les statistiques de l'orgasme en fonction de l'orientation sexuelle et des pratiques : Frederick, D. A., John, H. K. S., Garcia, J. R., & Lloyd, E. A., « Differences in orgasm frequency among gay, lesbian, bisexual, and heterosexual men and women in a US national sample », *Archives of Sexual Behavior,* 47(1), 2018, p. 273-288

L'importance de l'anatomie dans la facilité à avoir un orgasme : Wallen, K., & Lloyd, E. A., « Female sexual arousal : Genital anatomy and orgasm in intercourse », *Hormones and Behavior*, 59(5), 2011, p. 780-792

La variabilité des clitoris : Wallen, K., & Lloyd, E. A., « Clitoral variability compared with penile variability supports nonadaptation of female orgasm », *Evolution & Development*, 10(1), 2008, p. 1–2

L'évolution des tailles de crâne : Miller, G. F., & Penke, L., « The evolution of human intelligence and the coefficient of additive genetic variance in human brain size », *Intelligence*, 35(2), 2007, p. 97–114

L'article qui tente de trouver l'origine évolutive de l'orgasme féminin : Pavličev, M., & Wagner, G., « The evolutionary origin of female orgasm », *Journal of Experimental Zoology Part B : Molecular and Developmental Evolution*, 326(6), 2016, p. 326-337

Et un article qui tente d'en tirer des leçons : Wagner, G. P., & Pavličev, M., « What the evolution of female orgasm teaches us », *Journal of Experimental Zoology Part B : Molecular and Developmental Evolution*, 326(6), 2016, p. 325-325

Le test des antidépresseurs sur des animaux à ovulation déclenchée : Pavličev, M., Zupan, A. M., Barry, A., Walters, S., Milano, K. M., Kliman, H. J., & Wagner, G. P., « An experimental test of the ovulatory homolog model of female orgasm », *Proceedings of the National Academy of Sciences*, 116(41), 2019, p. 20 267-20 273

J. K Rowling et l'orgasme : Saul, H., « JK Rowling : Scientists advise author to 'actually read' their paper on purpose of female orgasm », *The Independent*, 2016

Une énorme variabilité dans les orgasmes féminins : Garcia, J. R., Lloyd, E. A., Wallen, K., & Fisher, H. E., « Variation in orgasm occurrence by sexual orientation in a sample of US singles », *The Journal of Sexual Medicine*, 11(11), 2014, p. 2 645-2 652

Les expériences pour mesurer l'aspiration du sperme par l'utérus : Fox, C. A., Wolff, H. S., & Baker, J. A., « Measurement of intra-vaginal and intra-uterine pressures during human coitus by radio-telemetry », *Reproduction*, 22(2), 1970, p. 243-251

King, R., Dempsey, M., & Valentine, K. A., « Measuring sperm backflow following female orgasm : a new method », *Socioaffective Neuroscience & Psychology*, 6(1), 2016, p. 31927

Chapitre 16 – Pourquoi les grands-mères existent-elles ?

Références scientifiques

Granny l'orque a sa page wiki : en.wikipedia.org/wiki/Granny_(killer_whale)

Et elle était mairesse : https ://orcasmayor.org/orcas-island-childrens-house

Les grands-mères pucerons : Foster, W. A., « Behavioural ecology : The menopausal aphid glue-bomb », *Current Biology*, 20(13), 2010, p. 559-560

Une étude sur les dents montre que les vieilles personnes sont plutôt récentes dans l'évolution : Caspari, R., & Lee, S. H. « Older age becomes common late in human evolution », *Proceedings of the National Academy of Sciences*, 101(30), 2004, p. 10 895-10 900

Les chasseurs-cueilleurs vivaient quand même assez vieux : Gurven, M., & Kaplan, H. « Longevity among hunter-gatherers : a cross-cultural examination », *Population and Development Review*, 33(2), 2007, p. 321-365

Un chouette article de vulga sur ce sujet : Alex, B., « When did humans start to get old ? », *Discover*, 2019

La pléiotropie antagoniste explique-t-elle la ménopause ? Wood, J. W., O'Connor, K. A., Holman, D. J., Brindle, E., Barsom, S. H., & Grimes, M. A., « The evolution of menopause by antagonistic pleiotropy », *Center for Studies in Demography and Ecology : Working Papers*, 2001, p. 1-4

Les techniques de chasses des orques : Morell, V., « How orcas work together to whip up a meal », *National Geographic*, 2015

Les orques transmettent de la culture et augmentent la chance de survie : Nattrass, S., Croft, D. P., Ellis, S., Cant, M. A., Weiss, M. N., Wright, B. M.,... &

Franks, D. W., « Postreproductive killer whale grandmothers improve the survival of their grandoffspring », *Proceedings of the National Academy of Sciences*, 2019, 116(52), p. 26 669-26 673

Comment le conflit de reproduction entre mères et filles pourrait aider à expliquer la ménopause : Croft, D. P., Johnstone, R. A., Ellis, S., Nattrass, S., Franks, D. W., Brent, L. J.,... & Cant, M. A., « Reproductive conflict and the evolution of menopause in killer whales », *Current Biology*, 27(2), 2017, p. 298-304

Les orques transmettent du savoir à leurs petits-enfants : Frederick, E., « Granny killer whales pass along wisdom – and extra fish – to their grandchildren », *Science*, 2019

Résumé des différentes hypothèses sur la ménopause : Hägg, F., « Evolutionary Theories of Menopause », 2020

À quel point dépendons-nous des grands-mères pour notre évolution ? Landau, E., « How much did grandmothers influence human evolution ? », *Smithsonian Magazine*, 2021

Les grands-mères québécoises proches permettent d'avoir plus de petits-enfants : Engelhardt, S. C., Bergeron, P., Gagnon, A., Dillon, L., & Pelletier, F., « Using geographic distance as a potential proxy for help in the assessment of the grandmother hypothesis », *Current Biology*, 29(4), 2019, p. 651-656

Les grands-mères finnoises trop vieilles nuisent à leurs petits-enfants : Chapman, S. N., Pettay, J. E., Lummaa, V., & Lahdenperä, M., « Limits to fitness benefits of prolonged post-reproductive lifespan in women », *Current Biology*, 29(4), 2019, p. 645-650

L'évolution de la ménopause, un article détaillé : Johnstone, R. A., & Cant, M. A., « Primer : evolution of menopause », *Current Biology Magazine*, 29, 2019, p. 105-119

Les grands-mères aident les filles à avoir plus d'enfants : Cell Press, « Studies lend support to "grandmother hypothesis", but there are limits », *ScienceDaily*, 2019

Épilogue

Livres

À quoi pensent les poissons ? de Balcombe J., La Plage, 2018

Éloquence de la sardine de François B., Fayard, 2019

Pourquoi notre cerveau a inventé le bien et le mal de Debove S., humenSciences, 2021

Références scientifiques

Le gros cerveau des Mobula : Ari, C., « Encephalization and brain organization of mobulid rays (Myliobatiformes, Elasmobranchii) with ecological perspectives », *The Open Anatomy Journal*, 3(1), 2011

Le Rete Mirabile : Alexander, R. L., « Evidence of brain-warming in the mobulid rays, Mobula tarapacana and Manta birostris (Chondrichthyes : Elasmobranchii : Batoidea : Myliobatiformes) », *Zoological Journal of the Linnean Society*, 118(2), 1996, p. 151-164

Le test sur les Mobula : Ari, C., & D'Agostino, D. P., « Contingency checking and self-directed behaviors in giant manta rays : Do elasmobranchs have self-awareness ? », *Journal of Ethology*, 34(2), 2016, p. 167-174.

Les raies ont des potes : Perryman, R. J., Venables, S. K., Tapilatu, R. F., Marshall, A. D., Brown, C., & Franks, D. W., « Social preferences and network structure in a population of reef manta rays », *Behavioral Ecology and Sociobiology*, 73(8), 2019, p. 1-18.

Table

Cet ouvrage a été mis en pages par

<pixellence>

Achevé d'imprimer en octobre 2021
par Normandie Roto Impression s.a.s.
61250 Lonrai
N° d'impression : 2104584
N° d'édition : L.01EHBN000942.N001
Dépôt légal : octobre 2021

Imprimé en France